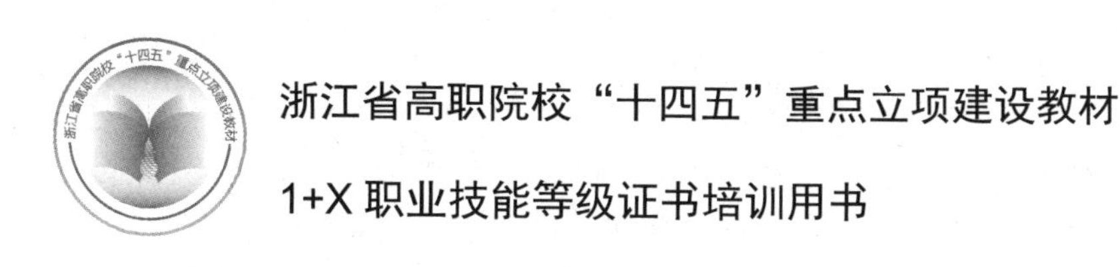

浙江省高职院校“十四五”重点立项建设教材

1+X 职业技能等级证书培训用书

Web 前端开发（JavaScript+jQuery）

主　编　卢秋锦

副主编　姚　珺　丁　磊　颜晨阳
　　　　郑　哲　李兆明

電子工業出版社

Publishing House of Electronics Industry

北京 · BEIJING

内 容 简 介

本书在“有趣、有效、只学有用的”的基础上，结合学生的认知规律和学习现状，使学生能够在有限的课时内，专业、深入地学习 Web 前端技术的相关知识。本书共有 10 个项目，按照知识点由浅入深地划分为 3 篇，即 Web 知识储备篇、Web 案例提高篇和 Web 项目实战篇，分别完成了知识点讲解、案例讲解和项目实战，帮助学生掌握 Web 前端的核心技术——JavaScript 与 jQuery。本书明确的学习目标及循序渐进的知识体系，能够使学生的理论知识和实践技能同步提高。通过对本书的学习，学生能够熟悉 Web 页面的制作流程，了解常见的页面布局效果，以及设计制作各种具有动态特效的网站。

本书是智慧职教、浙江省高等学校在线开放课程共享平台、宁波市高校慕课联盟等平台中的“Web 前端技术”课程的配套教材。本书可以作为高职、高专及各层次院校计算机相关专业的教材，也可以作为想从事 Web 前端设计行业的学习者的自学教材，还可以作为 IT 类培训机构的 Web 前端开发培训教材。

图书在版编目（CIP）数据

Web 前端开发 : JavaScript+jQuery / 卢秋锦主编.
北京 : 电子工业出版社, 2024. 10. -- ISBN 978-7-121-48785-9

Ⅰ. TP393.092.2

中国国家版本馆 CIP 数据核字第 2024YM4034 号

责任编辑：徐建军
印　　刷：山东华立印务有限公司
装　　订：山东华立印务有限公司
出版发行：电子工业出版社
　　　　　北京市海淀区万寿路 173 信箱　　邮编：100036
开　　本：787×1092　1/16　印张：16　字数：431 千字
版　　次：2024 年 10 月第 1 版
印　　次：2024 年 10 月第 1 次印刷
印　　数：1 200 册　　定价：56.00 元

凡所购买电子工业出版社图书有缺损问题，请向购买书店调换。若书店售缺，请与本社发行部联系，联系及邮购电话：（010）88254888，88258888。

质量投诉请发邮件至 zlts@phei.com.cn，盗版侵权举报请发邮件至 dbqq@phei.com.cn。

本书咨询联系方式：（010）88254570，xujj@phei.com.cn。

前　言

本书面向职业岗位，采用基于任务的方式，以项目开发为主线，通过 Web 知识储备篇、Web 案例提高篇和 Web 项目实战篇，分别完成了知识点讲解、案例讲解和项目实战，循序渐进地阐述了 Web 前端技术的相关知识，帮助学生掌握 Web 前端的核心技术——JavaScript 与 jQuery。通过对本书的学习，学生能够掌握制作动态 Web 页面的流程与关键技术。本书的内容设计主要围绕以下几方面。

由教材体系、知识体系，转向教学体系、信仰体系。本书在编写过程中，坚持理想信念教育，结合中华优秀诗词和地方历史文化，培养学生的爱国主义、社会责任意识等。通过信息技术与传统文化的高度融合，增强本书的时代感和吸引力，既做到“春风化雨”“润物无声”，又实现“立德树人”的根本任务。

任务驱动、项目引导，全面实施智育、劳育培养。本书采用 STEM 教育理念，通过项目学习为学生传递科学的思维方法和探究方法，建构知识体系，从而使其能够在真实情境中解决复杂问题。本书的知识点和技能点以任务的方式呈现，使学生带着“任务”学，既能产生浓厚的学习兴趣，又能在具体的任务中积累专业知识、锻炼学习能力、塑造自身品质，以达成职业教育的目标。

思政育人、素养培育，全面实现德育培养。本书遵循习近平总书记提出的“各门课都要守好一段渠，种好责任田”的要求，坚持立德树人，发挥专业课在思政育人中的主体作用。本书根据课程特点及专业背景等，紧贴时代特色，结合青年学生的需求，融入励志名言等思政元素，在无形中对学生进行思政教育，培养学生的素养和情操。

三线一面、知行合一，全面塑造合格人才。本书贯彻“三线一面”的教学理念，体现三全育人的基本要求。“三线”为学生的培养途径定位，即知识教学主线、思想政治育人主线、工匠精神塑造主线；而“一面”则为全面育人。本书将专业知识同思政教育渗透相融合，开展社会主义核心价值观引导教育，培育学生精益求精、开拓进取的工匠精神。

校企合作、多方联动，构建高校德育共同体。本书遵循《高等学校课程思政建设指导纲要》等要求，全面融入思政元素、对接企业岗位职业标准、技能竞赛标准及 1+X 证书职业技能等级标准，设计了项目化的典型案例，以项目为载体构建了德育双修的教学体系，有效整合了企业和高校的德育资源，将高校“立德树人”的理念落到实处。

本书由宁波城市职业技术学院组织编写，由卢秋锦担任主编，由姚珺、丁磊、颜晨阳、郑哲、李兆明担任副主编，并由李兆明统稿。

为方便教师教学，本书配有电子教学资源，请有此需求的教师登录华信教育资源网，注册后可免费下载。如有问题，可在网站留言板留言或与电子工业出版社联系（E-mail：hxedu@phei.com.cn）。

由于编者水平有限，尽管在编写时竭尽全力，但书中难免存在纰漏之处，敬请各位专家与读者批评指正。

编　者

目　录

Web知识储备篇

Web 案例提高篇

Web 项目实战篇

Web 知识储备篇

项目 1

JavaScript

能力目标

JavaScript 是目前应用极为广泛的客户端脚本编程语言，不仅可以用于开发交互式的 Web 页面，还可以与 HTML、XML、Java Applet 和 Flash 等编程语言有机地结合起来，是开发人员快速生成的在 Internet 上使用的分布式应用程序。本项目主要介绍 JavaScript 的基本语法，包括 JavaScript 基础、程序控制结构和语句及 JavaScript 函数。JavaScript 在各种 Web 应用中发挥着重要作用，其应用的全球化更是一场有效的跨文化交流。这种跨文化的交流不仅有助于提升开发人员的文化素养，还增强了开发人员对于不同文化的理解和尊重意识，从而为建立更加包容和融洽的社会提供了环境基础。让我们一起深入学习 JavaScript，掌握这一强大的客户端脚本编程语言，同时提高我们的文化素养，为推动全球科技进步和文化交流做出贡献。

知识目标

- 理解并掌握 JavaScript 的基本语法规则，包括变量、数据类型、运算符和表达式、程序控制结构和语句、函数定义和调用等。
- 理解并掌握 JavaScript 的数据类型，包括字符串、数字、布尔、数组、对象等。
- 理解并掌握 JavaScript 的运算符，包括算术运算符、比较运算符、赋值运算符、逻辑运算符等。
- 理解并掌握 JavaScript 的程序控制结构和语句，包括基本处理流程、赋值语句、条件判断语句、循环控制语句等。
- 理解并掌握 JavaScript 的函数定义和调用，包括定义函数、函数的调用和 JavaScript 中常用的函数等。

技能目标

- 能够正确使用 JavaScript 进行数据运算，包括算术运算、比较运算、赋值运算、逻辑运算等。
- 能够正确使用 JavaScript 进行条件判断和循环控制，解决实际开发中的问题。
- 能够正确使用 JavaScript 进行函数定义和调用，实现函数功能。
- 能够正确使用 JavaScript 进行可重用的代码开发，提高代码的可维护性和可重用性。

素养目标

- 培养开发人员的编程思维和编程习惯，提高其解决问题的能力。
- 培养开发人员的代码规范意识和个人代码风格，提高代码的可读性和可维护性。
- 培养开发人员的团队合作意识和沟通能力，使其能够与其他开发人员协作完成项目。

任务 1.1 JavaScript 基础

JavaScript 基础

1.1.1 认识 JavaScript

JavaScript 是 Web 开发中的一种功能强大的编程语言，也是极为流行的脚本语言。这门语言主要用于开发交互式的 Web 页面，可与服务器、PC 端和移动端等设备适配，大多数的交互逻辑是由 JavaScript 实现的。对 Web 页面而言，主要包含 HTML、CSS 和 JavaScript 三部分。

JavaScript 内嵌于 HTML 页面，通过浏览器内置的 JavaScript 引擎进行解释执行，将一个原本只用来显示内容的静态页面转换为支持用户交互的动态页面。浏览器是访问互联网中各种网站的必备工具，JavaScript 主要运行在浏览器中。

1.1.2 JavaScript 的前世今生

JavaScript 诞生于 1995 年，是由网景公司的工程师 Brendan Eich 设计的，最初名为 Mocha，后更名为 LiveScript。在与 Sun Microsystems 合作后，网景公司为了使其看起来与 Java 相似，将其更名为 JavaScript。JavaScript 于 1995 年 12 月在网景浏览器 2.0 中发布。1997 年，JavaScript 被提交给国际标准化组织（ECMA）进行标准化，产生了第一版 ECMAScript 标准。随后，ECMAScript 标准不断演进，JavaScript 引擎性能不断提升，从而引入了多种新特性和 API，成了如今强大而灵活的编程语言。最初开发 JavaScript 的目的是使网页具有丰富的交互性，这样，用户就可以在不重新加载整个页面的情况下与网页进行动态交互。但在 21 世纪初期，AJAX（Asynchronous JavaScript and XML）技术兴起，JavaScript 的重要性得到了进一步提升。使用 AJAX 技术，可以实现网页实时的动态更新，以便更好地回应用户操作，提升用户体验。这使得 JavaScript 内含的框架和库蓬勃发展，如 jQuery。

近年来，JavaScript 在前端开发中占据主导地位，React、Angular、Vue 等新兴框架在一定程度上推动了 JavaScript 的发展。同时，JavaScript 在后端开发中崭露头角，借助 Node.js 实现了全栈开发。JavaScript 生态系统庞大，其框架和库对 Web 应用的开发至关重要。

1.1.3 JavaScript 的特点

JavaScript 凭借其脚本语言的特性、面向对象的编程能力、简单易学的弱类型、动态类型的系统及跨平台性，成了当今 Web 开发中极受欢迎的编程语言之一。

（1）脚本语言：JavaScript 是一种脚本语言，这意味着不需要编译就可以运行。JavaScript 通常内嵌于 HTML 文档，并在客户端（即用户的浏览器）上运行。这种解释执行的特性使开发人员可以轻松编写和测试代码。

（2）基于对象：虽然 JavaScript 不是一种单纯面向对象的编程语言，但它支持面向对象的编程风格。JavaScript 使用原型继承而非类继承，这意味着对象可以继承其他对象，还可以非常灵活地创建和管理对象。

（3）简单易学：JavaScript 的语法相对简单、直观，对于初学者比较容易理解和掌握。同时，由于其在 Web 开发中使用的普遍性，因此网络上出现了大量的学习资源和交流平台。

（4）动态性：JavaScript 是一种动态类型语言，在声明变量时不需要定义类型。它在运行时可以动态地更改变量的类型，具有很强的灵活性，但也可能导致难以发现的错误。

（5）跨平台性：JavaScript 几乎可以在所有的现代浏览器上运行，无论该浏览器是安装在 Windows、macOS 还是 Linux 上。此外，通过 Node.js，JavaScript 也可以在服务器端运行。这种跨平台性使得 JavaScript 成为构建跨平台应用的理想选择。

1.1.4　JavaScript 的作用

JavaScript 是一种“多才多艺”的脚本编程语言，在 Web 开发中扮演了至关重要的角色，为构建交互性强、动态性好的现代 Web 应用提供了核心支持。JavaScript 在 Web 开发中的作用如下。

（1）增强网页交互性：JavaScript 使网页不再是静态地展示信息，而是与用户进行动态地交互。通过 JavaScript 可以实现响应用户的点击、滑动、输入等操作，动态更新页面内容，如实时表单验证、窗口弹出、图片滑动等。

（2）页面内容的动态操作：JavaScript 能够操作 DOM（文档对象模型），允许开发人员动态地改变网页的结构、样式和内容。这意味着网页的部分内容可以在不刷新整个页面的情况下更新，提供了更加流畅的用户体验。

（3）异步数据处理：使用 AJAX 技术，JavaScript 可以在后台与服务器端进行数据交互，实现数据更新及页面的局部刷新。这样在用户浏览时，网页不会出现卡顿或中断的情况，提高了网页的流畅性。

（4）事件驱动编程：JavaScript 是一种事件驱动的语言，可以响应用户的各种操作，如点击、悬停、键盘输入等。这种特性使得开发人员能够开发出反应敏捷的网页应用。

（5）前端框架和库的支持：JavaScript 背后有强大的生态系统，包括各种框架（如 React、Angular、Vue）和库（如 jQuery），这些工具极大地简化了复杂的前端开发流程，提高了开发效率。

（6）全栈开发能力：随着 Node.js 等技术的发展，JavaScript 不再局限于客户端，能够在服务器端运行。这使得开发人员能够使用同一种语言进行前后端的开发，极大地拓展了 JavaScript 的应用范围。

（7）开发跨平台应用：JavaScript 是开发跨平台应用的重要工具，使用相应的框架（如 Electron、React Native）可以构建桌面应用和移动应用。

1.1.5　JavaScript 的用法

HTML 中的脚本必须位于<script>和</script>标签之间，可被放置在 HTML 文档的 body 和 head 部分中。

1. <script>标签

在 HTML 文档中插入 JavaScript 需要使用<script>标签。<script>和</script>标签会通知 JavaScript 在何处开始和结束，标签之间包含了 JavaScript 代码，具体用法如下所示。

```
<script>
 alert("我的第一个 JavaScript");
< /script>
```

我们暂时不需要理解上面的代码，只要明白浏览器会解释并执行位于<script>和</script>标签之间的 JavaScript 代码即可。

2. JavaScript 的引入方式

JavaScript 可以通过多种方式在 HTML 文档中引入和使用，主要的方式有两种：内联 JavaScript 和外部 JavaScript。

1）内联 JavaScript

内联 JavaScript 是将 JavaScript 代码直接嵌入 HTML 文档，即使用<script>标签在 HTML 文档中直接编写 JavaScript 代码。通常<script>标签被放置在 HTML 文档的<head>标签或<body>标签的底部，具体代码如例 1-1 所示。

【例 1-1】 example1-1.html

```
<!DOCTYPE html>
 <html>
  <head>
   <title>内联 JavaScript</title>
  </head>
  <body>
   <h1>内联 JavaScript</h1>
   <script>
     // JavaScript 代码
   function showMessage() {
                  alert("Hello, JavaScript!");
                 }
   </script>
  <button onClick="showMessage()">点击我</button>
 </body>
</html>
```

2）外部 JavaScript

外部 JavaScript 是将 JavaScript 代码写在单独的.js 文件中，之后通过<script>标签的 src 属性引入。这种方法有利于代码的重用和维护，特别是需要在多个页面中使用相同的 JavaScript 代码时。外部的.js 文件通常被放置在 HTML 文档的<head>标签中，或者在<body>标签的底部，具体代码如例 1-2 所示。

【例 1-2】 example1-2.html

```
<!DOCTYPE html>
 <html>
  <head>
   <title>外部 JavaScript</title>
   <script src="js/my-script.js"></script>
  </head>
  <body>
   <h1>外部 JavaScript</h1>
```

```
    <button onClick="showMessage()">点击我</button>
  </body>
</html>
```

其中，“js/my-script.js”是 JavaScript 文件的路径。

两种引入方法都有各自的用途和优势。内联 JavaScript 适用于快速实现和小规模代码的编写，而外部 JavaScript 适用于大型应用和代码复用。通常，为了提高页面的加载速度和优化性能，开发人员会使用外部 JavaScript，并将<script>标签放置在 HTML 文档的底部，这样可以确保在执行 JavaScript 代码之前，页面的内容已经加载完毕。

3．JavaScript 的数据输出

在 JavaScript 中，常用的数据输出方法主要有以下几种。

1）使用 console.log()方法进行控制台输出

console.log()方法是在控制台中输出信息的常用方法，常用于调试和查看程序执行过程中的结果。

```
console.log("Hello, JavaScript!");
```

2）使用 alert()方法进行弹窗输出

alert()方法会弹出一个包含指定文本的提示框，常用于向用户显示一些简单的信息。

```
alert("Hello, JavaScript!");
```

3）在 HTML 文档中输出

通过修改 HTML 元素的内容实现在 HTML 文档中输出，具体代码如例 1-3 所示。

【例 1-3】example1-3.html

```
<!DOCTYPE html>
  <html>
    <head>
      <title>在 HTML 文档中输出</title>
    </head>
    <body>
      <p id="output"></p>
      <script>
        // JavaScript 代码
        document.getElementById("output").innerHTML = "Hello, JavaScript!";
      </script>
    </body>
  </html>
```

4）使用 document.write()方法在 HTML 文档中写入

document.write()方法可用于直接向 HTML 文档中写入内容，但要注意其使用场景和注意事项。

```
document.write("Hello, JavaScript!");
```

开发人员可以根据具体需求选择合适的输出方式。console.log()方法通常用于开发和调试，alert()方法通常用于简单的用户提示，而在 HTML 文档中输出内容则适合于更灵活的交互式的展示方法。document.write()方法的使用场景较少，因为它会覆盖整个 HTML 文档的内容，这可能会导致一些不希望出现的问题。

1.1.6 JavaScript 语句

JavaScript 语句是构成 JavaScript 程序的基本单元。语句是一组指令，用于通知计算机将要执行什么操作，即发送到浏览器的命令。JavaScript 解释器会按照语句的顺序逐行执行代码。以下是一些常见的 JavaScript 语句。

（1）赋值语句：用于给变量赋值。

```
var x = 10;
```

（2）条件语句：用于根据判断条件执行不同的代码块。

```
if (x > 5) {
  // 如果 x 大于 5，则执行 if 代码块中的代码
} else {
  // 否则执行 else 代码块中的代码
}
```

（3）循环语句：用于重复执行一段代码。

```
for (var  i = 0; i < 5; i++) {
  // 循环体，将被执行 5 次
}
```

（4）函数调用语句：用于调用函数，执行特定的操作。

```
function myFunction() {
  // 函数体
}

myFunction(); // 调用函数
```

（5）返回语句：用于在函数中返回值。

```
function add(a, b) {
  return a + b;
}
```

（6）声明语句：用于声明变量或函数。

```
var variableName; // 声明变量
function myFunction() { // 声明函数
  // 函数体
}
```

（7）表达式语句：包含一个表达式，通常以分号结束。

```
var result = x + y; // 表达式语句
```

（8）输出语句：用于在浏览器控制台中输出信息。

```
console.log("Hello, World!");
```

（9）异常处理语句：用于处理可能发生的错误。

```
try {
  // 可能发生错误的代码
} catch (error) {
  // 处理错误的代码
}
```

这些语句任意组合在一起将形成完整的 JavaScript 程序代码，通过执行这些语句，JavaScript 程序可以实现各种逻辑和功能。

1.1.7 JavaScript 代码规范

1．分号

分号的作用是分隔 JavaScript 语句，我们通常会在每条可执行语句的结尾处添加分号。

```
a = 5;
b = 6;
```

```
c = a + b;
```

分号的另一个作用是，在同一行中编写多条语句。上述示例代码也可以采用以下方式书写。

```
a = 5; b = 6; c = a + b;
```

2．空格

JavaScript 会忽略多余的空格，我们可以在脚本中添加空格，以提高代码的可读性。

下面两行代码是等效的。

```
var person="Hege";
var person = "Hege";
```

3．对代码行进行折行

我们可以在文本字符串中使用反斜杠对代码进行折行。

```
document.write("你好 \
世界!");
```

不过，在编写代码时不能像下方示例这样进行折行。

```
document.write \
("你好世界!");
```

提示：JavaScript 是脚本语言，浏览器会在读取代码的同时逐行执行，而传统编程会在执行前对所有代码进行编译。

4．JavaScript 注释

JavaScript 注释不会被执行，我们可以通过注释来对 JavaScript 代码进行解释，以此提高代码的可读性。

1）JavaScript 单行注释

单行注释以“//”开头。

```
//document.getElementById("myH1").innerHTML = "欢迎来到我的主页";
document.getElementById("myP").innerHTML = "这是我的第一个段落。";
```

上述代码中的第一条语句不会被执行。

2）JavaScript 多行注释

多行注释以“/*”开头，以“*/”结尾。

```
/*document.getElementById("myH1").innerHTML = "欢迎来到我的主页";
document.getElementById("myP").innerHTML = "这是我的第一个段落。";
*/
```

上述代码中的两条语句都不会被执行。

1.1.8　JavaScript 数据结构

每一种计算机编程语言都有自己的数据结构，JavaScript 的数据结构包括标识符、关键字、保留字、常量、变量。

1．标识符

用户在使用 JavaScript 编写代码时，很多要素都要求给定名称，如 JavaScript 中的变量、函数等，可以将定义要素时使用的字符序列称为标识符，这些标识符必须遵循以下命名规则。

- 标识符只能由字母、数字、下画线和中文组成，不能包含空格、标点符号、运算符等其他符号。
- 标识符的第一个字符必须是字母、下画线或中文。
- 标识符不能与 JavaScript 中的关键字名称相同，如 else 等。

例如，下面为合法的标识符：

```
UserName     Int2        _File_Open      Sex
```

下面为不合法的标识符：

```
99BottlesofBeer     Namespace     It's-A10-over
```

2．关键字

关键字标识了 JavaScript 语句的开头或结尾。根据规定，关键字是保留字，不能被用作变量名或函数名。JavaScript 中的关键字如表 1-1 所示。

表 1-1　JavaScript 中的关键字

break	case	catch	continue	default
delete	do	else	finally	for
function	if	in	instanceof	new
return	switch	this	throw	try
typeof	var	void	while	with

3．保留字

保留字在某种意义上是为将来的关键字而保留的单词，因此保留字不能被用作变量名或函数名。JavaScript 中的保留字如表 1-2 所示。

表 1-2　JavaScript 中的保留字

abstract	boolean	byte	char
class	const	debugger	double
enum	export	extends	final
float	goto	implements	import
int	interface	long	native
package	private	protected	public
short	static	super	synchronized
throws	transient	volatile	

注意：如果将保留字用作变量名或函数名，那么很可能收不到任何错误消息，除非将来的浏览器实现了该保留字。当浏览器将其实现后，该单词被看作关键字，如此，会出现关键字错误。

4．常量

常量是字面变量，是固化在程序代码中的信息，其值从定义开始就是固定的。常量主要用于为程序提供固定且精确的值，如数字、字符串、逻辑值真（true）、逻辑值假（false）等。

常量通常使用 const 声明，其语法格式如下。

```
const 常量名：数据类型 =值；
```

5．变量

变量是存储信息的“容器”，在编程语言中，变量用于存储数据值。

1）变量

变量就像代数，例如：

```
x=3        // 将变量 x 赋值为 3
y=6        //将变量 y 赋值为 6
z=x+y      //将变量 z 赋值为 3+6，即 9
```

在 JavaScript 中，这些字母被称为变量。变量除了可以被赋值为数字，还可以被赋值为字符串。

变量可以通过变量名访问。在指令式语言中，变量通常是可变的。JavaScript 的变量可以用于存放值（如 x=5）和表达式（如 z=x+y），可以使用短名称（如 x 和 y）命名，也可以使用描述性更强的名称（如 age、sum、totalvolume）命名。

- 变量大多数以字母开头。
- 变量也可以"$"和"_"开头（但是不推荐使用这种命名方式）。
- 变量名称对大小写敏感（y 和 Y 是不同的变量）。

变量在命名时通常会遵循一定的规则，即驼峰规则。比如，HelloWoniuxy、JavaScriptBasicStudy，这种风格称为大驼峰，即每个单词的首字母都大写；而 myNameIsQiang、javascriptDemo，这种风格称为小驼峰，即首字母小写，后续的每个单词的首字母大写。很多编程语言都遵循以上两种命名规则，如 Java 等。

注意：JavaScript 语句和 JavaScript 变量对大小写都是敏感的。当编写 JavaScript 语句时，请留意是否关闭大小写切换键，函数 getElementById()与函数 getElementbyID()是不同的。同样地，变量 myVariable 与变量 MyVariable 也是不同的。

2）声明 JavaScript 变量

在 JavaScript 中，创建变量通常称为声明变量。JavaScript 使用关键字 var 来声明变量：

```
var carname;
```

变量在声明之后是空的，它没有被赋值。如需向变量赋值，请使用等号"="：

```
carname="Volvo";
```

不过，也可以在声明变量时对其赋值：

```
var carname="Volvo";
```

在下面的示例中，我们创建了名为 carname 的变量，并将其赋值为 Volvo，随后将其写入 id="demo"的 HTML 段落：

```
<p id="demo"></p>
var carname="Volvo";
document.getElementById("demo").innerHTML=carname;
```

3）一条语句声明多个变量

在一条语句中可以声明多个变量。该语句以 var 关键字声明变量，并以逗号分隔变量：

```
var lastname="Doe", age=30, job="carpenter";
```

在声明变量时，可以换行：

```
var lastname="Doe",
age=30,
job="carpenter";
```

4）undefined

在程序代码中，经常会声明未赋值的变量。该变量的值实际上是 undefined。在执行下面的语句后，变量 carname 的值将是 undefined。

```
var carname;
```

5）重新声明 JavaScript 变量

如果重新声明 JavaScript 变量，则该变量的值不会改变。

在执行下面两条语句后，变量 carname 的值依旧是 Volvo。

```
var carname="Volvo";
var carname;
```

1.1.9 数据类型

在 JavaScript 中，数据类型有字符串（String）、数字（Number）、布尔（Boolean）、数

组（Array）、对象（Object）、空（Null）、未定义（Undefined）。JavaScript 拥有动态类型，这意味着相同的变量可用作不同的数据类型。

```
var x;                // x 为 undefined
var x=5;              // 现在 x 为数字
var x="John";         // 现在 x 为字符串
```

1. 字符串

字符串是存储字符的变量，可以是单引号或双引号中的任意文本。

```
var carname="Volvo XC60";
var carname='Volvo XC60';
```

可以在字符串中使用引号，只要不与包围字符串的引号匹配即可。

```
var answer="It's alright";
var answer="He is called 'Johnny'";
var answer='He is called "Johnny"';
```

2. 数字

JavaScript 中只有一种数字类型。在使用数字时，可以含有小数点，也可以没有。

```
var x1=34.00;         //使用小数点
var x2=34;            //不使用小数点
```

极大或极小的数字可以使用科学（指数）记数法的方式来书写。

```
var y=123e5;          // 12300000
var z=123e-5;         // 0.00123
```

3. 布尔

布尔（逻辑）只包含两个值：true 或 false。

```
var x=true;
var y=false;
```

4. 数组

下面的代码创建了一个名为 cars 的数组：数组索引是基于零的，所以第一个项目的索引是[0]，第二个项目的索引是[1]，依次类推。

```
var cars=new Array();
cars[0]="Saab";
cars[1]="Volvo";
cars[2]="BMW";
或者 (condensed array):
var cars=new Array("Saab","Volvo","BMW");
或者 (literal array):
var cars=["Saab","Volvo","BMW"];
```

5. 对象

对象由大括号分隔。在大括号内部，对象的属性以名称和值对的形式（name : value）定义，属性由逗号分隔。

```
var person={firstname:"John", lastname:"Doe", id:5566};
```

上述示例中的对象（person）有 3 个属性：firstname、lastname 和 id。

空格和折行无关紧要，声明可横跨多行：

```
var person={
firstname : "John",
lastname : "Doe",
id : 5566
};
```

对象属性有两种寻址方式：

```
name=person.lastname;
```

或者：

```
name=person["lastname"];
```

6．空和未定义

未定义（Undefined）表示变量不含有值，可以通过将变量的值设置为 null 来清空变量。

```
cars=null;
person=null;
```

7．声明变量类型

在声明新变量时，可以使用关键字 new 来声明其类型。

```
var carname=new String;
var x=new Number;
var y=new Boolean;
var cars=new Array;
var person=new Object;
```

注意：JavaScript 变量均为对象。在声明一个变量时，就创建了一个对象。

1.1.10 运算符和表达式

运算符是指定程序执行特定算术操作或逻辑操作使用的符号，用于执行程序代码运算。JavaScript 中的运算符主要包括算术运算符、比较运算符、赋值运算符、逻辑运算符和条件运算符。

1．算术运算符

算术运算符用于连接运算表达式，主要包括加（+）、减（-）、乘（*）、除（/）、取模（%）、自增（++）、自减（--）等。

运算符“=”用于赋值。

运算符“+”用于加值。

指定变量 x、y 的值，并将其值相加。

```
y=5;
z=2;
x=y+z;
```

在执行以上语句后，x 的值为：7。

给定 y=5，算术运算符及其示例如表 1-3 所示。

表 1-3 算术运算符及其示例

运算符	说明	示例	x 的运算结果	y 的运算结果
+	加法	x=y+2	7	5
-	减法	x=y-2	3	5
*	乘法	x=y*2	10	5
/	除法	x=y/2	2.5	5
%	取模（余数）	x=y%2	1	5
++	自增	x=++y	6	6
		x=y++	5	6
--	自减	x=--y	4	4
		x=y--	5	4

下面是 JavaScript 运算符的使用方法。首先通过 JavaScript 在页面中声明变量，再通过算术运算符计算变量的运算结果，具体代码如例 1-4 所示。

【例 1-4】example1-4.html

```
<!DOCTYPE html>
<html>
  <head>
    <title>算术运算符的使用</title>
  </head>
  <body>
    <script type="text/javascript">
      var num1=120,num2 = 25;                              //声明两个变量
      document.write("120+25="+(num1+num2)+"<br>");        //计算两个变量的和
      document.write("120-25="+(num1-num2)+"<br>");        //计算两个变量的差
      document.write("120*25="+(num1*num2)+"<br>");        //计算两个变量的积
      document.write("120/25="+(num1/num2)+"<br>");        //计算两个变量的商
      document.write("(120++)="+(num1++)+"<br>");          //自增运算，先赋值后加 1
      document.write("++120="+(++num1)+"<br>");            //自增运算，先加 1 后赋值
    </script>
  </body>
</html>
```

运行结果如图 1-1 所示。

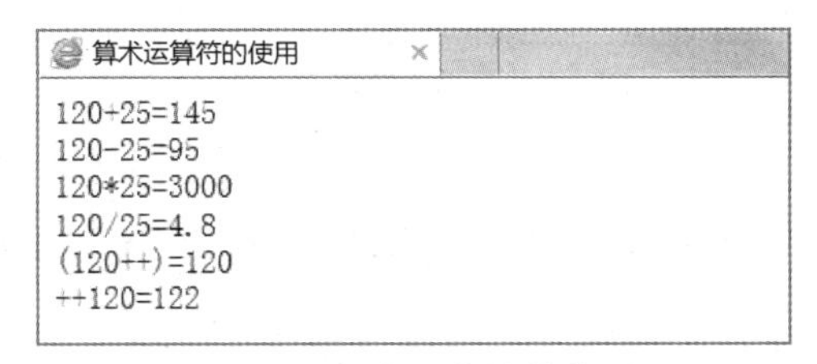

图 1-1　算术运算符的使用

2. 比较运算符

比较运算符通常在逻辑语句中使用，用于判断变量或值是否相等。其运算过程首先需要对操作数进行比较，然后返回一个布尔值 true 或 false。比较运算符及其示例如表 1-4 所示。

表 1-4　比较运算符及其示例

运算符	说明	示例
==	等于，只根据表面值进行判断，不涉及数据类型	“5”==5 的值为 true
===	绝对等于，同时根据表面值和数据类型进行判断	“5”===5 的值为 false
! =	不等于，只根据表面值进行判断，不涉及数据类型	“5”! =5 的值为 false
!==	不绝对等于，同时根据表面值和数据类型进行判断	“5”! ==5 的值为 true
>	大于	“5”>3 的值为 true
>=	大于或等于	“5”>=3 的值为 true
<	小于	“5”<3 的值为 false
<=	小于或等于	“5”<=3 的值为 false

比较运算符的具体用法如例 1-5 所示。

【例 1-5】example1-5.html

```
<!DOCTYPE>
```

```
<html>
  <head>
    <title>比较运算符的使用</title>
  </head>
  <body>
    <script type="text/javascript">
      var age = 25;                                          //声明变量
      document.write("age 变量的值为："+age+"<br>");          //输出变量值
      document.write("age>=20："+(age>=20)+"<br>");          //实现变量值的比较
      document.write("age<20："+(age<20)+"<br>");
      document.write("age!=20："+(age!=20)+"<br>");
      document.write("age>20："+(age>20)+"<br>");
    </script>
  </body>
</html>
```

运行结果如图 1-2 所示。

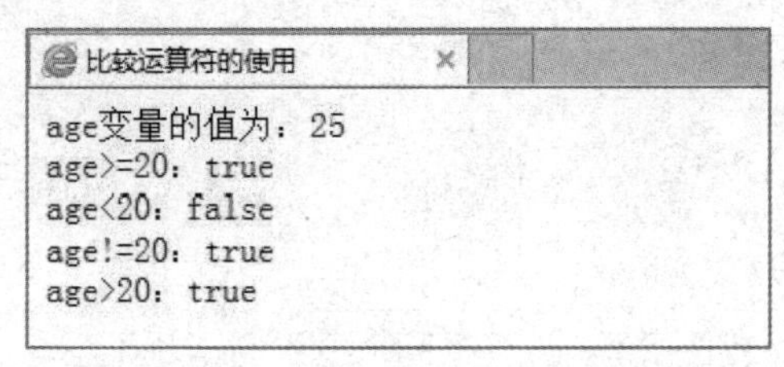

图 1-2　比较运算符的使用

3. 赋值运算符

赋值运算符用于为 JavaScript 变量赋值。给定 x=10，y=5，赋值运算符及其示例如表 1-5 所示。

表 1-5　赋值运算符及其示例

运算符	示例	等同于	运算结果
=	x=y		x=5
+=	x+=y	x=x+y	x=15
-=	x-=y	x=x-y	x=5
*=	x*=y	x=x*y	x=50
/=	x/=y	x=x/y	x=2
%=	x%=y	x=x%y	x=0

注意：*在书写复合赋值运算符时，两个符号之间一定不能有空格，否则将会出错。*

赋值运算符的具体用法如例 1-6 所示。

【例 1-6】example1-6.html

```
<!DOCTYPE html>
<html>
  <head>
  </head>
  <body>
    <h1>赋值运算符的使用</h1>
    <p><strong>如果把数字与字符串相加，则运算结果的数据类型将变为字符串。</strong></p>
    <script type="text/javascript">
```

```
      x=5+5;
      document.write(x);
      document.write("<br />");
      x="5"+"5";
      document.write(x);
      document.write("<br />");
      x=5+"5";
      document.write(x);
      document.write("<br />");
      x="5"+5;
      document.write(x);
      document.write("<br />");
    </script>
  </body>
</html>
```

运行结果如图 1-3 所示。

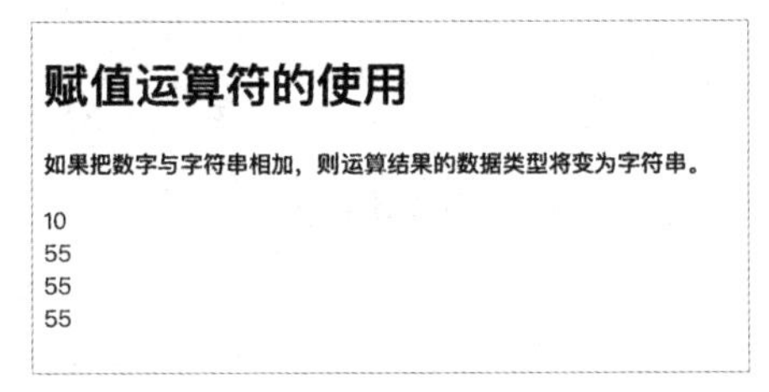

图 1-3　赋值运算符的使用

4．逻辑运算符

逻辑运算符通常用于执行逻辑运算，常与比较运算符搭配使用来表示复杂比较运算，且常用于 if、while 和 for 语句中。逻辑运算符如表 1-6 所示。

表 1-6　逻辑运算符

运算符	说明	示例
&&	逻辑与，如果符号两边表达式的值均为 true，则返回 true，否则返回 false	10>7&&10<15, true 10>7&&10>15, false
||	逻辑或，只有表达式的值均为 false 时，才返回 false	10>7||100>15, true 10<7||100<15, false
!	逻辑非，如果表达式的值为 true，则返回 false，否则返回 true	!(10>7)，false !(100<15)，true

逻辑运算符的具体用法如例 1-7 所示。

【例 1-7】example1-7.html

```
<!DOCTYPE html>
<html>
  <head>
  </head>
  <body>
    <h1>逻辑运算符的使用</h1>
    <script type="text/javascript">
      var a=true,b=false;
      document.write(!a);
```

```
      document.write("<br />");
      document.write(!b);
      document.write("<br />");
      a=true,b=true;
      document.write(a&&b);
      document.write("<br />");
      document.write(a||b);
      document.write("<br />");
      a=true,b=false;
      document.write(a&&b);
      document.write("<br />");
      document.write(a||b);
      document.write("<br />");
    </script>
  </body>
</html>
```

运行结果如图 1-4 所示。

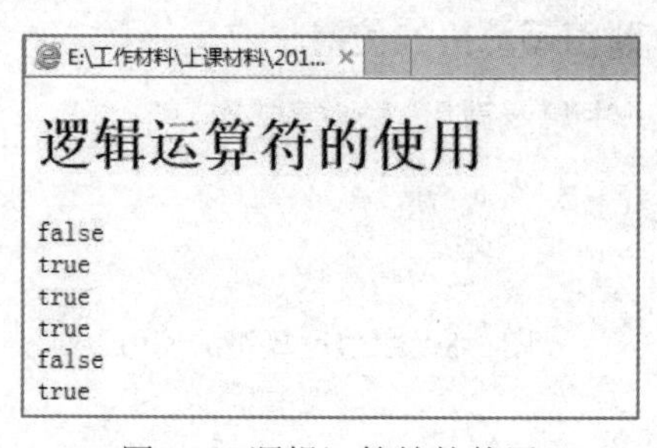

图 1-4　逻辑运算符的使用

5. 条件运算符

条件运算符是 JavaScript 中的一种特殊的三元运算符，它有 3 个部分，其语法格式如下。

```
条件?表达式 1:表达式 2
```

在使用条件运算符时，如果条件为真，则使用表达式 1 的值，否则使用表达式 2 的值。条件运算符的具体用法如例 1-8 所示。

【例 1-8】example1-8.html

```
<!DOCTYPE html>
<html>
  <head>
  </head>
  <body>
    <h1>条件运算符的使用</h1>
    <script type="text/javascript">
      var a=3;
      var b=5;
      var c=b-a;
       document.write(c+"<br>");
      if(a>b)
             { document.write("a 大于 b<br>");}
      else
             { document.write("a 小于 b<br>");}
     document.write(a>b?"2":"3");
   </script>
```

```
  </body>
</html>
```

运行结果如图 1-5 所示。

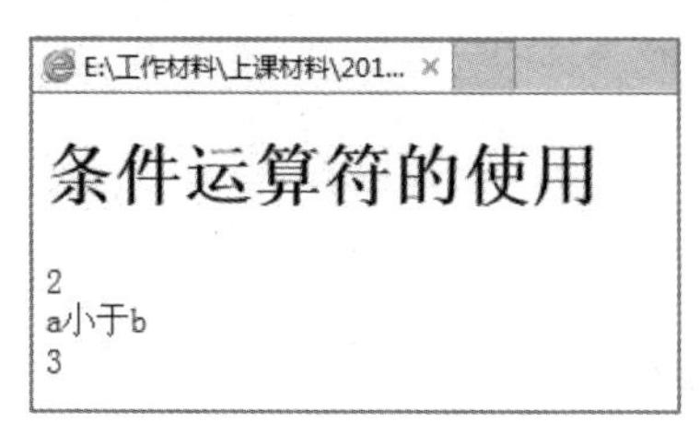

图 1-5　条件运算符的使用

6. 运算符的优先级

JavaScript 运算符均有明确的优先级与结合性，优先级高的运算符将先于优先级低的运算符进行运算。结合性是指具有同等优先级的运算符可按照何种顺序进行运算，有向左结合和向右结合两种方式。运算符的优先级如表 1-7 所示。

表 1-7　运算符的优先级

优先级（1 最高）	说明	运算符
1	逻辑非	!
2	括号	()
3	自增、自减运算符	++ --
4	乘法、除法、取余运算符	* / %
5	加法、减法运算符	+ -
6	小于、小于或等于、大于、大于或等于	< <= > >=
7	等于、不等于	== !=
8	逻辑与	&&
9	逻辑或	||
10	赋值运算符和快捷运算符	= += *= /= %= -=

运算符的优先级如例 1-9 所示。

【例 1-9】example1-9.html

```
<!DOCTYPE html>
<html>
  <head>
    <title>运算符的优先级</title>
  </head>
  <body>
    <script language="javascript">
      var a=1+2*3;              //按照自动优先级计算
      var b=(1+2)*3;            //使用()改变运算优先级
      alert("a="+a+"\nb="+b);   //分行输出结果
    </script>
  </body>
</html>
```

运行结果如图 1-6 所示。

图 1-6　运算符的优先级

动手实践：简单加法器的实现

动手实践：简单加法器的实现

1. 案例介绍

数值的运算在 JavaScript 中常常是不可避免的，本案例将利用 JavaScript 进行一个简单的加法计算。首先，使用 prompt()函数获取用户输入的两个数值，并将其存储在变量 num1 和 num2 中。然后，通过声明变量 result 来存储这两个数值的和，并使用 parseFloat()函数来确保用户输入的数值被正确解析为浮点数，避免运算结果为字符串拼接而非数值相加。最后，使用 alert()函数输出运算结果。通过对本案例的学习，可使学生掌握基本的数值运算方法。在本案例中需要注意的关键点如下。

- 使用 prompt()函数获取用户输入的数值。
- 使用 parseFloat()函数来确保用户输入的数值被正确解析为浮点数。
- 执行数值运算并将运算结果存储在变量中。
- 使用 alert()函数输出运算结果。

2. 具体实现

首先，新建一个 HTML 文档，输入 JavaScript 语言标签，声明变量 num1 和 num2；然后，声明变量 result；最后，使用 alert()函数输出运算结果，具体代码如下。

```
<!DOCTYPE html>
<html>
    <head>
        <meta charset="utf-8" />
        <title>简单加法器</title>
        <script>
            var num1 = prompt('请输入第一个数值');
            var num2 = prompt('请输入第二个数值');
            var result = parseFloat(num1)+parseFloat(num2);
            alert (num1 + "+" + num2 + "="+ result);
        </script>
    </head>
    <body>
    </body>
</html>
```

自定义输入第一个数值如图 1-7 所示，自定义输入第二个数值如图 1-8 所示，最终运行结果如图 1-9 所示。

本节通过一个简单的加法器案例，展示了在 JavaScript 中进行数值运算的基本方法。学生可以通过自定义不同的数值来进行加法运算，从而加深对基本数值运算和 JavaScript 语言特性的理解。这个加法器案例是一个入门级别的示例，可以帮助学生掌握 JavaScript 数值运算的基本方法。

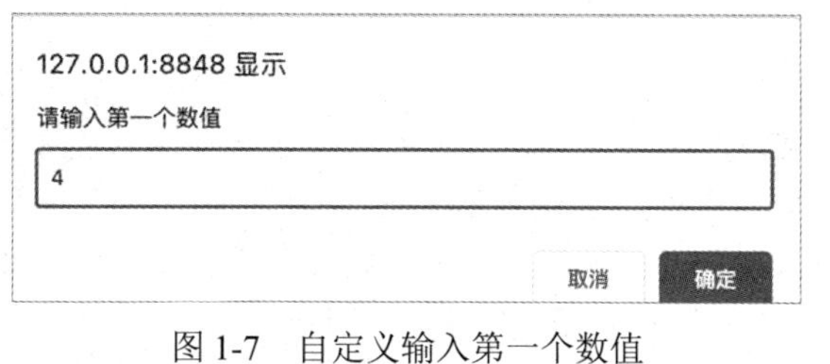

图 1-7　自定义输入第一个数值

图 1-8　自定义输入第二个数值

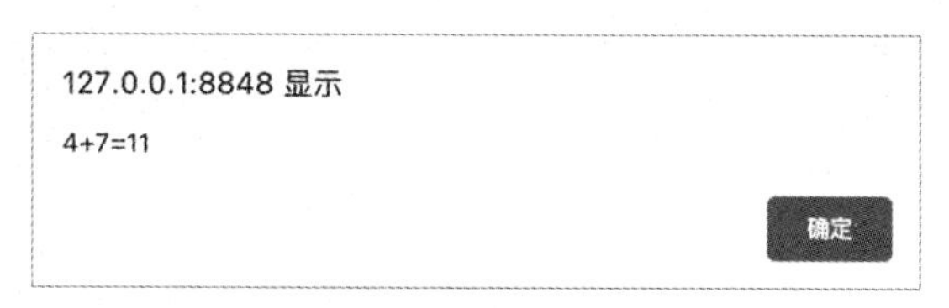

图 1-9　最终运行结果

任务 1.2　程序控制结构和语句

1.2.1　基本处理流程

对数据结构的处理流程，称为基本处理流程。在 JavaScript 中，基本处理流程包含 3 种结构，分别是顺序结构、选择结构和循环结构，如图 1-10、图 1-11、图 1-12 所示。

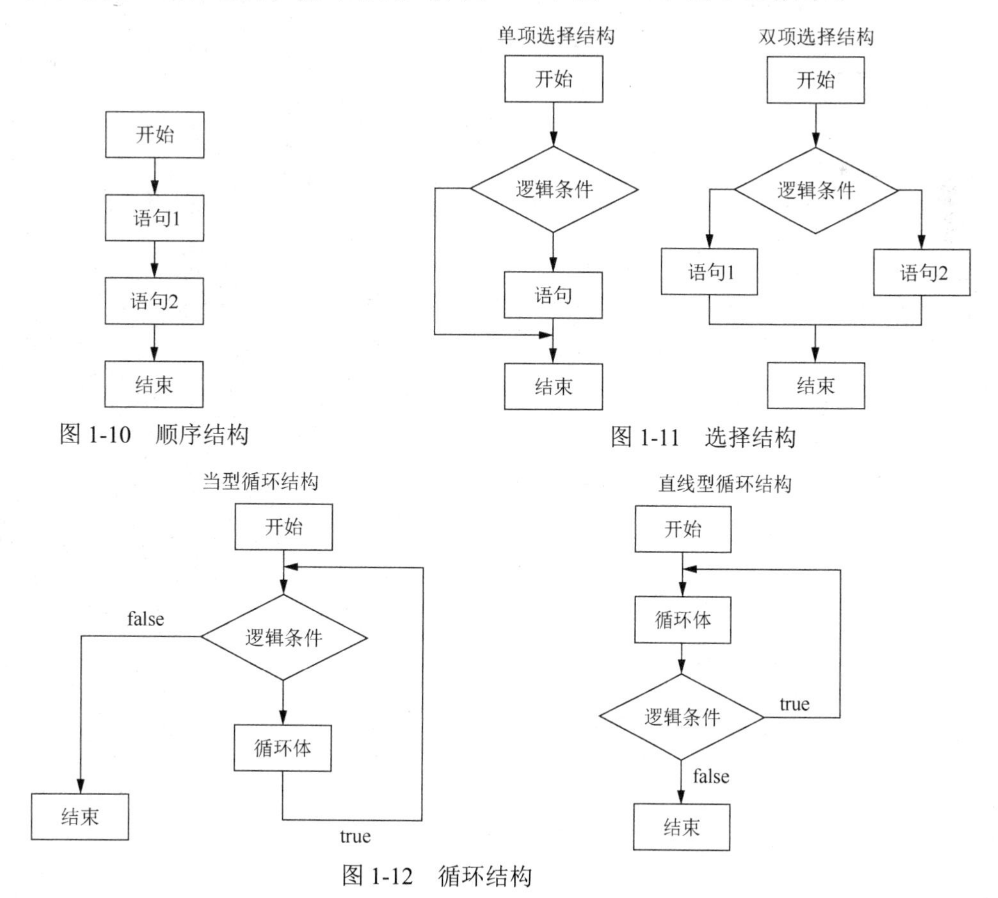

图 1-10　顺序结构

图 1-11　选择结构

图 1-12　循环结构

1.2.2 赋值语句

赋值语句是 JavaScript 中最常用的语句。在程序中，往往需要大量的变量来存储数据，所以用来对变量进行赋值的赋值语句也会大量出现，其语法格式如下。

```
变量名=表达式;
```

当使用关键字 var 声明变量时，可以同时使用赋值语句对变量进行赋值。

```
var username = "book";
var blue = true;
var variable = "万事如意";
```

1.2.3 条件判断语句

条件判断语句是对语句中条件的值进行判断，进而根据不同的条件执行不同的语句。条件判断语句主要包括两大类，分别是 if 判断语句和多分支语句。

1. if 语句

if 语句是使用最多的条件判断语句，其语法格式如下。

```
if(条件)
{
执行语句;
}
```

在下面的示例中，如果打开网页的时间晚于 12:00，则会出现问候语“晚上好！”。

首先，声明变量 time，获取系统时间；然后，书写 if 语句，如果时间晚于 12:00，则获得问候语“晚上好！”。具体代码如例 1-10 所示。

【例 1-10】example1-10.html

```
<!DOCTYPE html>
<html>
  <head>
    <meta http-equiv="Content-Type" content="text/html; charset=utf-8" />
    <title>if 语句的使用</title>
  </head>

  <body>
    <script type="text/javascript">
      var time=""
      var time = new Date().getHours();
        if(time>12){
         document.write("晚上好！");
        }

    </script>
  </body>
</html>
```

运行结果如图 1-13 所示，当前是 14:00，晚于 12:00，因此显示问候语“晚上好！”。

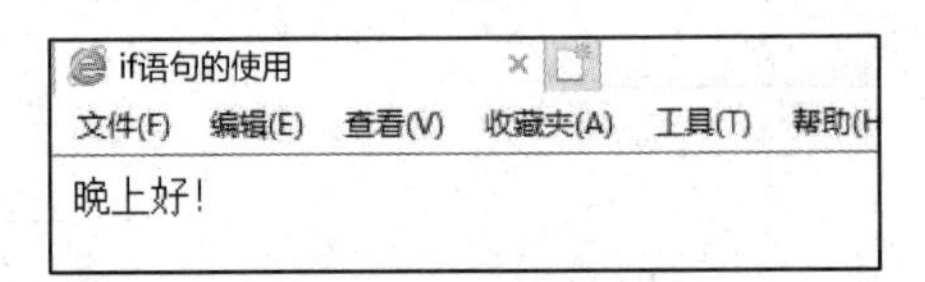

图 1-13 if 语句的使用

2．if-else 语句

if-else 语句通常用于在两个程序分支中选择一个来执行的情况，其语法格式如下。

```
If（条件）
{当条件为 true 时执行的代码}
else
{当条件为 false 时执行的代码}
```

修改例 1-10，使其在 12:00 之前打开网页并显示问候语“早上好！”，在 12:00 之后打开网页显示问候语“下午好！”。具体代码如例 1-11 所示。

【例 1-11】 example1-11.html

```
<!DOCTYPE html>
<html>
  <head>
    <meta http-equiv="Content-Type" content="text/html; charset=utf-8" />
    <title>if-else 语句的使用</title>
  </head>

  <body>
    <script type="text/javascript">
    var time=""
    var time = new Date().getHours();
      if(time<12){
       document.write("早上好！");
      }else{document.write("下午好！");
       }
    </script>
  </body>
</html>
```

运行结果如图 1-14 所示。当前时间是 8:00 早于 12:00，因此显示问候语“早上好！”。

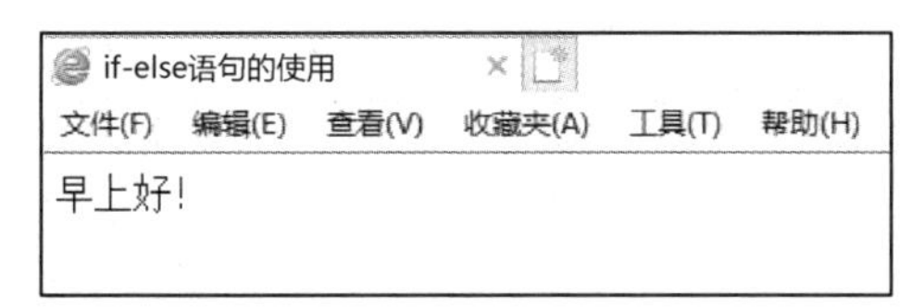

图 1-14　if-else 语句的使用

3．if-else-if 语句

if-else-if 语句通常用于选择多个代码块之一来执行的情况，其语法格式如下。

```
if(条件 1)
{当条件 1 为 true 时执行的代码}
else if(条件 2)
{当条件 2 为 true 时执行的代码}
else{当条件 1 和条件 2 不为 true 时执行的代码}
```

下面我们使用 if-else-if 语句进行成绩的判定，具体代码如例 1-12 所示。

【例 1-12】 example1-12.html

```
<!DOCTYPE html>
<html>
  <head>
    <meta http-equiv="Content-Type" content="text/html; charset=utf-8" />
    <title>if-else-if 语句的使用</title>
```

```
  </head>

  <body>
  <script type="text/javascript">
    var grade=prompt("请输入成绩",0);
    if( grade>=90 && grade<=100){
       alert("优秀");
      }
      else if( grade>=80 && grade<90){
      alert("良好");
       }
      else if( grade>=70 && grade<80){
      alert("中等");
     }
      else if( grade>=60 && grade<70){
      alert("及格");
     }
      else{ alert("不及格");}
    </script>
  </body>
</html>
```

运行结果如图 1-15、图 1-16、图 1-17、图 1-18 所示。

图 1-15　if-else-if 语句的使用（1）

图 1-16　if-else-if 语句的使用（2）

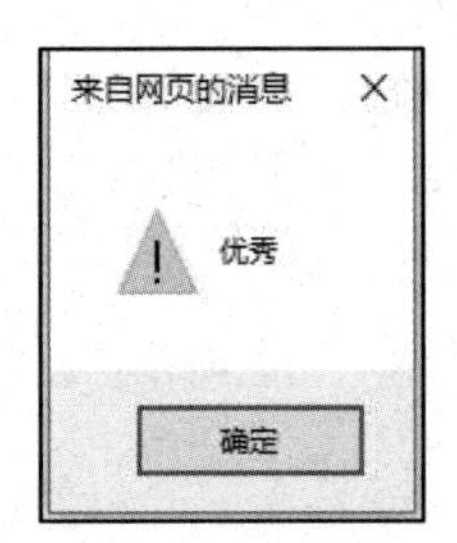

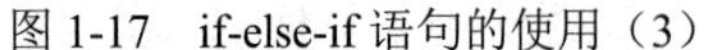
图 1-17　if-else-if 语句的使用（3）

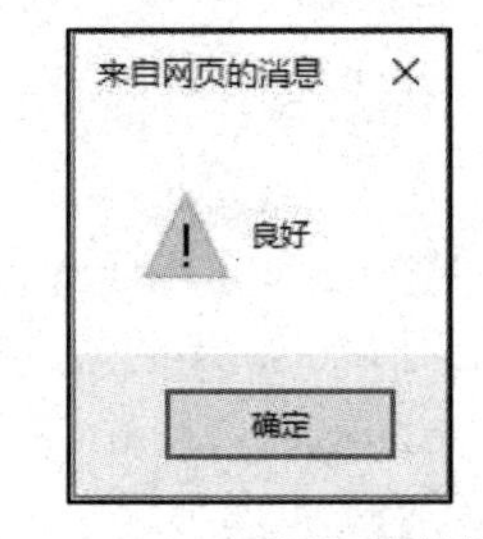

图 1-18　if-else-if 语句的使用（4）

4．switch 语句

switch 语句是一种多分支选择结构，用于将一个表达式的结果与多个值进行比较，并根据

比较结果选择执行语句，其语法格式如下。

```
switch(条件){
case 数值 1:
    语句块 1;break;
case 数值 2:
    语句块 2;break;
…
case 数值 n:
    语句块 n;break;
Default;
    语句块 n+1;
}
```

下面使用 switch 语句来判断当前是星期几，具体代码如例 1-13 所示。

在这个示例中，我们首先使用 Date()方法获取当前的系统日期，然后使用 getDay()方法获取当前日期所对应星期数的数值（星期日为 0，星期一为 1，依此类推）。

在编写示例时，需要注意以下几点。

- 使用 new Date()和 getDay()方法获取当前日期所对应星期数的数值。
- switch 语句根据数值输出对应的星期名称。
- switch 语句中的每个 case 语句都对应一种情况，break 语句用于退出 switch 语句。
- default 语句作为备选方案，在不匹配任何 case 语句时执行。

【例 1-13】example1-13.html

```
<!DOCTYPE html>
<html>
  <head>
    <meta http-equiv="Content-Type" content="text/html; charset=utf-8" />
    <title>switch 语句的使用</title>
  </head>

  <body>
    <script type="text/javascript">
    var now = new Date();
    var day = now.getDay();
    var week;
    switch (day){
      case 1:
        week = "星期一";
        break;
    case 2:
        week = "星期二";
        break;
    case 3:
        week = "星期三";
        break;
    case 4:
        week = "星期四";
        break;
    case 5:
        week = "星期五";
        break;
```

```
    case 6:
        week = "星期六";
        break;
    default:
        week = "星期日";
        break;
    }
    document.write("今天是"+week);
    </script>
  </body>
</html>
```

运行结果如图 1-19 所示。

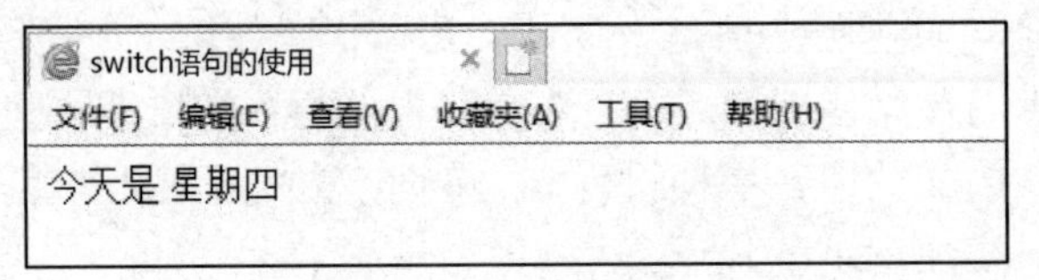

图 1-19　switch 语句的使用

与 switch 语句相比，if-else-if 语句适用于处理更为复杂或基于区间的条件判断。选择使用 switch 语句还是 if-else-if 语句，取决于具体的应用场景和需求。以上示例是基于固定的数值（星期几对应的七种数值）进行判断的，因此使用 switch 语句更为简洁、清晰。

注意：if-else-if 语句和 switch 语句都属于多分支结构，if-else-if 语句通常用于区间的判定，而 switch 语句通常用于某个值的判定。

1.2.4　循环控制语句

循环控制语句是编程语言中的一种结构，用于重复执行一段代码，直到满足某个条件。循环控制语句能够帮助开发人员简化重复性的任务，提高代码的编写效率和可维护性。循环控制语句主要包括 while 循环语句、do-while 循环语句和 for 循环语句。

while 循环与 do-while 循环的结构如图 1-20 和图 1-21 所示。

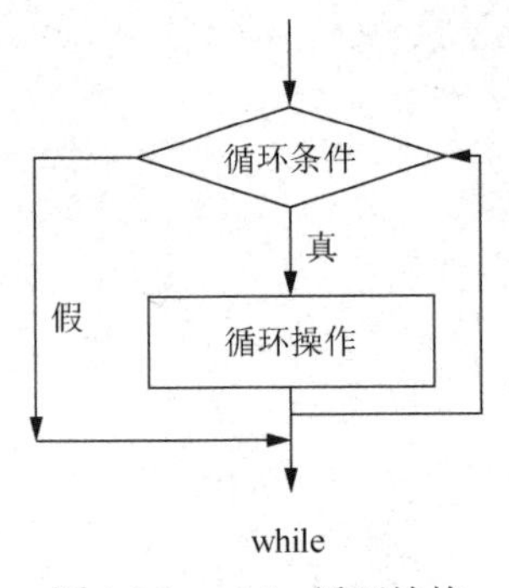

图 1-20　while 循环结构

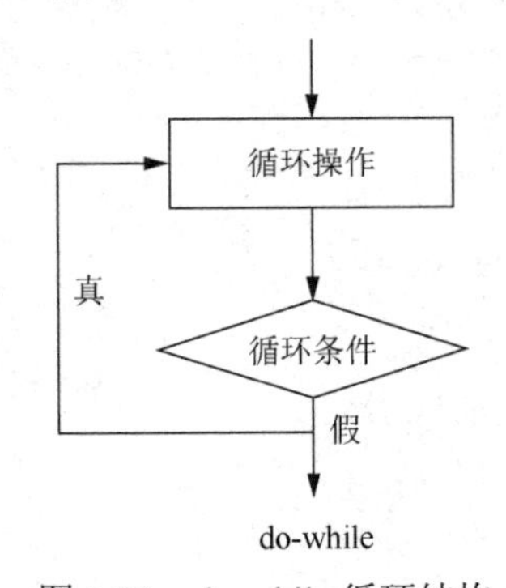

图 1-21　do-while 循环结构

1. while 循环语句

while 循环是一种在循环开始之前不知道具体循环次数的循环结构。它在每次循环开始之前都会检查循环条件，只有在条件为真时才执行代码块，其语法格式如下。

```
while (循环条件) {
```

```
    // 待执行的代码块
  }
```

当满足循环条件时，执行大括号中的代码块。之后，再次检测是否满足循环条件，如果仍然满足，则重复执行大括号中的代码块，直到不满足循环条件，结束整个循环，进而执行 while 循环语句后面的程序代码。

使用 while 循环语句来计算 1～100 所有整数之和，具体代码如例 1-14 所示。

【例 1-14】 example1-14.html

```
<!DOCTYPE html>
<html>
  <head>
    <meta http-equiv="Content-Type" content="text/html; charset=utf-8" />
    <title>while 循环语句的使用</title>
  </head>
  <body>
    <script type="text/javascript">
      var i=0;
      var sum=0;
      while( i<=100){sum+=i;
                i++;}
      document.write("1～100 所有整数之和为: "+sum);
    </script>
  </body>
</html>
```

运行结果如图 1-22 所示。

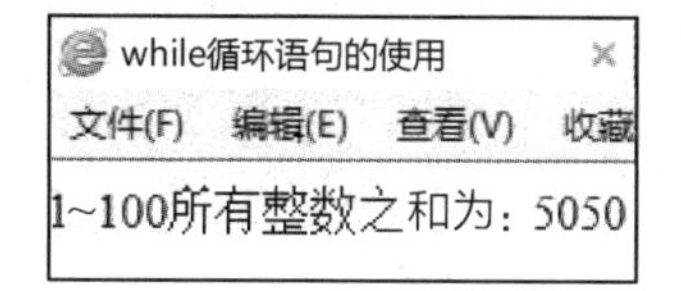

图 1-22　while 循环语句的使用（1）

假如我们每天醒来都要对自己说 10 遍“加油！”，那么在网页中如何循环输出呢？具体代码如例 1-15 所示。

【例 1-15】 example1-15.html

```
<!DOCTYPE html>
<html>
  <head>
    <meta http-equiv="Content-Type" content="text/html; charset=utf-8" />
    <title>while 循环语句的使用</title>
  </head>
  <body>
    <script type="text/javascript">
      var i=0;
      var str="";
      while(i<10){ str+="加油! <br />";
            i++;}
      document.write(str);
    </script>
  </body>
</html>
```

运行结果如图 1-23 所示。

在使用 while 循环语句时，需要注意以下几点。

- 使用大括号包含多条语句（一条语句最好也写在大括号中）。
- 在循环体中应包含退出循环的语句（如示例中的“i++;”），否则循环将无休止地运行。
- 注意循环体中语句的顺序。如果改变例 1-14 中“sum+=i;”与“i++;”语句的顺序，则结果将完全不同。先书写“i++;”语句再书写“sum+=i;”语句的运行效果如图 1-24 所示。交换顺序之后，i 就多执行了一次。

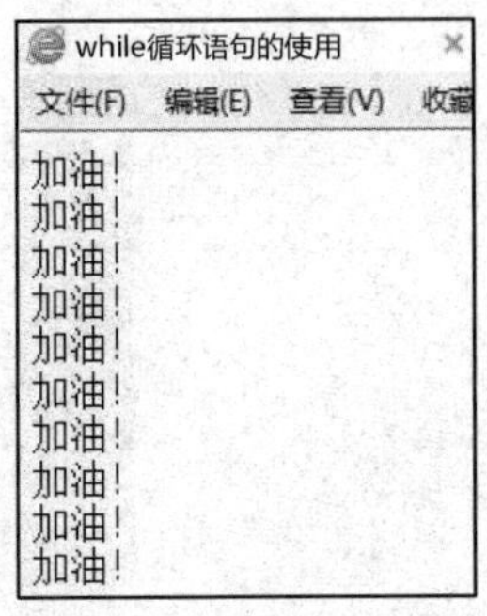

图 1-23　while 循环语句的使用（2）

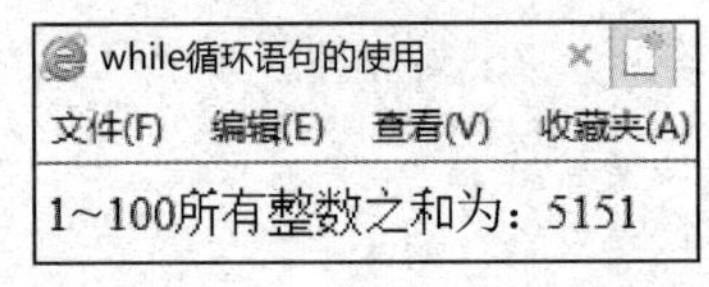

图 1-24　先书写“i++;”语句再书写“sum+=i;”语句

2. do-while 循环语句

do-while 循环与 while 循环类似，但它会先执行一次代码块，再检查是否满足循环条件，这种循环结构可以确保至少执行一次循环体，其语法格式如下。

```
do {
    // 待执行的代码块
} while (循环条件);
```

另外，do-while 循环语句结尾处循环条件的括号后有一个分号，该分号一定不能省略。

下面我们使用 do-while 循环语句来计算 1～100 所有整数之和，具体代码如例 1-16 所示。

【例 1-16】 example1-16.html

```
<!DOCTYPE html>
<html>
  <head>
    <meta http-equiv="Content-Type" content="text/html; charset=utf-8" />
    <title>do-while 循环语句的使用</title>
  </head>

  <body>
    <script type="text/javascript">
      var i=0;
      var sum=0;
      do{ sum+=i;
       i++;}
      while( i<=100);
      document.write("1～100 所有整数之和为: "+sum);
    </script>
  </body>
</html>
```

运行结果如图 1-25 所示，与使用 while 循环语句的结果相同。

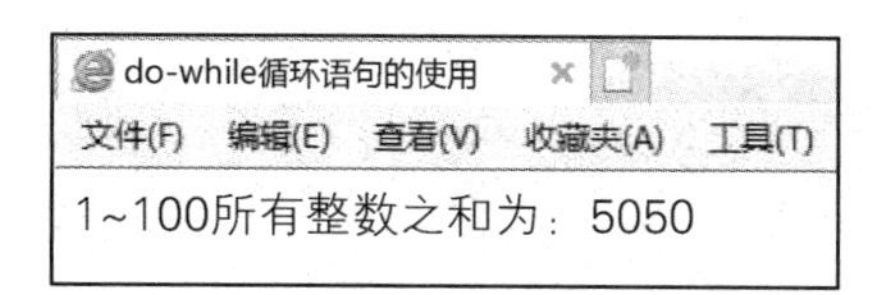

图 1-25 do-while 循环语句的使用（1）

同样地，我们使用 do-while 循环语句在网页中输出 10 遍“加油！”，具体代码如例 1-17 所示。

【例 1-17】example1-17.html

```
<!DOCTYPE html>
<html>
  <head>
    <meta http-equiv="Content-Type" content="text/html; charset=utf-8" />
    <title>do-while 循环语句的使用</title>
  </head>
  <body>
    <script type="text/javascript">
      var i=0;
      var str="";
      do{ str+="加油！<br />";
         i++;}
      while(i<10);
      document.write(str);
    </script>
  </body>
</html>
```

运行结果如图 1-26 所示，与使用 while 循环语句的结果相同。

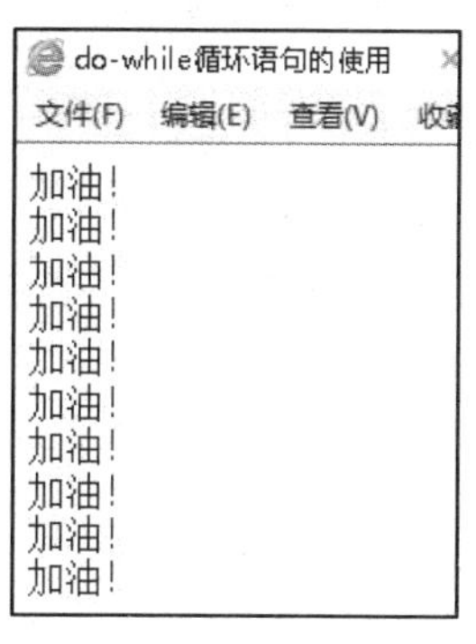

图 1-26 do-while 循环语句的使用（2）

while 循环语句和 do-while 循环语句的区别是什么？

while 循环语句和 do-while 循环语句在满足循环条件的情况下，二者的执行结果是相同的。但在不满足循环条件的情况下，do-while 循环语句会比 while 循环语句多执行一次循环体。

在 while 循环语句中将 i<10 改为 i>10，使其不满足循环条件，具体代码如例 1-18 所示。

【例 1-18】example1-18.html

```
<!DOCTYPE html>
<html>
  <head>
    <meta http-equiv="Content-Type" content="text/html; charset=utf-8" />
    <title>不满足 while 循环语句的循环条件</title>
  </head>

  <body>
    <script type="text/javascript">
      var i=0;
      var str="";
      while(i>10){ str+="加油！<br />";
```

```
            i++;}
        document.write(str);
      </script>
    </body>
  </html>
```

运行结果如图 1-27 所示，网页中没有输出“加油！”。

在 do-while 循环语句中将 i<10 改为 i>10，使其不满足循环条件，具体代码如例 1-19 所示。

【例 1-19】example1-19.html

```
<!DOCTYPE html>
<html>
  <head>
    <meta http-equiv="Content-Type" content="text/html; charset=utf-8" />
    <title>不满足 do-while 循环语句的循环条件</title>
  </head>

  <body>
    <script type="text/javascript">
      var i=0;
      var str="";
      do{ str+="加油！<br />";
          i++;}
      while(i>10);
      document.write(str);
    </script>
  </body>
</html>
```

运行结果如图 1-28 所示，输出一个“加油！”。

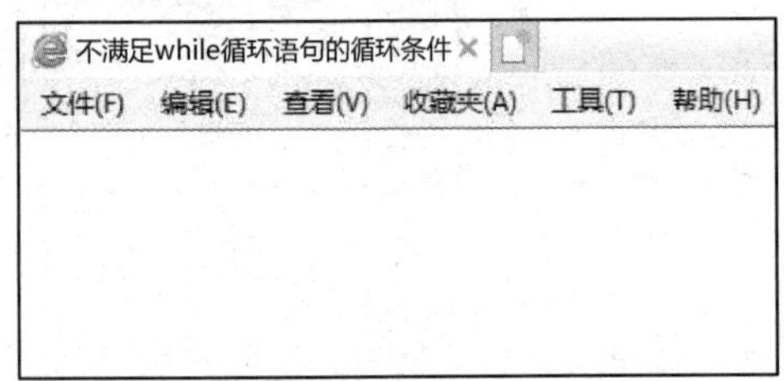

图 1-27　不满足 while 循环语句的循环条件

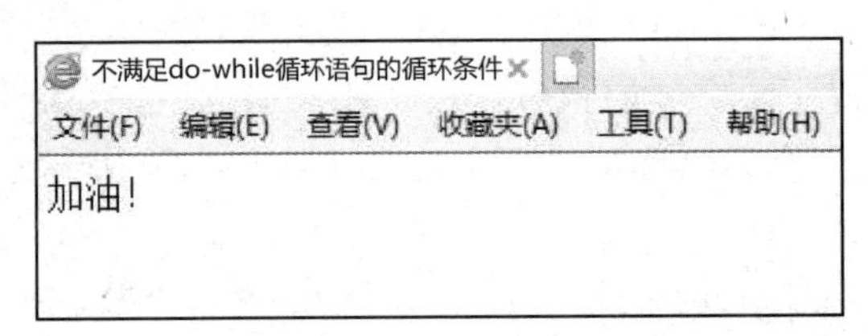

图 1-28　不满足 do-while 循环语句的循环条件

在 while 循环语句和 do-while 循环语句均不满足循环条件时，do-while 循环语句会先执行一遍循环体，再判断是否满足循环条件。所以在不满足循环条件时，do-while 循环语句会比 while 循环语句多执行一次循环体。

3. for 循环语句

for 循环是一种计数循环，用于在已知循环次数的情况下执行一段代码。for 循环语句包括初始化变量、循环条件和循环后的操作表达式。它通常由两部分组成，即条件控制部分和循环部分，其语法格式如下。

```
for(初始化变量;循环条件;循环后的操作表达式;){
        //待执行语句块
      }
```

在使用 for 循环语句前，首先要设定一个计数器变量。该变量可以在进入 for 循环语句前预先声明，也可以在 for 循环语句的初始化变量处声明。

在上述语法格式中，初始化变量表示计数器变量的初始值；循环条件表示计数器变量的表达式，决定了计数器的最大值；循环后的操作表达式表示循环的步长，也就是每循环一次计数器变量值的变化，该变化可以是增大的，也可以是减小的，或者对计数器变量进行其他运算。

使用 for 循环语句实现金字塔效果，具体代码如例 1-20 所示。

【例 1-20】 example1-20.html

```
<!DOCTYPE html>
<html>
    <head>
        <meta http-equiv="Content-Type" content="text/html; charset=utf-8" />
        <title>for 循环语句</title>
        <style>
        div{ width:300px;
             height:300px;
             background-color:#676767;
             margin:0 auto;
             text-align:center;
             padding:10px;
             color:#fff;}
        </style>
    </head>
  <body>
    <script type="text/javascript">
      var str="";
      for( var i=1;i<2; i++){
         str+="*"
        }
        str+="<br />";
        for( var i=1;i<3; i++){
         str+="*"
          }
          str+="<br />";
        for( var i=1;i<4; i++){
          str+="*"
         }
        str+="<br />";
        for( var i=1;i<5; i++){
        str+="*"
         }
      str+="<br />";
      for( var i=1;i<6; i++){
         str+="*"
         }
      str+="<br />";
      for( var i=1;i<7; i++){
        str+="*"
           }
        str+="<br />";
        for( var i=1;i<8; i++){
```

```
            str+="*"
            }
          str+="<br />";
          for( var i=1;i<9; i++){
          str+="*"
            }
          str+="<br />";
          for( var i=1;i<10; i++){
          str+="*"
          }
          str+="<br />";
          document.write("<div>"+str+"</div>");
      </script>
    </body>
</html>
```

运行结果如图 1-29 所示，金字塔效果成功实现。在上述示例中多次使用了 for 循环语句，但是要书写的代码太多了。此时，可以使用 for 循环嵌套。

图 1-29　for 循环语句

for 循环语句是可以嵌套使用的，即在一个 for 循环语句中嵌套另一个 for 循环语句。使用 for 循环嵌套实现上述金字塔效果，具体代码如例 1-21 所示。

【例 1-21】example1-21.html

```
<!DOCTYPE html>
<html>
<head>
<meta http-equiv="Content-Type" content="text/html; charset=utf-8" />
<title>for 循环嵌套</title>
<style type="text/css">
div{ width:300px;
     height:300px;
     background-color:#676767;
     margin:0 auto;
     text-align:center;
     padding:10px;
     color:#fff;}
</style>
```

```
</head>
<body>
<script>
 var str="";
 for( var i=1;i<=10;i++){
     for( var j=1; j<i;j++){
         str+="*"
         }
         str+="<br />"
     }
 document.write("<div>"+str+"</div>");
</script>
</body>
</html>
```

注意：在 for 循环嵌套的示例中，由于循环语句是累乘，所以变量 i 的初始值不能为零，需定义为 i=1。在 for 循环嵌套语句中，外层循环用来控制行数，内层循环用来控制输出“*”的数量，外层循环遍历一次，内层循环就全部执行一次。如图 1-30 和图 1-31 所示，for 循环嵌套大大降低了代码的书写量。

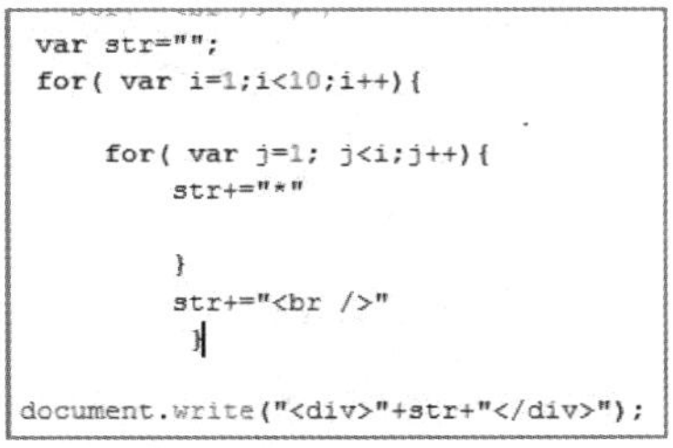

```
var str="";
for( var i=1;i<10;i++){

    for( var j=1; j<i;j++){
        str+="*"

        }
        str+="<br />"
         }
document.write("<div>"+str+"</div>");
```

图 1-30　for 循环嵌套

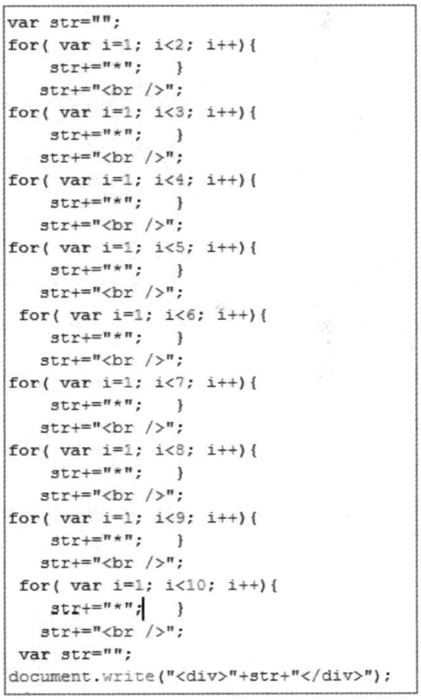

```
var str="";
for( var i=1; i<2; i++){
    str+="*";    }
   str+="<br />";
for( var i=1; i<3; i++){
    str+="*";    }
   str+="<br />";
for( var i=1; i<4; i++){
    str+="*";    }
   str+="<br />";
for( var i=1; i<5; i++){
    str+="*";    }
   str+="<br />";
 for( var i=1; i<6; i++){
    str+="*";    }
   str+="<br />";
for( var i=1; i<7; i++){
    str+="*";    }
   str+="<br />";
for( var i=1; i<8; i++){
    str+="*";    }
   str+="<br />";
for( var i=1; i<9; i++){
    str+="*";    }
   str+="<br />";
 for( var i=1; i<10; i++){
    str+="*";    }
   str+="<br />";
 var str="";
document.write("<div>"+str+"</div>");
```

图 1-31　for 循环

1.2.5　对话框

JavaScript 有 3 种样式的对话框，可分别用于提示、确认和输入。3 种对话框对应 3 个函数，即 alert()、confirm()和 prompt()。

alert()：该函数对应的对话框只能用于提示，不能对脚本产生任何改变。它只有一个参数，即需要提示的信息，没有返回值。

confirm()：该函数对应的对话框一般用于确认信息。它只有一个参数，返回值为 true 或 false。

prompt()：该函数对应的对话框可以用于输入并返回用户输入的字符串。它有两个参数，第 1 个参数显示提示信息，第 2 个参数显示输入框和默认值（未设置默认值时则不显示）。

综合使用以上 3 种对话框，在 HTML 文档中创建 3 个按钮，并为其分别添加 onClick 事件，即在单击不同类型的按钮时，分别调用 window 对象的不同函数，创建不同样式的对话框。具体代码如例 1-22 所示。

【例 1-22】 example1-22.html

```
<!DOCTYPE html>
<html>
  <head>
    <script type="text/javascript">
    function disp_alert()
      {
      alert("我是提示对话框")
      }
    function disp_prompt()
      {
      var name=prompt("请输入名称","")
      if (name!=null && name!="")
        {
        document.write(name +"您好 "  + "!")
        }
      }
    function disp_confirm()
      {
      var r=confirm("按下按钮")
      if (r==true)
        {
        document.write("单击确定按钮")
        }
      else
        {
        document.write("单击返回按钮")
        }
      }
      </script>
    </head>
    <body>
    <input type="button" onClick="disp_alert()" value="提示对话框" />
    <input type="button" onClick="disp_prompt()" value="输入对话框" />
    <input type="button" onClick="disp_confirm()"  value="确认对话框" />
    </body>
</html>
```

3 种对话框的运行结果如图 1-32、图 1-33 和图 1-34 所示。单击不同类型的按钮时，会显示不同样式的对话框。

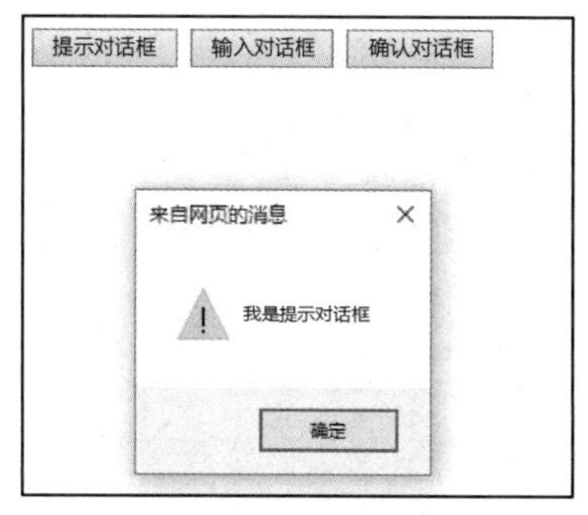

图 1-32 提示对话框

图 1-33 输入对话框

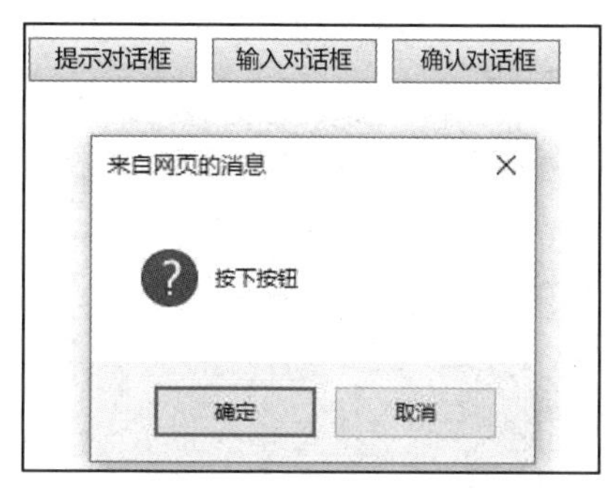

图 1-34 确认对话框

动手实践：九九乘法表的实现

动手实践：九九乘法口诀表的实现

九九乘法表体现了数字乘法之间的规律，是学生在学习数学时必不可少的内容，那么如何用 JavaScript 实现九九乘法表呢？

1．布局分析

九九乘法表是由类似三角形的表格和乘法运算组成的，是一个标准的二维表格，可以使用两层嵌套的 for 循环结构来实现。外层循环控制行数（1～9），内层循环控制列数（与当前行数相关），这样可以动态地生成符合九九乘法规律的表格，效果如图 1-35 所示。关于九九乘法表需要注意以下几点。

- 在 HTML 文档中使用<table>标签表示表格。
- 使用 JavaScript 的 document.write()方法动态生成表格。
- 外层循环控制行数，内层循环控制列数，根据乘法规律生成每个单元格的内容。
- 使用<th>标签表示表头，即乘法表中的每个乘法式。
- 添加 CSS 样式，对表格进行简单修饰。

1*1=1								
2*1=2	2*2=4							
3*1=3	3*2=6	3*3=9						
4*1=4	4*2=8	4*3=12	4*4=16					
5*1=5	5*2=10	5*3=15	5*4=20	5*5=25				
6*1=6	6*2=12	6*3=18	6*4=24	6*5=30	6*6=36			
7*1=7	7*2=14	7*3=21	7*4=28	7*5=35	7*6=42	7*7=49		
8*1=8	8*2=16	8*3=24	8*4=32	8*5=40	8*6=48	8*7=56	8*8=64	
9*1=9	9*2=18	9*3=27	9*4=36	9*5=45	9*6=54	9*7=63	9*8=72	9*9=81

图 1-35 九九乘法表

2. 具体实现

首先，使用 for 循环嵌套实现九九乘法表的基本样式，然后，在内层循环中直接添加<th>标签，最后，对表格进行 CSS 样式修饰，实现如图 1-35 所示的样式效果。

```
<!DOCTYPE html>
<html>
  <head>
    <meta http-equiv="Content-Type" content="text/html; charset=utf-8" />
    <title>九九乘法表</title>
    <style>
      table{
          width:600px;
         border-collapse:collapse;   }
      table th{    border:#CC0000 1px solid  }
    </style>
  </head>
  <body>
    <script>
      document.write("<table>");
      for( var i=1; i<=9; i++){
           document.write("<tr>");
          for( var j=1;j<=i; j++){
              document.write("<th>"+i+"*"+j+"="+i*j+"</th>");
              }
               document.write("</tr>");
          }
      document.write("</table>");
    </script>
  </body>
</html>
```

九九乘法表的生成由 for 循环嵌套结构实现，灵活运用了外层循环控制行数，内层循环控制列数的逻辑。JavaScript 的 document.write()方法用于在页面中动态生成 HTML 内容，CSS 样式用于提升表格的可读性和美观性。该案例是一个简单又经典的 JavaScript 编程练习案例，通过实现九九乘法表，学生可以加深对 for 循环结构和动态生成 HTML 内容的理解。

任务 1.3　JavaScript 函数

1.3.1　函数

函数是一段被命名的可重用代码块，用于执行特定的任务或计算。函数提供了一种将代码模块化的方式，使代码更加结构化，可读性更强，更方便维护和重用。函数通常具有以下几种关键特征。

- 函数名：函数有一个名称，用于标识和调用。函数名应选择描述性强的，以便反映函数执行的任务或函数功能。
- 参数：函数接收的输入值被称为参数。参数是传递给函数的信息，函数可以根据这些参数执行不同的操作。一个函数中可以有零个、一个或多个参数。
- 代码块：函数包含一段代码块，这是函数执行的实际操作。代码块中的语句定义了函数的行为。

- 返回值：函数返回的结果被称为返回值。返回值是在函数执行后返回给调用者的信息。函数可以有返回值，也可以没有。
- 调用：函数通过调用来执行。调用者在调用函数时将提供必要的参数，函数可根据参数执行相应的代码块，随后返回执行结果。

函数有多种分类方式，但常用的分类方式只有以下几种。

- 按参数个数分类：可分为有参函数和无参函数。
- 按返回值分类：可分为有返回值的函数和无返回值的函数。
- 按函数的来源分类：可分为预定义函数（系统函数）和自定义函数。

1.3.2 定义函数

在使用函数前，必须先使用关键字 function 定义函数。在 JavaScript 中，定义函数常用的方法有两种，即不指定函数名和指定函数名。

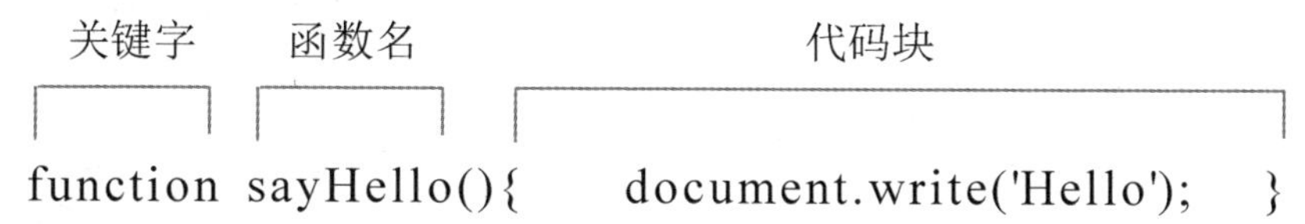

1. 不指定函数名

在定义函数时，不指定函数名的方法比较简单，其语法格式如下。

```
function([参数 1,参数 2,…]){
   //函数体
   }
```

对于不指定函数名的函数，一般应用于以下场景。

1）把函数直接赋值给变量

```
<script>
var myFun=function(){
   document.write("这是一个没有函数名的函数");
   }   //执行函数
myFun();
</script>
```

其中，变量 myFun 将作为函数名。这种方法的本质是把函数当作数据赋值给变量。

2）网页事件直接调用函数

```
window.onload=function([参数 1,参数 2,…]){
//函数体
};
```

其中，window.onload 指的是网页加载时触发的事件，即加载网页时将执行函数体中的代码。这种方法一般用于网页事件，可直接调用函数，但其明显缺陷是函数不能被反复使用。

2. 指定函数名

指定函数名是应用最广泛的定义函数的方法，其语法格式如下。

```
function 函数名([参数 1,参数 2,…]){
//函数体
[return 表达式]
}
```

关于指定函数名，需要注意以下几点。

- function 为关键字，用于定义函数。
- 函数名必须是唯一的，且要通俗易懂。
- 中括号括起来的是可选内容，可有可无。
- 可以使用 return 关键字返回值。
- 参数（形参）是可选的，可以不含参数，也可以含有多个参数，多个参数之间需使用逗号隔开。即使不含参数，也要在函数名后加一对小括号。

指定函数名的定义方法如例 1-23 所示，先在按钮中定义一个函数名再书写函数，具体代码如下。

【例 1-23】 example1-23.html

```
<!DOCTYPE html>
<html>
  <head>
    <script type="text/javascript">
      function disp_show()
        {
        alert("欢迎您来到本站！")
        }
    </script>
  </head>
  <body>
    <input type="button" onClick="disp_show()" value="单击我" />

  </body>
</html>
```

在上述代码中定义的 show()函数比较简单，它没有定义参数，并且函数体中仅使用 alert()函数返回了一个字符串，运行结果如图 1-36 所示。

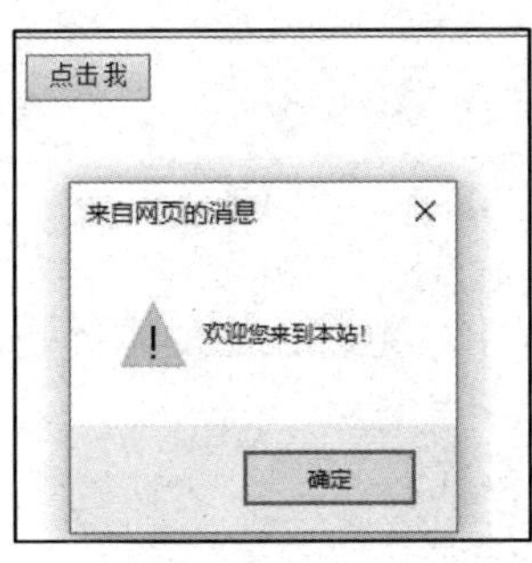

图 1-36　指定函数名

1.3.3　函数参数的使用

函数参数是函数定义的一部分，用于指定函数接收的输入值。这些参数在函数被调用时传递给函数，使得函数能够根据不同的输入执行不同的操作。在编程中，函数参数提高了函数的灵活性和可重用性，正确使用函数参数是非常重要的。关于函数参数的使用，关键点如下。

1. 定义参数

定义一个函数时，可以在函数名后面的小括号中指定参数。参数就像函数内部的局部变量，可以在函数体内使用它们。

2. 传递参数

调用函数时，需要按照参数定义的顺序提供相应的参数。在函数调用时提供的参数值称为实参（Arguments），而在函数名后面的小括号中定义的参数称为形参（Parameters）。

3. 默认参数

在某些编程语言中可以为函数参数设置默认值，如JavaScript（ES6及以后版本）、Python等。如果在调用函数时没有提供相应的参数，那么函数将使用默认值。

4. 可变参数列表

在某些情况下，函数可能需要处理不确定数量的参数。这时，可以使用特定语法来接收可变数量的参数。

5. 命名参数

在某些编程语言中，可以通过名称来传递参数，而不仅仅是通过位置，这使得函数调用更加清晰。

6. 参数的作用域

参数仅在定义该参数的函数内部有效，即它们的作用域被限定在函数体内。函数外部不能访问这些参数。

下面是一个简单的JavaScript函数示例，该示例说明了如何使用参数，具体代码如例1-24所示。

【例1-24】 example1-24.html

```
// 定义一个函数，并接收两个参数
function add(a, b) {
   return a + b;
}

// 调用函数，传递两个参数
var sum = add(10, 20);
console.log(sum); // 输出 30
```

在这个示例中，add()函数定义了参数a和参数b，当调用add()函数时，需要提供这两个参数的值。

参数可以提高函数的灵活性和可重用性。在定义函数时，函数名后面的小括号中的变量称为形参；在调用函数时，函数名后面的小括号中的表达式称为实参。通常在定义函数时定义了多少个形参，在调用函数时也必须给出相同数量的实参。

关于形参和实参需要注意以下几点。

- 在未调用函数时，形参并不占用存储单元，只有在发生函数调用后，形参才会占用存储单元。
- 实参可以是常量、变量或表达式，但形参必须是声明的变量。
- 在函数调用时，实参列表中参数的数量、类型和顺序必须与形参列表中的保持一致。
- 实参与形参之间的数据是单向传递的，即只能由实参传递给形参，不能由形参传回给实参。

通过正确地使用参数，可以编写出更灵活、功能更强大的函数，从而提高代码的模块化和可重用性。

1.3.4 函数的返回值

函数的返回值是在函数执行完毕后返回给调用者的值。在程序中，函数不仅可以执行特定的任务，还可以计算并返回一个值。这个返回值可以是任何数据类型，如数字、字符串、对象，甚至是另一个函数。返回值对于传递数据、处理计算结果及控制程序流程非常重要。

如果希望函数在执行完毕后返回一个值，则可以使用 return 语句。函数在没有使用 return 语句返回值时，默认返回 undefined。当程序执行到 return 语句时，将停止执行函数，因此 return 语句一般位于函数体内的最后一行。

1．返回语句

函数中的 return 语句用于指定返回值，一旦程序执行到 return 语句，函数将停止执行，并立即返回指定的值。

2．没有返回值的函数

如果一个函数没有指定返回值（即没有 return 语句），则它默认返回 undefined（在 JavaScript 中）或类似的空值（在其他编程语言中）。

3．使用返回值

函数的返回值可以被赋值给变量，用作其他函数的参数，或者在表达式中使用。

4．控制流程

返回值可以根据函数的结果改变程序的控制流程，如根据函数返回的布尔值决定执行哪一部分代码。

下面是一个简单的 JavaScript 函数示例，该示例说明了如何使用返回值，具体代码如例 1-25 所示。

【例 1-25】 example1-25.html

```
function multiply(a, b) {
   return a * b;
}

var product = multiply(3, 4);
console.log(product); // 输出 12
```

在这个示例中，multiply()函数计算两个参数的乘积并返回结果。在调用函数时，返回值被存储在变量 product 中，随后输出。

返回值使函数不仅能执行操作，还能提供操作结果，是编写高效、可重用代码的关键组成部分。

函数的简单调用

1.3.5 函数的调用

1．函数的简单调用

当函数定义完成后，要想在程序中发挥函数的作用，就必须调用这个函数。函数的调用非常简单，只需要引用函数名并传入相应的参数即可，其语法格式如下。

```
函数名称([参数 1,参数 2,…]);
```

其中，参数 1、参数 2 是可选参数。

下面我们通过一个示例来讲解函数的简单调用，编写 calcF(x)函数，实现输入一个值并计算其一元二次方程式 $f(x)=5x^2+4x+3$ 的结果。在输入框中输入数字并单击“确认”按钮，在弹出的对话框中将显示对应的计算结果，具体代码如例 1-26 所示。

【例 1-26】example1-26.html

```
<!DOCTYPE html>
 <html>
 <head>
   <meta http-equiv="Content-Type" content="text/html; charset=utf-8" />
   <title>函数的简单调用</title>
   <script>
     function calcF(x){
         var result;
         result = 5*x*x+4*x+3;
         alert("计算结果是: "+result);
             }
     var inValue = prompt("请输入一个数字: ");
     calcF(inValue)
   </script>
 </head>
 <body>
 </body>
</html>
```

运行结果如图 1-37 和图 1-38 所示。在输入框中输入数字 5 并单击“确定”按钮，计算结果显示为 148。

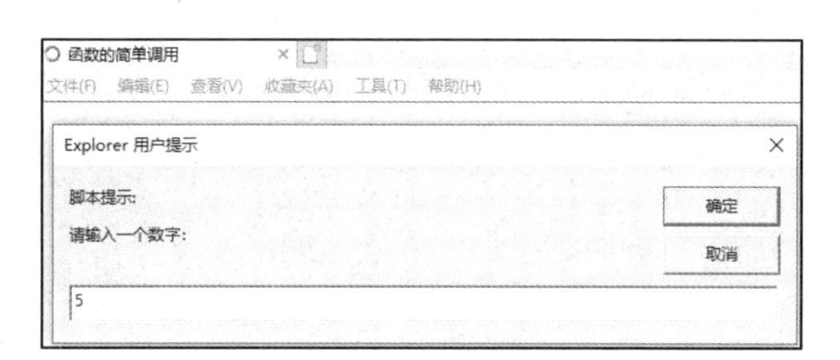

图 1-37　输入数字

图 1-38　计算结果

2. 在表达式中调用函数

在表达式中调用函数

在表达式中调用函数的方式比较适合有返回值的函数，且函数的返回值参与表达式的计算。通常该方式会与输出语句配合使用，如 alert()函数、document()函数等。

下面使用在表达式中调用函数的方式判断给定的年份是否为闰年，具体代码如例 1-27 所示。

【例 1-27】example1-27.html

```
<!DOCTYPE html>
<html>
  <head>
    <title>在表达式中调用函数</title>
    <script type="text/javascript">
    //Years()函数判断给定的年份是否为闰年。如果是，则返回指定年份为闰年的相关字符串，否则返回指定年份为平年的相关字符串
      function Years(year){

          if(year%4==0&&year%100!=0||year%400==0)
```

```
        {
            return year+"年是闰年";
        }
        else
        {
            return year+"年是平年";
        }
    }

    document.write(Years(2020));
  </script>
</head>
<body>
</body>
</html>
```

运行结果如图 1-39 所示，2020 年是闰年。

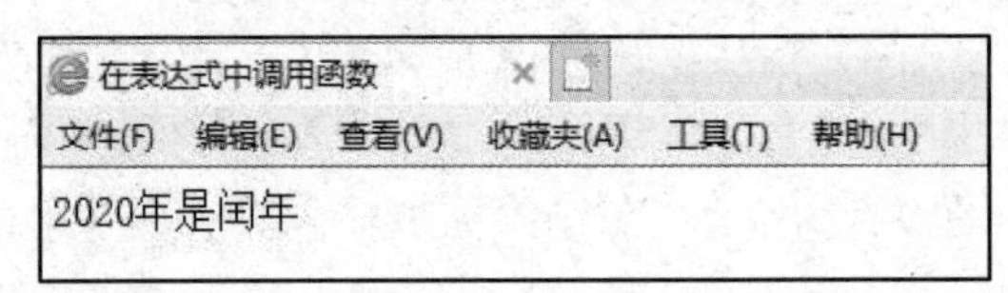

图 1-39　判断给定的年份是否为闰年

3. 在事件响应中调用函数

在事件响应中调用函数

JavaScript 是基于事件模型的编程语言，页面加载、用户单击、光标移动等操作都会产生事件。当事件产生时，JavaScript 可以通过调用某个函数来响应该事件。

在事件响应中调用函数，具体代码如例 1-28 所示。

【例 1-28】 example1-28.html

```
<!DOCTYPE html>
<html>
  <head>
    <title>在事件响应中调用函数</title>
    <script type="text/javascript">
      function show()
      {
         var count=document.myForm.txtName.value;    //输入框中输入的显示次数
         for(i=0; i<count; i++){
         document.write("<h2>欢迎来到我的课堂</h2>"); //按指定次数输出文本
         }
      }
    </script>
  </head>
  <body>
    <form name="myForm">
     <input type="text" name="txtName" />
     <input type="submit" name="Submit" value="欢迎来到我的课堂" onClick="show()">
    </form>
  </body>
</html>
```

运行结果如图 1-40 和图 1-41 所示。在输入框中输入数字 3 并单击“欢迎来到我的课堂”按钮，页面中就会显示 3 行“欢迎来到我的课堂”。

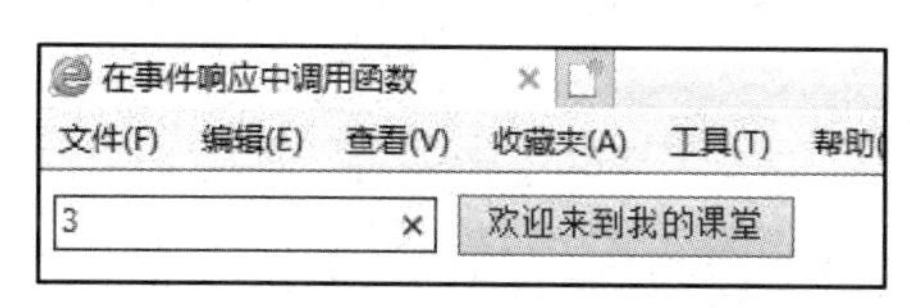

图 1-40 输入显示次数

欢迎来到我的课堂

欢迎来到我的课堂

欢迎来到我的课堂

图 1-41 按指定次数输出文本

4. 通过链接调用函数

函数除了可以在事件响应中调用，还可以通过链接调用。在<a>标签的 href 标记中使用“javascript:函数名();”来调用函数，当用户单击链接时，相关函数就会被执行。通过链接调用函数的具体用法如例 1-29 所示。

通过链接调用函数

【例 1-29】example1-29.html

```
<!DOCTYPE html>
<html>
    <head>
      <title>通过链接调用函数</title>
      <script language="javascript">
        function test(){
           alert("欢迎来到 Web 前端课堂");
        }
      </script>
    </head>
    <body>
      <a href="javascript:test();">Web 前端</a>
    </body>
</html>
```

运行结果如图 1-42 所示。在单击“Web 前端”链接时会弹出提示框。

图 1-42 通过链接调用函数

1.3.6 JavaScript 中常用的函数

1. 嵌套函数

嵌套函数是指在函数的内部再定义一个函数，这样定义的优点在于，可以使用内部函数轻松获取外部函数的参数及全局变量。嵌套函数的语法格式如下。

```
function 外部函数名(参数 1,参数 2){
```

```
    function 内部函数名(){
        函数体
    }
}
```

嵌套函数的具体用法如例 1-30 所示。

【例 1-30】example1-30.html

```
<!DOCTYPE  html>
<html>
  <head>
    <title>嵌套函数的应用</title>
    <script type="text/javascript">
      var outter=20;                                           //定义全局变量
      function add(number1,number2){                           //定义外部函数
      function innerAdd(){                                     //定义内部函数
      alert("参数的和为："+(number1+number2+outter));            //参数的和
        }
      return innerAdd();                                       //调用内部函数
        }
    </script>
  </head>
  <body>
    <script type="text/javascript">
      add(20,20);                                              //调用外部函数
    </script>
  </body>
</html>
```

运行结果如图 1-43 所示。

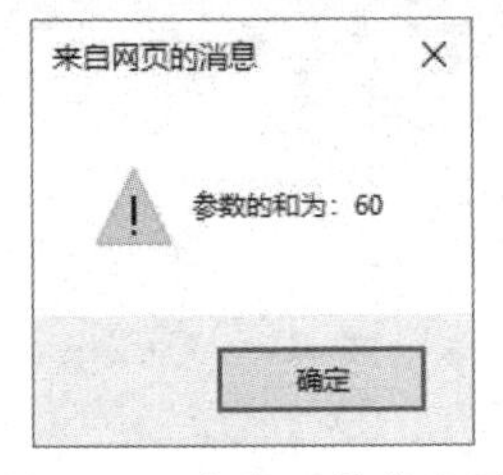

图 1-43　嵌套函数的应用

嵌套函数在 JavaScript 中的功能非常强大，但是使用嵌套函数会使程序的可读性降低。

2. 递归函数

递归函数的语法格式如下。

```
function 递归函数名(参数 1){
    递归函数名(参数 1);
}
```

求 20 以内偶数的和，具体代码如例 1-31 所示。

【例 1-31】example1-31.html

```
<!DOCTYPE>
<html>
  <head>
    <title>递归函数</title>
      <script type="text/javascript">
        var msg="\n 递归函数 : \n\n";
        //响应按钮的 onClick 事件处理程序
        function Test()
        {
        var result;
        msg+="调用语句 : \n";
        msg+="result = sum(20);\n";
        msg+="调用步骤 : \n";
```

```
        result=sum(20);
        msg+="计算结果 : \n";
        msg+="result = "+result+"\n";
         alert(msg);
        }
        //计算当前步骤的加和值
        function sum(m)
        {
        if(m==0)
        return 0;
    else
      {
       msg+=" 语句 : result = " +m+ "+sum(" +(m-2)+"); \n";
       result=m+sum(m-2);
      }
     return result;
        }
    </script>
  </head>
  <body>
    <center>
      <form>
        <input type=button value="函数调用" onClick="Test()">
      </form>
    </center>
  </body>
</html>
```

在上述代码中，为了求 20 以内偶数的和，定义了递归函数 sum(m)，test()函数对其进行调用，并使用 alert()函数弹出相应的提示信息。递归函数的调用步骤如图 1-44 所示。

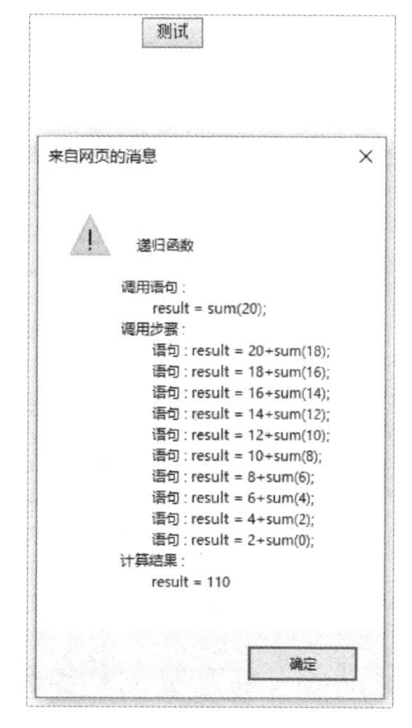

图 1-44 递归函数的调用步骤

在定义递归函数时需要两个必要条件，即结束递归的条件和递归调用的语句。

3. 内置函数

JavaScript 有两种函数，一种是 JavaScript 内部事先定义好的函数，叫作内置函数；另一种是开发人员自定义的函数。使用 JavaScript 的内置函数可以提高编程效率，其中常用的内置函数有 5 种。

1）eval(expr)函数

eval(expr)函数可以把一个字符串当作一个 JavaScript 表达式去执行。具体来说，就是 eval()函数接收一个字符串类型的参数，将这个字符串作为代码在上下文环境中执行，并返回执行的结果。其中，参数 expr 是包含有效 JavaScript 代码的字符串，将由 JavaScript 分析器进行分析和执行。

在使用 eval()函数时，需要注意以下两点。

- eval()函数是有返回值的。如果参数值是一个表达式，则返回表达式的值。如果参数值不是表达式且没有被传参，则返回 undefined。

- 参数值在作为代码执行时，是与调用 eval()函数的上下文相关联的，即其中出现的变量或函数调用，必须在调用 eval()函数的上下文环境中使用。

eval()函数的具体用法如例 1-32 所示。

【例 1-32】example1-32.html

```
<!DOCTYPE html>
<html>
  <head>
    <meta http-equiv="Content-Type" content="text/html; charset=utf-8" />
    <title>eval()函数的使用</title>
  </head>

  <body>
    <script type="text/javascript">
      eval("x=10;y=20;document.write(x*y)")
      document.write("<br>");
      document.write(eval("2+2"))
      document.write("<br>");
      var x=10
      document.write(eval(x+17))
    </script>
  </body>
</html>
```

运行结果如图 1-45 所示。

2）isFinite(number)函数

isFinite(number)函数用于确定参数是否为有限数值，其中，参数 number 为必选参数，可以是任意数值。如果该参数为非数值、正无穷数或负无穷数，则返回 false，否则返回 true；如果该参数为字符串，则会将其自动转化为数字。

isFinite()函数的具体用法如例 1-33 所示。

【例 1-33】example1-33.html

```
<!DOCTYPE html>
<html>
  <head>
    <meta http-equiv="Content-Type" content="text/html; charset=utf-8" />
    <title>isFinite()函数的使用</title>
  </head>

  <body>
    <script type="text/javascript">
      document.write(isFinite(123)+ "<br />");
      document.write(isFinite(-1.23)+ "<br />");
      document.write(isFinite(1-2)+ "<br />");
      document.write(isFinite(0)+ "<br />");
      document.write(isFinite("Hello")+ "<br />");
      document.write(isFinite("2005/12/12")+ "<br />");
    </script>
  </body>
</html>
```

运行结果如图 1-46 所示。

200
4
27

图 1-45 eval()函数的使用

true
true
true
true
false
false

图 1-46 isFinite()函数的使用

3）isNaN(num)函数

isNaN(num)函数用于指明变量是否为保留值 NaN。如果值为 NaN，则 isNaN()函数返回 true，否则返回 false。参数 num 用于判断变量是否为 NaN，当传入的参数是字符串类型的数值时，将会被自动转化为数字类型。使用 isNaN()函数的经典场景是检查 parseInt()函数和 parseFloat()函数的返回值。判断变量是否为 NaN 还有一种办法，就是将变量与其自身进行比较，如果比较的结果不相等，则该变量就是 NaN。这是因为 NaN 是唯一与自身不等的值。

isNaN()函数的具体用法如例 1-34 所示。

【例 1-34】example1-34.html

```
<!DOCTYPE html>
<html>
  <head>
    <title>isNaN()函数的使用</title>
   </head>
    <script type="text/javascript">
      document.write("执行语句 isNaN(123)后，结果为");
      document.write(isNaN(123)+ "<br/>")
      document.write("执行语句 isNaN(-3.1415)后，结果为");
      document.write(isNaN(-3.1415)+ "<br/>")
      document.write("执行语句 isNaN(10-4)后，结果为");
      document.write(isNaN(10-4)+ "<br/>")
      document.write("执行语句 isNaN(0)后，结果为");
      document.write(isNaN(0)+ "<br/>")
      document.write("执行语句 isNaN(Hello word!)后，结果为");
      document.write(isNaN("Hello word! ")+ "<br/>");
      document.write("执行语句 isNaN(2009/1/1)后，结果为");
      document.write(isNaN("2009/1/1")+ "<br/>");
    </script>
</html>
```

运行结果如图 1-47 所示。

执行语句isNaN(123)后，结果为false
执行语句isNaN(-3.1415)后，结果为false
执行语句isNaN(10-4)后，结果为false
执行语句isNaN(0)后，结果为false
执行语句isNaN(Hello word!)后，结果为true
执行语句isNaN(2009/1/1)后，结果为true

图 1-47 isNaN()函数的使用

4）parseInt()函数和 parseFloat()函数

parseInt()函数和 parseFloat()函数都是将字符串类型转化为数字类型的函数，但它们存在一些区别。

在 parseInt(str[radix])函数中，参数 str 为必选参数，用于将字符串类型转化为数字类型；参数 radix 为可选参数，用于确定参数 str 的进制。如果参数 radix 省略，则前缀为“0x”的字符串均被认为是十六进制的；前缀为“0”的字符串均被认为是八进制的；所有其他字符串都被认为是十进制的。如果无法将第一个字符串转换为指定基数的数值，则返回 NaN。

parseInt()函数的具体用法如例 1-35 所示。

【例 1-35】 example1-35.html

```
<!DOCTYPE html>
<html>
  <head>
    <title>parseInt()函数的使用</title>
  </head>
  <body>
    <center>
    <h3>parseInt()函数的使用</h3>
    <script type="text/javascript">
      document.write("<br/>"+"执行语句 parseInt("10")后，结果为：") ;
      document.write(parseInt("10")+"<br/>") ;
      document.write("<br/>"+"执行语句 parseInt("21",10)后，结果为：") ;
      document.write(parseInt("21",10)+"<br/>") ;
      document.write("<br/>"+"执行语句 parseInt("11",2)后，结果为：") ;
      document.write(parseInt("11",2)+"<br/>") ;
      document.write("<br/>"+"执行语句 parseInt("15",8)后，结果为：") ;
      document.write(parseInt("15",8)+"<br/>") ;
      document.write("<br/>"+"执行语句 parseInt("1f",16)后，结果为：") ;
      document.write(parseInt("1f",16)+"<br/>") ;
      document.write("<br/>"+"执行语句 parseInt("010")后，结果为：") ;
      document.write(parseInt("010")+"<br/>") ;
      document.write("<br/>"+"执行语句 parseInt("abc")后，结果为：") ;
      document.write(parseInt("abc")+"<br/>") ;
      document.write("<br/>"+"执行语句 parseInt("12abc")后，结果为：") ;
      document.write(parseInt("12abc")+"<br/>") ;
    </script>
    </center>
  </body>
</html>
```

运行结果如图 1-48 所示，从结果中可以看出，表达式 parseInt("15",8)会将八进制的 15 转换为十进制的数值，其计算结果为 13，即按照参数 radix 写入的基数将字符串转化为十进制数。

parseInt()函数的使用

执行语句parseInt("10")后，结果为：10

执行语句parseInt("21",10)后，结果为：21

执行语句parseInt("11",2)后，结果为：3

执行语句parseInt("15",8)后，结果为：13

执行语句parseInt("1f",16)后，结果为：31

执行语句parseInt("010")后，结果为：10

执行语句parseInt("abc")后，结果为：NaN

执行语句parseInt("12abc")后，结果为：12

图 1-48　parseInt()函数的使用

parseFloat(str)函数用于返回由字符串转换得到的浮点数，其中，参数 str 是包含浮点数的字符串，即参数 str 的值是“11”，计算结果就是 11，而不是十进制数 3 或八进制数 B。如果传入的字符串不是以数字开头的，则返回 NaN。当字符串中出现非数字部分时，只截取前面的数字部分。

parseFloat()函数的具体用法如例 1-36 所示。

【例 1-36】example1-36.html

```
<!DOCTYPE html>
<html>
  <head>
    <title>parseFloat()函数的使用</title>
  </head>
  <body>
    <center>
    <h3>parseFloat()函数的使用</h3>
    <script type="text/javascript">
    <!--
      document.write("<br/>"+"执行语句 parseFloat("10")后，结果为：") ;
      document.write(parseFloat("10")+"<br/>") ;
      document.write("<br/>"+"执行语句 parseFloat("21.001")后，结果为：") ;
      document.write(parseFloat("21.001")+"<br/>") ;
      document.write("<br/>"+"执行语句 parseFloat("21.999")后，结果为：") ;
      document.write(parseFloat("21.999")+"<br/>") ;
      document.write("<br/>"+"执行语句 parseFloat("314e-2")后，结果为：") ;
      document.write(parseFloat("314e-2")+"<br/>") ;
      document.write("<br/>"+"执行语句 parseFloat("0.0314E+2")后，结果为：") ;
      document.write(parseFloat("0.0314E+2")+"<br/>") ;
      document.write("<br/>"+"执行语句 parseFloat("010")后，结果为：") ;
      document.write(parseFloat("010")+"<br/>") ;
      document.write("<br/>"+"执行语句 parseFloat("abc")后，结果为：") ;
      document.write(parseFloat("abc")+"<br/>") ;
      document.write("<br/>"+"执行语句 parseFloat("1.2abc")后，结果为：") ;
      document.write(parseFloat("1.2abc")+"<br/>") ;
      -->
    </script>
    </center>
  </body>
</html>
```

运行结果如图 1-49 所示。

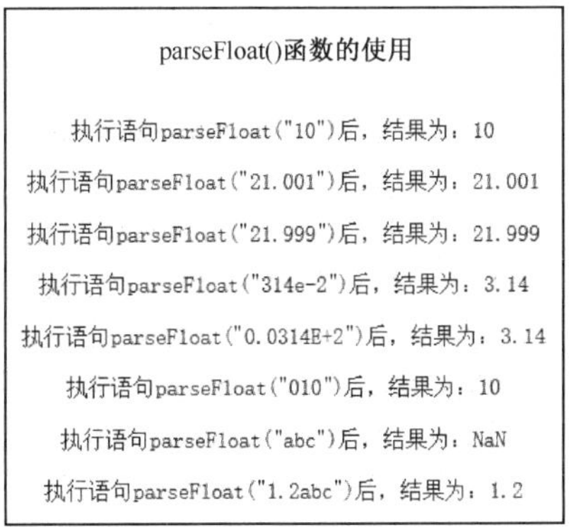

parseFloat()函数的使用

执行语句parseFloat("10")后，结果为：10

执行语句parseFloat("21.001")后，结果为：21.001

执行语句parseFloat("21.999")后，结果为：21.999

执行语句parseFloat("314e-2")后，结果为：3.14

执行语句parseFloat("0.0314E+2")后，结果为：3.14

执行语句parseFloat("010")后，结果为：10

执行语句parseFloat("abc")后，结果为：NaN

执行语句parseFloat("1.2abc")后，结果为：1.2

图 1-49　parseFloat()函数的使用

5）Number()函数和 String()函数

在 JavaScript 中，Number()函数和 String()函数主要用于将对象转换为数值或字符串。其中，Number()函数的转换结果是数字类型的，如 Number（"1234"）的转换结果为 1234；String()函数的转换结果是字符串类型的，如 String（1234）的转换结果为“1234”。

Number()函数和 String()函数的具体用法如例 1-37 所示。

【例 1-37】example1-37.html

```
<!DOCTYPE html>
<html>
  <head>
    <title>Number()函数和 String()函数的使用</title>
  </head>
  <body>
    <center>
    <h3>Number()函数和 String()函数的使用</h3>
    <script type="text/javascript">
    <!--
    document.write("<br/>"+"执行语句 Number("1234")+Number("1234")后，结果为：")；
    document.write(Number("1234")+Number("1234")+"<br/>")；
    document.write("<br/>"+"执行语句 String("1234")+String("1234")后，结果为：")；
    document.write(String("1234")+String("1234")+"<br/>")；
    document.write("<br/>"+"执行语句 Number("abc")+Number("abc")后，结果为：")；
    document.write(Number('abc')+Number("abc")+"<br/>")；
    document.write("<br/>"+"执行语句 String("abc")+String("abc")后，结果为：")；
    document.write(String("abc")+String("abc")+"<br/>")；
    -->
    </script>
    </center>
  </body>
</html>
```

运行结果如图 1-50 所示，从结果可以看出，语句 Number（"1234"）+ Number（"1234"），先将“1234”转换为数字类型的值再进行相加，结果为 2468；而语句 String（"1234"）+ String（"1234"）则是按照字符串相加的规则，将两个“1234”连接起来，结果为“12341234”。

Number()函数和String()函数的使用

执行语句Number("1234")+Number("1234")后，结果为：2468

执行语句String("1234")+String("1234")后，结果为：12341234

执行语句Number("abc")+Number("abc")后，结果为：NaN

执行语句String("abc")+String("abc")后，结果为：abcabc

图 1-50　Number()函数和 String()函数的使用

动手实践：购物简易计算器的制作

动手实践：购物简易计算器的制作

制作一个简单的、能够进行加、减、乘、除运算的计算器，效果如图 1-51 所示。

1. 布局分析

布局时主要使用了 div 层的嵌套、h3 标题和<img>标签，布局分析如图 1-52 所示。

图 1-51 效果图

图 1-52 布局分析

2. 具体实现

（1）新建 HTML 文档，创建基本布局，body 元素中的代码如下。

```
<body>
    <div>
        <h1><img  src="taobao.jpg" width="260" height="60" >欢迎您来淘宝！</h1>
         <form name="myForm" >
            <h3><img  src="shop.jpg" width="50" height="50">购物简易计算器</h3>
              <p>第一个数 <input type="text" id="txtNum1" size="20"></p>
              <p>第二个数 <input type="text" id="txtNum2" size="20"></p>
              <p>
               <input type="button"  value=" + " onClick="compute('+')">
            <input type="button"  value=" - " onClick="compute('-')">
            <input type="button" value=" * " onClick="compute('*')">
            <input type="button"  value=" / " onClick="compute('/')"></p>
            <p>计算结果 <input name="txtResult" type="text" size="20"></p>
        </form>
    </div>
</body>
```

（2）添加 CSS 样式，具体代码如下。

```
<style>
    div{ background-color:#FF283A;
        width:260px;
        height:360px;
        text-align:center;
        padding-top:0px;
        margin:0 auto;
    }
    h3 img{ border-radius:50%;}
</style>
```

（3）书写 JavaScript 代码，具体代码如下。

```
<script>
    function compute(op){
        var num1,num2;
```

```
        num1=parseFloat(document.myForm.txtNum1.value);
        num2=parseFloat(document.myForm.txtNum2.value);
        if(op=="+")
            document.myForm.txtResult.value=num1+num2;
        if(op=="-")
            document.myForm.txtResult.value=num1-num2;
        if(op=="*")
            document.myForm.txtResult.value=num1*num2;
        if(op=="/" && num2!=0)
            document.myForm.txtResult.value=num1/num2;
    }
</script>
```

最终结果如图 1-53 所示。

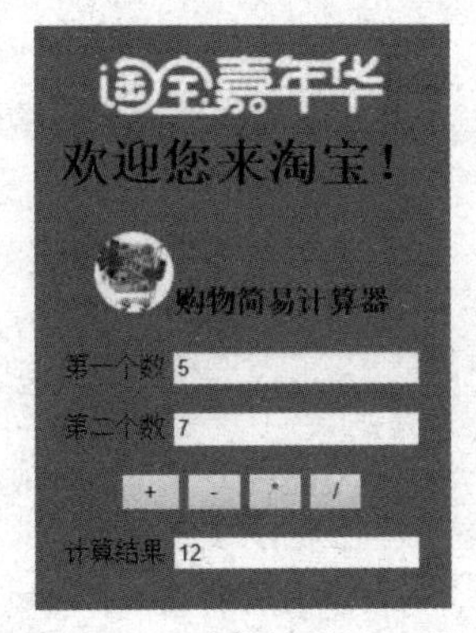

图 1-53　购物简易计算器

疑难解惑

1. 可以加载其他 Web 服务器上的 JavaScript 文件吗？

如果外部 JavaScript 文件保存在其他服务器上，则在<script>标签的 src 属性中指定绝对路径即可访问。例如，这里加载其他 Web 服务器上的 JavaScript 文件，代码如下。

```
<script typr="text/javascript"src="http://www.web****.com/javascript.js">
</script>
```

2. 在 JavaScript 中，运算符“=”和“==”有什么区别？

运算符“=”是赋值运算符，运算符“==”是比较运算符，二者完全不同。运算符“=”用于给操作数赋值，而运算符“==”则用于比较两个操作数的值是否相等。如果在需要比较两个表达式的值是否相等的情况下，错误地使用了赋值运算符，则会将运算符右侧操作数的值赋予左侧的操作数。

3. continue 语句和 break 语句有什么区别？

continue 语句只是结束当前循环，而不是终止整个循环过程；break 语句则是结束整个循环过程，不再判断执行循环的条件是否成立。break 语句可以用在循环语句和 switch 语句中，在循环语句中用来结束内部循环，在 switch 语句中用来跳出 switch 语句。

小结

本项目首先对 JavaScript 基础进行了介绍，包括特点、作用、用法、语句、代码规范、数据结构、数据类型、运算符和表达式，然后讲解了如何使用流程控制语句实现条件判断和代码的复用，最后介绍了什么是函数，包括定义函数、函数参数的使用、函数的返回值、函数的调用，以及 JavaScript 中常用的函数。

课后练习

一、填空题

1．内联 JavaScript 使用__________标签将 JavaScript 代码直接嵌入 HTML 文档。

2．单行注释以_________开头。

3．alert('测试'.length)语句的输出结果是_______。

4．Boolean(undefined)函数的运行结果是___________。

5．(-5) % 3 表达式的运行结果是___________。

二、判断题

1．JavaScript 代码严格区分大小写。（　）

2．JavaScript 是 Java 语言的脚本形式。（　）

3．在 JavaScript 中，加号可以连接两个字符串。（　）

4．在 JavaScript 中，age 与 Age 代表不同的变量。（　）

5．运算符“.”可用于连接两个字符串。（　）

三、选择题

1．下列选项中，为 JavaScript 代码添加多行注释的语法是（　）。

A．<!-- -->　　B．//　　C．/* */　　D．#

2．下列选项中，关于 JavaScript 的说法错误的是（　）。

A．JavaScript 是脚本语言

B．JavaScript 可以跨平台

C．JavaScript 不支持面向对象

D．JavaScript 主要用于实现业务逻辑和页面控制

3．下列选项中，属于输入语句的是（　）。

A．console.log()　　B．prompt()　　C．alert()　　D．document.write()

4．下列选项中，用于通过控制台查看结果的语句是（　）。

A．console.log()　　B．prompt()　　C．alert()　　D．document.write()

5．下列选项中，不属于数据类型的是（　）。

A．Boolean　　B．Object　　C．String　　D．Null

6．下列选项中，不属于比较运算符的是（　）。

A．=　　B．==　　C．===　　D．!==

7．下列选项中，属于循环结构语句的是（　）。

A．if 语句　　B．if-else 语句　　C．for 循环语句　　D．switch 语句

8．下列选项中，不能作为变量名开头的是（　）。

A．字母　　B．数字　　C．下画线　　D．$

9．下列选项中，与 0 相等（==）的是（　）。

A．null　　B．undefined　　C．NaN　　D．' '

10．下列选项中，不属于比较运算符的是（　）。

A．==　　B．===　　C．!==　　D．=

四、简答题

1．简述与内联 JavaScript 相比，外部 JavaScript 有什么优势。

2．简述 JavaScript 中的数据类型。

项目 2

数组与对象

能力目标

JavaScript 的数组与对象是我们处理数据和解决问题的重要工具，能够方便地对数据进行分类和批量处理。它们将多种数据类型集中在一个数据单元中，高效地组织并处理复杂的信息。通过对 Web 前端的学习，我们可以深入地理解数组与对象，掌握编程技能，培养自身的社会责任感与尊重信息多元化的意识，培养协作精神与能够适应高速变化的思维模式。这种思维模式可以应用于学习和生活的各个方面，使自己能够更好地应对不断变化的社会环境与世界。

知识目标

- 掌握数组声明和初始化的方法。
- 了解数组的元素类型，包括字符串、数字、数组、对象等。
- 了解数组的基本操作，如获取数组长度、数组的访问与遍历。
- 了解对象的基本概念。
- 掌握创建自定义对象的方法。
- 掌握对象访问语句，包括通过属性访问和通过方法访问。

技能目标

- 能够根据需求声明和初始化数组，并对数组进行赋值。
- 能够处理不同类型的数据，实现多样化的数据操作。
- 能够使用数组的基本操作解决实际问题。
- 能够创建自定义对象，并使用对象访问语句进行操作。

素养目标

- 培养学生的逻辑思维和抽象思维。
- 培养学生解决问题的能力。
- 培养学生的跨学科合作和沟通能力。
- 培养学生的批判性思维和创新精神。

任务 2.1 数组

2.1.1 初始化数组

数组（array）是存储一系列变量的组合，它由一个或多个元素组成，各元素之间用逗号分隔。

```
var arr = ['a', 'b', 'c'];
```

上述代码中的 a、b、c 构成一个数组，两端的方括号是数组的标志。a 所在的位置是 0 号，b 所在的位置是 1 号，c 所在的位置是 2 号。

（1）数组除了可以像上述代码一样在定义时赋值，也可以先定义后赋值。

```
var arr = [];

arr[0] = 'a';
arr[1] = 'b';
arr[2] = 'c';
```

（2）任何类型的数据，都可以作为元素放入数组。

```
var arr = [
  {a: 1},
  [1, 2, 3],
  function() {return true;}
];
```

arr[0]被赋值为对象类型的{a: 1}，arr[1]被赋值为[1, 2, 3]，arr[2]被赋值为 function (){return true;}。

数组 arr 中的 3 个元素分别是对象、数组和函数。

（3）如果数组的元素还是数组，那么就形成了多维数组。

```
var a = [[1, 2], [3, 4]];
```

如，a[0][1]被赋值为 2、a[1][1]被赋值为 4。

（4）定义数组可以使用 JavaScript 关键字 new。

```
var arr1 = new Array();
var arr2 = new Array('a','b','c');
```

2.1.2 创建数组

在 JavaScript 中，数组有两种创建方式，一种是使用 Array 对象创建数组，另一种是使用“[]”创建数组。

1. 使用 Array 对象创建数组

使用 Array 对象创建数组（实例化 Array 对象）是通过关键字 new 实现的。其中关于对象的内容会在后续的项目中详细介绍，这里只需简单了解其用法，具体示例如下。

```
var name = new Array('Lucy','Jack','Limin');            //元素类型为字符串
var age = new Array(18,38,62,44);                       //元素类型为数字
var mix = new Array(112,'abc',null,true,undefined);     //元素类型为混合类型
var arr1 = new Array () ;  或 var arr2 = new Array;      //空数组
```

在上面创建的数组中，索引默认都是从 0 开始的，依次增加 1。例如，变量 name 中的数组元素的索引依次为 0、1、2。在必要时，可以使用上面提供的方式创建空数组，如 arr1 和 arr2。

2. 使用“[]”创建数组

使用“[]”创建数组与使用 Array 对象创建数组的方式类似，只需将 new Array()替换为“[]”，具体示例如下。

```
var weather = ['wind','fine',];          //相当于：new Array('wind','fine',)
var empty = [ ];                         //相当于：new Array()
var mood=['sad',empty×3,'hAppy'];        //控制台输出 mood：(5)
var mood=['sad',,'hAppy'];               //控制台输出 mood：(3)
```

由上述代码可知，在创建数组时，最后一个元素后面的逗号可以保留，也可以省略。同时，直接使用“[]”创建的数组与通过实例化 Array 对象创建的数组有一定的区别，前者可以创建含有空存储位置的数组，如上述代码中创建的第一个变量 mood，其中含有 3 个空存储位置，而后者不可以创建这种形式的数组，读者在创建数组时需要注意这一点。

2.1.3　数组的基本操作

1. 获取数组长度

Array 对象提供的 length 属性可以获取数组的长度，其值为数组元素的最大索引加 1，具体示例如下。

```
var arr1 = [78,88,98];
var arr2 = ['a',,,'b','c'];
console.log(arr1.length);      //输出结果：3
console.log(arr2.length);      //输出结果：5
```

在上述代码中，数组 arr1 包含 3 个元素，因此，其 length 属性值为 3。而数组 arr2 中没有值的元素会占用空存储位置，因此，数组的索引依然会递增，其 length 属性值为 5。数组的 length 属性不仅可以获取数组长度，还可以修改数组长度，具体示例如下。

```
var arr1=[];
arr1.length=5;
console.log(arr1);//输出结果：(5) [empty × 5]
var arr2=[1,2,3];
arr2.length=4;
console.log(arr2);//输出结果：(4) [1,2,3,empty]
var arr3=['a','b'];
arr3.length = 2;
console.log(arr3);//输出结果：(2) ['a', 'b']
var arr4=['ningbo','xiamen','hangzhou','shanghai'];
arr4.length=3;
console.log(arr4);//输出结果：(3) ['ningbo','xiamen','hangzhou']
```

由上述代码可知，修改数组的 length 属性值后，如果该值大于数组中的元素个数，则没有值的元素会占用空存储位置，如数组 arr1 和数组 arr2；如果该值等于数组中的元素个数，则数组长度不变，如数组 arr3；如果该值小于数组中的元素个数，则多余的数组元素会被舍弃，如数组 arr4，舍弃了多余的第 4 个元素“shanghai”。

除此之外，在使用 Array 对象创建数组时，也可以指定数组的长度，具体示例如下。

```
var arr=new Array(3);
console.log(arr);  //输出结果：(3) [empty x 3]
```

注意：在 JavaScript 中，不论以何种方式设置数组长度，都不影响继续为数组添加元素，数组的 length 属性值会随元素个数的增加而变化。

2. 数组的访问与遍历

1）访问数组元素

数组创建完成后，如果想查看数组中某个具体的元素，则可以通过“数组名[索引]”的方式获取指定索引的值。接下来，通过一个示例来演示如何访问数组元素，具体代码如例 2-1 所示。

【例 2-1】 example2-1.html

```
1  <script>
2  var arr=['Limin','JavaScript',1156,true];
3  console.log(arr[0]);
4  console.log(arr[2]);
5  console.log(arr);
6  </script>
```

在上述代码中，第 3 行和第 4 行通过索引的方式在控制台中输出了数组 arr 中的第 1 个和第 3 个元素；第 5 行传入了数组的名称，可以在控制台中看到数组中的所有元素及元素的个数，如图 2-1 所示。

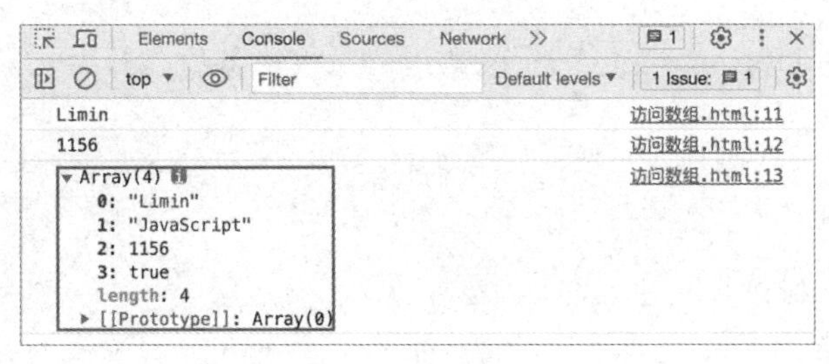

图 2-1　访问数组元素

2）遍历数组元素

在开发过程中，使用数组保存数据虽然很简单，但是使用数组索引的方式访问数组中全部的元素，显然不能满足复杂的开发需求。

因此，JavaScript 提供了另外一种访问数组元素的方式——遍历数组。所谓遍历数组就是依次访问数组中的元素。通常情况下，遍历数组可以使用 for 循环语句或 for-in 循环语句，其中 for 循环语句的用法在前面的项目中已经讲解过了，此处不再赘述，for-in 循环语句的语法格式如下。

```
for(variable in object){…}
```

在上述语法格式中，for-in 循环语句中的 variable 表示数组索引，object 表示数组的变量名称。除此之外，如果 object 是一个对象，那么 for-in 循环语句还可以进行对象的遍历。遍历数组元素的示例代码如下。

```
var array = [1, 2, 3, 4, 5];// 定义一个数组
// 使用 for-in 循环语句遍历数组元素
for (var index in array) {
    var element = array[index];
    console.log(element);
}
```

以上代码会遍历数组 array 中的所有元素并输出。输出结果为：1，2，3，4，5。

需要注意的是，除了使用 for-in 循环语句遍历数组元素，还可以使用 for-of 循环语句。使用 for-of 循环语句遍历数组元素的示例代码如下。

```
var array = [1, 2, 3, 4, 5];// 定义一个数组
// 使用 for-of 循环语句遍历数组元素
```

```
for (var element of array) {
    console.log(element);
}
```

3. 数组的增删改

在 JavaScript 中，使用“数组名[索引]”的方式不仅可以访问数组中的元素，还可以完成数组元素的添加、修改与删除。

1）添加元素

数组创建后可以根据实际需求，通过自定义数组索引的方式添加元素，具体示例如下。

```
// 为空数组添加元素
var arry=[];
arry[5]=13;
arry[1]="a";
arry[0]=15;
arry[3]=16;
console.log(arry);
//输出结果：(6) [15,"a",empty,16,empty,13]

//为非空数组添加元素
var arr=["Honghong","Jim"];
arr[2]="Tom";
arr[3] = "Jack";
console.log(arr);
//输出结果：(4) ["Honghong","Jim","Tom","Jack"]
```

由上述代码可知，使用“数组名[索引]=值”的方式添加数组元素，允许不按照索引顺序连续添加，其中未设置具体值的元素，会以空存储位置的形式存在。值得一提的是，即使未按照索引顺序添加元素，在遍历数组元素时，仍然会按照数组索引的顺序从小到大展示数组元素，如数组 arry。

2）修改元素

修改元素的方式与添加元素的相同。修改元素是为已含有值的元素重新赋值，具体示例如下。

```
var arr=["a","b","c","d"];
arr[2]=123;
arr[3] = 456;
console.log(arr); //输出结果：(4) ["a","b",123,456]
```

由上述代码可知，在创建数组 arr 时第 3 个和第 4 个元素的值分别为 c 和 d，修改后的值分别为 123 和 456。

3）删除元素

在创建数组后，有时需要根据实际情况删除数组中的某个元素值。例如，有一个保存商品信息的多维数组，如果某个商品被下架了，那么在这个保存商品信息的数组中就需要删除此商品的信息。此时，可以使用关键字 delete 删除该数组中的元素值，具体示例如下。

```
var stu = ['Tom','Jimmy','Lucy'];
console.log(stu);      // 输出结果：(3) ["Tom","Jimmy","Lucy"]
delete stu[1];         //删除数组中的第二个元素
console.log(stu);      // 输出结果：(3) ["Tom",empty,"Lucy"]
```

由上述代码可知，关键字 delete 只能删除数组中指定索引的元素值，删除后该元素会占用一个空存储位置。

2.1.4　数组的排序

JavaScript 中有 3 种常见的数组排序方式：冒泡排序、选择排序和插入排序。

1．冒泡排序

冒泡排序的英文名为 Bubble Sort，它是一种比较简单、直观的排序算法。简单来说，它会重复访问要排序的数列，一次比较两个数值，如果被比较的数值的顺序错误就将它们交换位置。访问数列的工作是重复进行的，直到没有需要交换的元素才完成排序。较小的元素会经由交换慢慢“浮”到数列的顶端，如图 2-2 所示，冒泡排序算法的名字就是由此而来的。

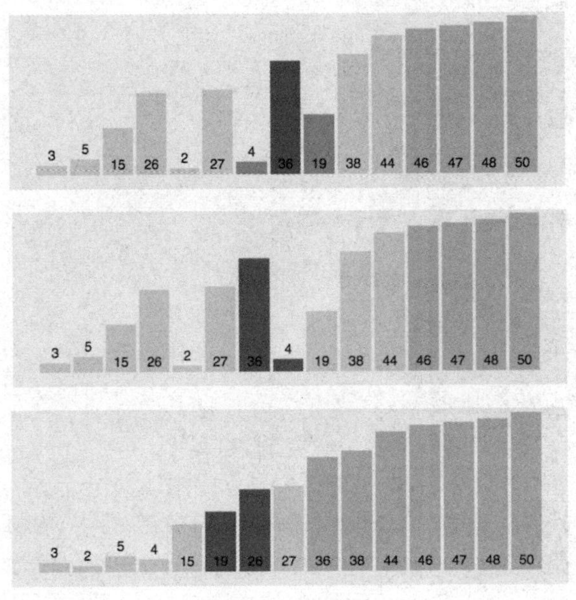

图 2-2　冒泡排序

下面以递增顺序排列为例讲解算法思路。

（1）使用一个内层循环来比较每对相邻元素的大小，如果前者大于后者，则交换元素位置，将数值较小的元素排在前面，数值较大的元素排在后面。

（2）当内层循环结束后，排在数组最后一位的元素一定是该数组中最大的元素，这时最后一个元素不再移动（所以内层循环每执行一次就会减少一个需要排序的元素）。但我们还需要确定这个数组中的第二大、第三大等元素，因此还需要一个外层循环。如果这个数组有 n 个元素，那么我们就需要确定 $n-1$ 个元素的位置，所以外层循环需要循环的次数就是 $n-1$。

（3）只需要内外两层循环嵌套，就可以对数组元素进行排序，但代码的实现方式可能有很多种。其中一种实现方式的示例代码如下，这里排序功能已封装成函数，可以直接使用。

```
var myArr = [89,34,76,15,98,25,67];
function bubbleSort(arr) {
    for (var i = 0; i < arr.length - 1; i++) {
        for (var j = 0; j < arr.length - i; j++) {
            if(arr[j] > arr[j + 1]) {
                var temp = 0;
                // 交换两个元素的位置
                temp = arr[j];
                arr[j] = arr[j + 1];
                arr[j + 1] = temp;
```

```
            }
        }
    return arr;
}
console.log(bubbleSort(myArr));
```

2．选择排序

选择排序的英文名为 Selection Sort，这也是一种简单、直观的排序算法。这种排序算法首先会在未排序的数组中找到数值最小或最大的元素，并将其存放在排序数组的起始位置。然后在未排序的数列中找到数值第二大或第二小的元素，并将其存放在已排序的元素之后，不断重复，直到所有元素排列完毕，如图 2-3 所示。

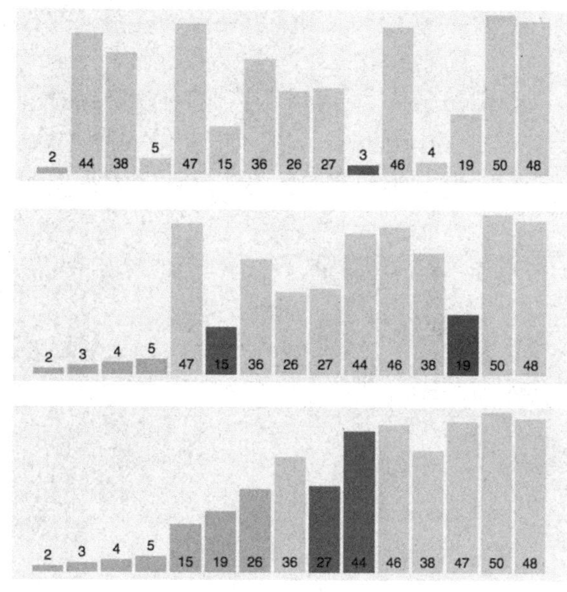

图 2-3　选择排序

下面以递增顺序排列为例讲解算法思路。

（1）通过内层循环找出未排序数组中的最小值（此处可借鉴冒泡排序找最大值的思路），并记录该元素在数组中的索引，使用索引获得最小值的位置后将其存放在数组的第一位。注意，如果直接放在第一位，则会覆盖数组中原来第一个元素的数值，我们需要交换最小值和第一个元素的位置（使用两个变量交换数值的方法）。

（2）每执行一次内层循环，我们就可以确定一个未排序数组中的最小值的位置，在倒数第二个元素的位置被确定后，最后一个元素的位置自然而然也被确定了。因此，数组中有 n 个元素，我们就需要进行 $n-1$ 次内层循环，并使用外层循环来保持内层循环的重复进行，具体示例如下。

```
var myArr = [89,34,76,15,98,25,67];
function selectSort(arr) {
    for(var i = 0; i < arr.length - 1; i++) {
     //i<arr.length-1 是因为排完倒数第二个元素的位置后，最后第一个元素自然会在它正确的位置上
        var index = i;
        for(var j = i + 1; j < arr.length; j++) {
            // 寻找最小值
            if(arr[index] > arr[j]){
```

```
                // 保存最小值索引
                index = j;
            }
        }
        // 将未排序数组中的最小值，存放在数组中的第一位
          if(index != i) {
            var temp = arr[i];
            arr[i] = arr[index];
            arr[index] = temp;
        }
    }
    return arr;}
console.log(selectSort(myArr));
```

3．插入排序

插入排序的英文名为 Insertion Sort，插入排序也被叫作直接插入排序。它的基本思路是将一个未排序的元素插入已完成排序的数组中，从而使已排序数组中增加一个元素。通过插入元素不断完善已排序数组的过程，就是排列整个数组的过程，如图 2-4 所示。

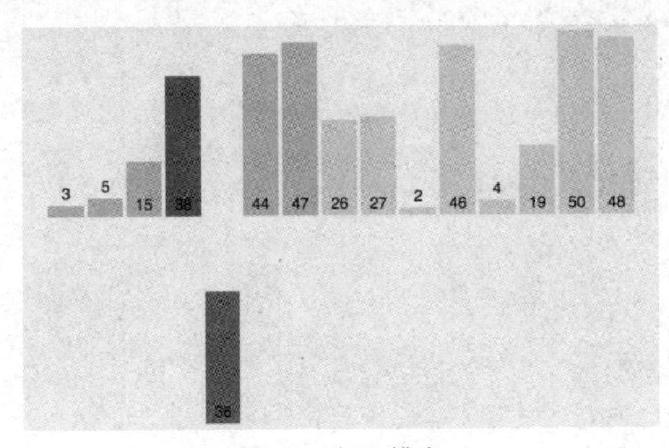

图 2-4　插入排序

下面以递增顺序排列为例讲解算法思路。

（1）因为数组中第一个元素的前面没有其他元素可以比较，所以我们从第二个元素开始向前比较。变量 current 用于存储待插入元素，变量 preIndex 用于索引待插入元素之前的元素。

（2）内层循环按顺序比较待插入元素与该元素前面的元素的数值大小，确定待插入元素的位置，变量 preIndex 每进行一次比较就自减 1。让待插入元素与前面所有已排序的元素都比较一遍，每当待插入元素的数值小于前一个元素的数值时，前一个元素就向后移动一个位置，直到前一个元素的数值小于待插入元素的数值，跳出判断语句，将待插入元素存放在移动元素留出的空位中。由于我们使用变量 current 保存了待插入元素，因此待插入元素不会因为被覆盖而丢失。

（3）每次内层循环都可以确定一个元素的插入位置，由于内层循环从第二个元素开始（索引为 1），因此 n 个元素需要进行 $n-1$ 次内层循环。外层循环用于遍历所有元素并完成排序，具体示例如下。

```
var myArr = [89,34,76,15,98,25,67];
        function insertionSort(arr) {
    for (var i = 1; i <= arr.length - 1; i++) {
        var preIndex = i - 1;
        current = arr[i];
```

```
        while(preIndex >= 0 && arr[preIndex] > current) {
            arr[preIndex + 1] = arr[preIndex];
            preIndex--;
        }
        arr[preIndex + 1] = current;
    }
    return arr;}
console.log(insertionSort(myArr));
```

注意：3 种排序方式均有各自的优缺点，如表 2-1 所示。

表 2-1 3 种排序方式的优缺点

名称	优点	缺点
冒泡排序	稳定性好	速度慢，每次只能移动相邻两个元素
选择排序	移动数据的次数已知（n-1 次）	比较次数多，是一种不稳定的排序方法
插入排序	稳定性好，速度快	比较次数不一定。比较次数越少，插入点后的元素移动次数越多，特别是在数据总量庞大的时候，但使用链表可以解决这个问题

2.1.5 常用的数组方法

数组是 JavaScript 中常用的数据类型之一，因此 Array 对象为其提供了许多内置方法，如栈和队列方法、检索方法、数组转字符串等。本节将对数组的常用方法进行详细讲解。

1. 栈和队列方法

在 JavaScript 中，除了前面讲解的添加与删除数组元素的方法，还可以使用 Array 对象提供的方法实现在数组的末尾或开头添加新的元素，或者在数组的末尾或开头移出数组元素。使用 Array 对象提供的方法可以模拟栈和队列的操作，具体方法如表 2-2 所示。

表 2-2 栈和队列方法

方法名称	功能描述
push()	将一个或多个元素添加到数组的末尾，并返回数组的新长度
unshift()	将一个或多个元素添加到数组的开头，并返回数组的新长度
pop()	从数组的末尾移出一个元素并返回，若是空数组则返回 undefined
shift()	从数组的开头移出一个元素并返回，若是空数组则返回 undefined

注意：push()方法和 unshift()方法的返回值是新数组的长度，而 pop()方法和 shift()方法的返回值是被移出数组的元素。

数组元素栈方法的使用如例 2-2 所示。

【例 2-2】example2-2.html

```
<script>
  var arr = ['Lucy', 'Jim'];
  console.log('原数组：' + arr);
  var last = arr.pop();
  console.log('在末尾移出元素：' + last + ' - 移出后数组变为：' + arr);
  var len = arr.push('Tulip', 'Jasmine');
  console.log('在末尾添加元素后长度变为：' + len + ' - 添加后数组变为：' + arr);
  var first = arr.shift();
  console.log('在开头移出元素：' + first + ' - 移出后数组变为：' + arr);
```

```
    len = arr.unshift('Balsam', 'sunflower');
    console.log('在开头添加元素后长度变为：' + len + ' - 添加后数组变为：' + arr);
</script>
```

由上述代码可知，push()方法和 unshift()方法可以为指定数组在末尾或开头处添加一个或多个元素，而 pop()方法和 shift()方法则只能移出在数组末尾或开头的一个元素并返回，运行结果如图 2-5 所示。

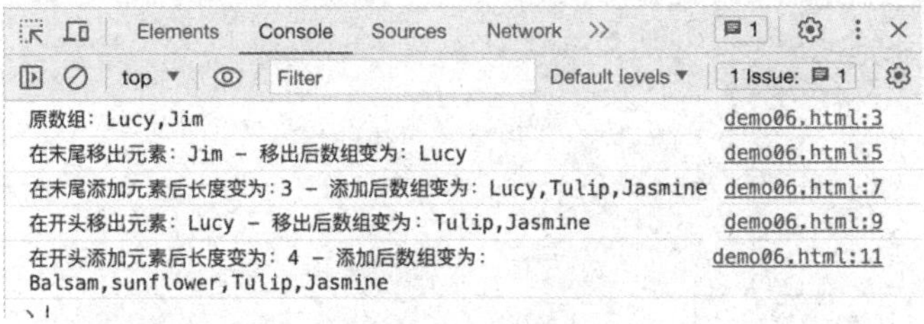

```
原数组：Lucy,Jim                                              demo06.html:3
在末尾移出元素：Jim - 移出后数组变为：Lucy                      demo06.html:5
在末尾添加元素后长度变为：3 - 添加后数组变为：Lucy,Tulip,Jasmine  demo06.html:7
在开头移出元素：Lucy - 移出后数组变为：Tulip,Jasmine             demo06.html:9
在开头添加元素后长度变为：4 - 添加后数组变为：                    demo06.html:11
Balsam,sunflower,Tulip,Jasmine
```

图 2-5　数组元素栈方法的使用

2．检索方法

在开发过程中，如果要检测传递的值是否为数组类型，或者查找指定元素在数组中的位置，则可以使用 Array 对象提供的检索方法，具体如表 2-3 所示。

表 2-3　检索方法

方法名称	功能描述
includes()	用于确定数组中是否含有某个元素，有则返回 true，否则返回 false
Array.isArray()	用于确定传递的值是否为数组类型，是则返回 true，否则返回 false
indexOf()	用于返回指定元素在数组中的第一个索引，如果该值不存在，则返回-1
lastIndexOf()	用于返回指定元素在数组中的最后一个索引，如果该值不存在，则返回-1

在表 2-3 中，除了 Array.isArray()方法，其他方法均默认从指定数组的索引位置开始检索，且检索方式与运算符“===”相同，即只有在全等时才会返回比较成功的结果。下面通过代码和案例来对以上方法进行演示。

1）includes()方法和 Array.isArray()方法

```
var data = ['peach','pear', 26, '26','grape'];
// 从数组索引为 3 的位置开始检索数字 26
console.log(data.includes (26, 3));     // 输出结果为：false
// 从数组索引为 data.length -3 的位置开始检索数字 26
console.log(data.includes (26, -3));   // 输出结果为：true
// 判断变量 data 是否为数组类型
console.log(Array.isArray(data));       // 输出结果为：true
```

在上述代码中，includes()方法的第 1 个参数用于表示待检索的值，第 2 个参数用于指定在数组中检索的索引，当其值大于数组长度时，数组不会被检索，直接返回 false；当其值小于 0 时，检索的索引位置为数组长度加上给定的负数，若结果仍为小于 0 的数，则检索整个数组。

2）indexOf()方法

indexOf()方法用于返回元素在数组中第一个索引，若该值不存在，则返回-1。下面以判断一个元素是否存在于指定数组，若不存在则更新数组为例对 indexOf()方法进行讲解，具体代码如例 2-3 所示。

【例 2-3】example2-3.html

```
1  <script>
2   var arr = ['potato', 'tomato', 'chillies', 'green-pepper'];
3   var search = 'cucumber';
4    if (arr.indexOf(search) === -1) {          // 查找的元素不存在
5     arr.push(search);
6     console.log('更新后的数组为: ' + arr);
7  }else if (arr.indexOf(search) > -1) {        // 防止返回的索引为 0，if 语句的判断结果为 false
8     console.log(search + '元素已在 arr 数组中。');
9  }
10  </script>
```

在上述代码中，第 2 行用于创建待检索的数组 arr。第 3 行使用变量 search 保存需要检索的值。第 4～9 行用于检索数组 arr 中是否含有元素 search，若不存在则执行第 5～6 行代码，并在数组 arr 的末尾添加该元素，更新后的数组如图 2-6 所示；若存在则执行第 8 行代码，并在控制台中输出对应的提示信息。例如，将变量 search 的值设置为 tomato，提示信息如图 2-7 所示。

图 2-6　元素不存在

图 2-7　元素已在数组中

注意：indexOf()方法的第 2 个参数为可选参数，用于指定开始检索的索引，当其值大于或等于数组长度时，数组不会被检索，直接返回-1；当其值为负数时，检索的索引位置为数组长度加上给定的负数，若结果仍为小于 0 的数，则检索整个数组。

3）lastIndexOf()方法

Array 对象提供的 lastindexOf()方法，用于返回指定元素在数组中的最后一个索引。与 indexOf()方法不同的是，lastIndexOf()方法默认为逆向检索，即从数组的末尾向开头方向检索。下面以找出指定元素出现的所有位置为例进行讲解，具体代码如例 2-4 所示。

【例 2-4】example2-4.html

```
1  <script>
2   var res = [];
3   var arr = ['a', 'b', 'a', 'c', 'a', 'd'];     // 待检索的数组
4   var search = 'a';                            // 待检查的数组元素
5   var i = arr.lastIndexOf(search);
6   while (i !== -1) {
7     res.push(i);
8     i = (i > 0 ? arr.lastIndexOf(search, i - 1) : -1);
9   }
10   console.log('元素 ' + search + ' 在数组中出现的所有位置为: ' + res);
11 </script>
```

在上述代码中，第 2 行初始化的变量 res 用于保存指定元素出现的位置的所有索引。第 5 行用于获取数组 arr 中变量 search 最后一次出现的位置的索引。第 6～9 行通过 while 循环语句

获取变量 search 出现位置的所有索引。其中，第 7 行用于从数组 res 的末尾添加找到的元素索引；第 8 行通过判断当前索引是否大于 0 来确定数组 arr 中是否存在指定元素，若判断结果为 true，则 i 减 1，随后继续从指定位置向前检索变量 search 最后一次出现的位置的索引，直到整个数组检索完毕。此时，将 i 设置为-1，结束循环，输出结果如图 2-8 所示。

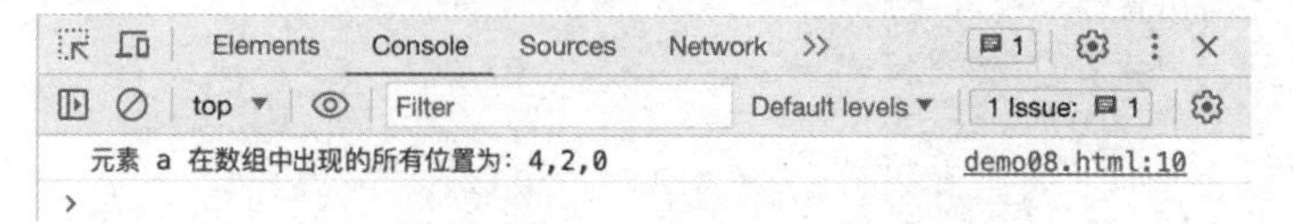

图 2-8　元素 a 在数组中出现的所有位置

注意：lastIndexOf()方法的第 2 个参数用于指定查找的索引，由于采用逆向检索的方式，因此当其值大于或等于数组长度时，整个数组都会被检索；当其值为负数时，索引位置为数组长度加上给定的负数，若结果仍为小于 0 的数，则直接返回-1。

3．数组转字符串

在开发过程中，若需要将数组转换为字符串，则可以使用 JavaScript 提供的 join()方法和 toString()方法，具体如表 2-4 所示。

表 2-4　数组转字符串

方法名称	功能描述
join()	将数组中的所有元素连接到一个字符串中
toString()	返回一个字符串，表示指定的数组及其元素

数组转字符串的使用方法，具体示例如下。

```
var arr = ['a','b','c'];
console.log(arr.join());            // 输出结果：a,b,c
console.log(arr.join('-'));         // 输出结果：a-b-c
console.log(arr.toString());        // 输出结果：a,b,c
```

由上述代码可知，join()方法和 toString()方法可以将多维数组转换为字符串，默认情况下字符之间使用逗号连接。不同的是，join()方法可以指定连接字符的符号。另外，当数组元素为 undefined、null 或空数组时，对应的元素会被转换为空字符串。

4．其他方法

除了前面讲解的几种常用方法，JavaScript 还提供了很多其他常用的数组方法。例如，合并数组、数组浅拷贝、颠倒数组元素的顺序等，具体如表 2-5 所示。

表 2-5　其他方法

方法名称	功能描述
sort()	对数组元素进行排序，并返回数组
fill()	使用一个固定值填充数组中指定索引范围内的全部元素
reverse()	交换数组元素的位置
splice()	在数组指定索引范围内删除或添加元素
slice()	在数组指定索引范围内复制元素到一个新数组中
concat()	返回一个由两个或多个数组合并而成的新数组

表 2-5 中的 slice()方法和 concat()方法在执行结束后会返回一个新数组，但不会对原数组

产生影响。剩余的方法在执行结束后皆会对原数组产生影响。下面以 splice()方法为例演示如何在指定位置添加或删除数组元素，具体代码如例 2-5 所示。

【例 2-5】example2-5.html

```
1 <script>
2  var arr = ['sky', 'wind', 'snow', 'sun'];
3  // 从数组索引 2 的位置开始，删除两个元素
4 arr.splice(2, 2);
5 console.log(arr);
6  // 从数组索引 1 的位置开始，删除一个元素后，添加元素 snow
7 arr.splice(1, 1, 'snow');
8  console.log(arr);
9  // 若指定索引大于数组长度，则直接在数组末尾添加元素 hail 和 sun
10  arr.splice(4, 0, 'hail', 'sun');
11  console.log(arr);
12  // 从数组索引 3 的位置开始，添加数组、null、undefined 和空数组
13  arr.splice(3, 0, ['lala', 'yaya'], null, undefined, []);
14  console.log(arr);
15  </script>
```

在上述代码中，splice()方法的第 1 个参数用于指定待添加或删除元素的索引位置；第 2 个参数用于指定从指定索引位置开始，待删除数组元素的个数，若将其设置为 0，则表示该方法只添加元素。剩余的参数表示要添加的数组元素，若省略则表示只删除元素，效果如图 2-9 所示。

注意：当 splice()方法的第 1 个参数的值大于或等于数组长度时，从数组的末尾开始操作；当其值为负数时，索引位置为数组长度加上指定的负数，若结果仍为小于 0 的数，则从数组的开头开始操作。

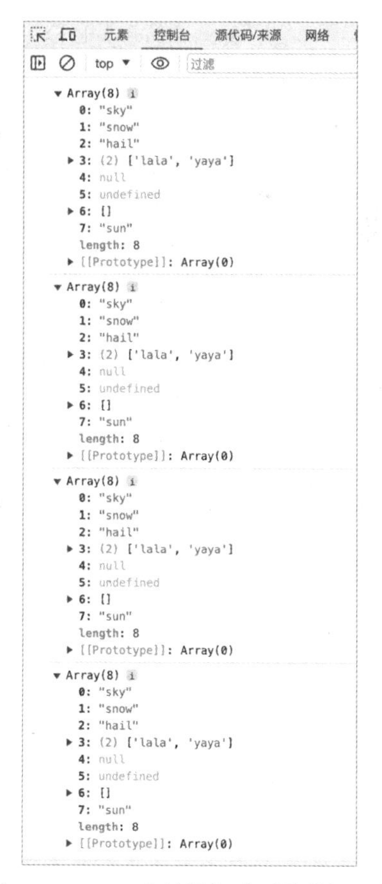

图 2-9 splice()方法添加或删除数组元素

5. 猴子选大王

“猴子选大王”是一个趣味游戏，首先要求一群猴子排成一圈，按 1、2、…、n 依次编号。然后从第 1 只猴子开始数，数到第 m 只时把它踢出圈，接着从下一顺位的猴子开始数，数到第 m 只时再把它踢出圈，如此循环往复，直到最后只剩下一只猴子，这只猴子就是我们要找的大王，循环过程如图 2-10 所示。

模拟游戏：假设 n（猴子总数）为 8，m（踢出圈的编号）为 3。

第 1 圈：踢出猴子的编号为 3、6，位置编号为 3、6。

第 2 圈：踢出猴子的编号为 1、5，位置编号为 9、12。

第 3 圈：踢出猴子的编号为 2、8，位置编号为 15、18。

第 4 圈：无。

第 5 圈：踢出猴子的编号为 4，位置编号为 21。

得出猴王编号：7。

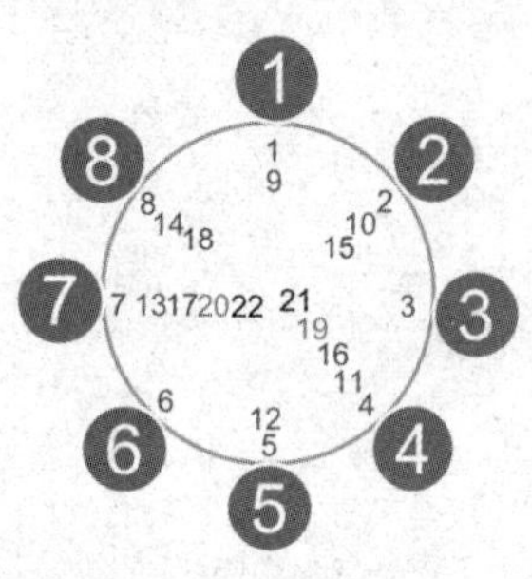

图 2-10　循环过程

代码实现思路：

通过 prompt()函数接收用户传递的猴子总数 n 和踢出圈的编号 m。使用数组保存所有猴子的编号（1～n）。声明一个变量 i，用于记录每次参与游戏的猴子的位置。使用 while 循环语句进行循环操作，只要猴子数组内的元素个数大于 1，就一直循环。在 while 循环语句的循环体中判断当前猴子的位置与踢出圈的编号求余是否为 0，若为零，则在数组中删除该元素。

提示： 通过出栈的方式取出元素，如果判断结果不为 0，再将该元素入栈。

接下来，请自行指定猴子的总数和踢出圈的编号，实现猴子选大王，示例代码如下。

```
1  <script>
2   var total = prompt('请输入猴子的总数');
3   var kick = prompt('踢出第几只猴子');
4   var monkey = [];
5   for (var i = 1; i <= total; ++i) {      // 创建猴子数组
6     monkey.push(i);
7   }
8   i = 0;                                  // 记录每次参与游戏的猴子的位置
9   while (monkey.length > 1) {             // 当猴子数量大于 1 时进入循环
10     ++i;                                 // 猴子报数
11    head = monkey.shift();                // 从猴子数组的开头，取出元素
12     if (i % kick != 0) {   // 判断是否踢出该猴子，若不踢则将其添加到猴子数组的尾部
13       monkey.push(head);                 // 继续参加游戏的猴子
14     }
15    }
16   console.log('猴王编号：' + monkey[0]);
17  </script>
```

在上述代码中，第 2 行和第 3 行通过 prompt()函数实现了用户自定义猴子总数和踢出圈的编号。第 4～7 行通过 push()方法将猴子编号保存为 monkey 数组的元素。第 9～15 行实现了猴子选大王的游戏。其中，第 11 行通过 shift()方法使 monkey 数组中的第 1 个元素出栈，第 12～14 行根据参与游戏的猴子的位置 i 与变量 kick 的关系，判断是否踢出该猴子，若不踢出，则将该元素从数组末尾入栈，最后 monkey 数组中保存的唯一元素就是要找的大王。在浏览器中根据提示输入猴子的总数和踢出圈的编号，如图 2-11 和图 2-12 所示。

注意： 入栈后元素的索引位置，会在上一轮参加游戏的最后一只猴子的索引的基础上递增。

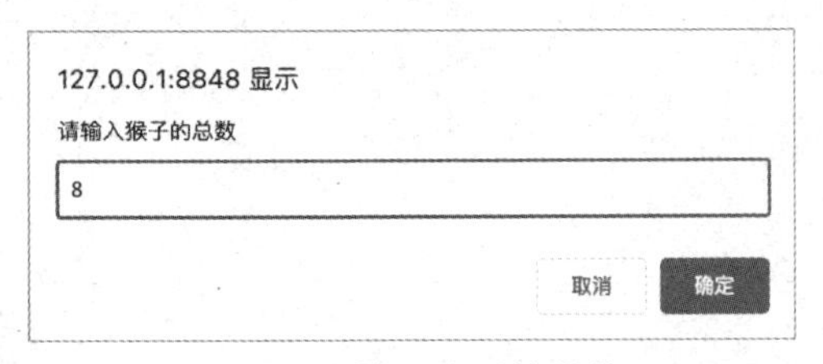

图 2-11　输入猴子的总数

127.0.0.1:8848 显示
踢出第几只猴子
3
取消
确定

图 2-12　输入踢圈的编号

单击“确定”按钮后，即可在控制台中看到最后选出的猴王编号，如图 2-13 所示。

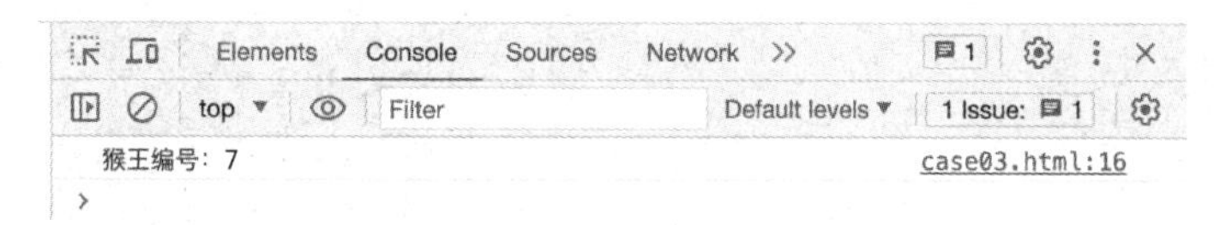

图 2-13　猴王编号

动手实践：三级联动菜单的实现

动手实践：三级联动菜单的实现

在前端开发中，联动菜单是 Web 页面中的常见功能。例如，信息填报、购物等方面都会涉及联动菜单。接下来使用数组保存相关省份、城市和区域的信息，通过 3 个下拉菜单的联动来实现第一级下拉菜单为省级，第二级下拉菜单为市级，第三级下拉菜单为区级。当选择第一级下拉菜单时，第二级下拉菜单的内容会自动匹配；当选择第二级下拉菜单时，第三级下拉菜单的内容也会自动匹配；当取消上一级菜单的选项时，次一级选项会自动消失；具体实现步骤如下。

1．动态生成下拉菜单

在网站中，通常使用 3 个下拉菜单分别显示省（自治区、直辖市）、城市和区域。由于全国的地区数据非常庞大，为了能够更好地维护代码，因此选用数组存储数据，二、三级下拉菜单由函数来控制。

1）编写 HTML 文档

在 HTML 文档中写入 3 个下拉菜单，具体代码如下。

```
1  <select id="province">
2  <option value="-1">请选择</option>
3    </select>
4  <select id="city"></select>
5    <select id="country"></select>
6    <script>
7     // 此处用于编写 JavaScript 代码
8  </script>
```

在上述代码中，第 2 行用于为省（自治区、直辖市）设置默认值，并将其作为用户在选择时的友好提示，<option>标签中的 value 属性用于表示地区对应的数组索引。由于数组索引从 0 开始，因此这里将“请选择”的 value 属性值设置为-1，避免被识别为某个地区。预览效果如图 2-14 所示。

图 2-14　3 个下拉菜单

2）使用数组保存地区数据

编写 JavaScript 代码，使用 3 个数组分别保存省（自治区、直辖市）、城市和区域的信息。由于篇幅有限，这里仅添加几条测试数据，具体代码如下。

```
1  // 省（自治区、直辖市）数组
2  var provinceArr = ["北京", "浙江", "河北"];
3  // 城市数组
4  var cityArr = [
5    ["北京市"],
6    ["杭州市", "宁波市", "温州市"],
7    ["石家庄", "秦皇岛", "张家口"]
8   ];
9  // 区域数组
10  var countryArr = [
11    [
```

```
12         ["海淀区", "朝阳区", "西城区", "东城区"]
13      ], [
14         ["上城区", "滨江区", "拱墅区", "余杭区", "西湖区"],
15         ["江北区", "海曙区", "鄞州区", "北仑区", "奉化区"],
16         ["鹿城区", "龙湾区", "洞头区", "瓯海区", "文成县"]
17      ], [
18         ["长安区", "桥西区", "新华区", "井陉矿区"],
19         ["海港区", "山海关区", "北戴河区", "抚宁区"],
20         ["桥东区", "桥西区", "宣化区", "下花园区"]
21      ]
22 ];
```

在上述代码中，第 2 行通过一维数组 provinceArr 保存省（自治区、直辖市），第 4～8 行使用二维数组 cityArr 保存对应的城市，存储时要保证 cityArr[index]中的 index 值与数组 provinceArr 中对应元素的索引相同。例如，“浙江”的索引为 1，则 cityArr[1]中保存的就是“浙江”的城市。

同理，使用三维数组保存每个城市下的区域，存储时要保证 countryArr[index][index]中的 index 值要与数组 cityArr 中对应元素的索引相同。例如，“宁波市”的索引为 2，则 countryArr[1][2]中保存就是“浙江宁波市”的区域。

3）自动创建省级下拉菜单

```
1 function createOption(obj,data){
2     for (var i in data) {
3         var op = new Option(data[i],i);                  // 创建下拉菜单中的元素对象
4         obj.options.add(op);                             // 将选项添加到下拉菜单中
5     }
6 }
7 var province = document.getElementById(province');// 获取省（自治区、直辖市）元素对象
8 createOption(province,  provinceArr);
```

在上述代码中，第 1～6 行封装的 createOption()函数用于创建指定下拉菜单中的选项。参数 obj 表示下拉菜单的元素对象，参数 data 表示一维数组中保存的下拉菜单的选项。第 3 行通过实例化 Option 对象，为创建<select>标签下的<option>选项提供了基础。在 Option()构造函数中，第一个参数用于设置显示在下拉菜单中的选项，第二个参数用于设置该选项的 value 值。这样的构造方式使得我们能够以更直观的方法定义每个下拉菜单中选项的展示文本和对应的值。第 4 行通过 options 对象的 add()方法，将创建的<option>选项添加到指定的下拉列表 obj 中。在浏览器中单击“请选择”即可查看自动生成的省级下拉菜单，如图 2-15 所示。

图 2-15　省级下拉菜单

2．实现下拉菜单的三级联动

三级联动指的是用户在省级下拉菜单中选择完成后，次级下拉菜单中会自动获取对应的城市，以此类推，在市级下拉菜单中选择完成后，其次级下拉菜单中会自动获取对应的区域。

1）自动生成对应的城市下拉菜单

```
1  var city = document.getElementById('city'); // 获取城市下拉菜单中的元素对象
2  province.onchange = function() {             // 为省级下拉菜单设置事件
3  optioncity.options.length = 0;               // 清空市级下拉菜单中的所有原有选项
4  createOption(city, cityArr[province.value]);
5     }
```

在上述代码中，第 1 行用于获取市级下拉菜单中的元素对象，第 2～5 行用于为省级下拉菜单设置 onchange 事件，该事件将在下拉菜单中的选项发生变化时触发。当用户在省级下拉菜单中选择完成后，就会执行第 3 行和第 4 行代码，自动生成对应的市级下拉菜单。市级下拉菜单中的选项是根据 province.value 获取的索引，从数组 cityArr 中获取的数据。在浏览器中选择“浙江”选项即可查看自动生成的浙江省的市级下拉菜单，如图 2-16 所示。

2）自动生成对应的区级下拉菜单

```
1 var country=document.getElementById('country');  //获取区级下拉菜单中的元素对象
2 city.onchange = function(){                      // 为市级下拉菜单设置事件
3 country.options.length = 0;                      // 清空区级下拉菜单中的原有选项
4 optioncreateOption(country, countryArr[province.value][city.value]);
5    }
```

在上述代码中，第 1 行用于获取区级下拉菜单中的元素对象，第 2～5 行用于为市级下拉菜设置 onchange 事件。当用户在市级下拉菜单中选择完成后，就会执行第 3 行和第 4 行代码，自动生成对应的区级下拉菜单。其中，区级下拉菜单中的选项是根据 province.value 和 city.value 获取的索引，从 countryAr 数组中获取的数据。

在浏览器中选择“浙江”和“宁波市”即可查看自动生成的浙江省宁波市的区级下拉菜单，如图 2-17 所示。

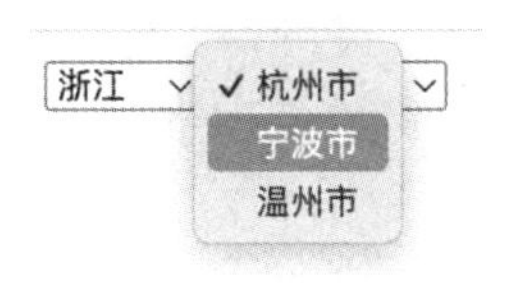

图 2-16　浙江省的市级下拉菜单

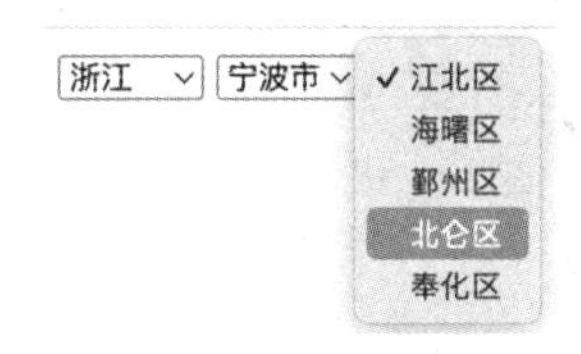

图 2-17　浙江省宁波市的区级下拉菜单

3）更新区级下拉菜单

虽然通过以上步骤已经实现了下拉菜单的三级联动，但是还存在一些问题。再次修改省级下拉菜单中的选项，区级下拉菜单中显示的选项仍然是上一次选中的内容，如图 2-18 所示。将图 2-18 中的城市修改为石家庄，正确显示结果如图 2-19 所示。

河北　石家庄　海曙区

图 2-18　未更新区级下拉菜单

河北　石家庄　长安区

图 2-19　成功更新区级下拉菜单

下面修改省级下拉菜单的 onchange 事件，具体代码如下。

```
1  province.onchange = function(){
2  city.options.length = 0;
3  createOption(city, cityArr[province.value]);
4  // 以下是新增代码
5  if (province.value >= 0){
6  city.onchange();                 // 自动添加城市对应的区级下拉菜单
```

```
7  } else {
8  country.options.length = 0;      // 清空区级下拉菜单中的原有选项
9  }
10  };
```

在上述代码中，当用户在省级下拉菜单中修改选项后，执行第 5～9 行代码，判断用户选择的是否为默认值“请选择”。若选择了具体的选项，则执行第 6 行代码，自动添加省（自治区、直辖市）和城市对应的区级下拉菜单；若选择了默认值，则清空区级下拉菜单中的所有选项。

任务 2.2　对象

2.2.1　对象基础

在 JavaScript 中，几乎所有的事物都有对象。对象是 JavaScript 中最基本的数据类型之一，是一种复合的数据类型。它将多种数据类型集中在一个数据单元中，并允许通过对象来存取数据。

1．什么是对象

在现实生活中，万物皆对象。例如，一本书、一辆汽车、一个人、一个数据库、一张网页、一个与远程服务器的连接。在 JavaScript 中，对象是一组无序的集合，由属性和方法组成，所有的事物都是对象，如字符串、数值、数组、函数等。

- 属性：在对象中表示事物的特征。
- 方法：在对象中表示事物的行为。

2．为什么需要对象

保存一个值时，可以使用变量；保存多个值（一组值）时，可以使用数组，如将学生 Lucy 的个人信息保存在数组中。

```
var arr= [ 'Lucy','女',2023058];
```

但对象的表达结构更清晰，更强大。将 Lucy 的个人信息保存在对象中。

```
Lucy.姓名 = 'Lucy';  person.name = 'Lucy';
Lucy.性别 = '女';    person.sex = '女';
Lucy.年龄 = '12';    person.age = '12';
Lucy.身高 = '156';   person.heigh = '156';
```

2.2.2　对象的创建

在 JavaScript 中，有 3 种创建对象的方式。

- 使用字面量创建对象。
- 使用 new Object()创建对象。
- 使用构造函数创建对象。

1．使用字面量创建对象

对象字面量就是大括号中包含表达具体事物（对象）的属性和方法。

1）采取键值对的形式表示

- 键：相当于属性名。

- 值：相当于属性值，可以是任意类型的值（数字、字符串、布尔值、函数等）。

```
var student = {
            name:'李明';
            age:18;
            sex:'男';
            sayHello:function(){
                    alert('Hello everyone!')};
            };
```

2）对象的调用

- 对象中的属性调用：对象.属性名，这个“.”可以理解为“的”。
- 对象中属性的另一种调用方式：对象['属性名']，注意方括号中的属性名必须加引号。
- 对象中的方法调用：对象.方法名()，注意方法名后面必须加括号。

```
console.log(star.name)        // 以“.”的方式调用名字属性
console.log(star['name'])     // 以['属性名']的方式调用名字属性
star.sayHello();// 调用 sayHello()方法，注意，一定不要忘记在方法名后加括号
```

3）变量、属性、函数、方法的总结

- 变量：单独声明，单独存在。
- 属性：对象中的变量称为属性，不需要声明，用于描述该对象的特征。
- 函数：单独存在，通过“函数名()”的方式调用。
- 方法：对象中的函数称为方法，不需要声明，使用“对象.方法名()”的方式调用，方法用于描述对象的行为和功能。

2. 使用 new Object()创建对象

使用 new Object()创建对象的方法与我们前面讲解的使用 new Array()的方法相同。

```
var Jim = new Obect();
Jim.name = 'pink';
Jim.age = 18;
Jim.sex='男';
Jim.sayHello = function(){
alert('Hello everyone!');}
```

在 JavaScript 中，使用 new Object()创建对象时需要注意以下几点。

（1）Object()第一个字母大写。

（2）使用 new Object()时必须要有关键字 new。

（3）属性调用的格式为“对象.属性”。

3. 使用构造函数创建对象

构造函数是一种特殊的函数，是 JavaScript 创建对象的一种方式。其主要用于初始化对象，即为对象成员变量赋初始值，总是与关键字 new 搭配使用。我们可以把对象中的一些公共的属性和方法提取出来，并封装到该函数中。构造函数的特点在于这些对象都基于同一个模板创建，同时每个对象又有自己的特征。在 JavaScript 中，使用构造函数时要注意以下两点。

（1）构造函数用于创建某一类对象，其首字母大写。

（2）构造函数要与关键字 new 搭配使用才有意义。

```
function Person(name,age,sex){
this.name = name;
this.age = age;
this.sex=sex;
this.sayHi = function(){
```

```
    alert ('我的名字叫：'+ this.name + '，年龄：' + this.age + ，性别：' + this.sex)；
      }
    }
    var bigboy=new Person ('大男孩', 21, '男')；
    var smallboy= new Person ('小男孩', 12, '男')；
    console.log(bigboy.name);
    console.log(smallboy.name);
```

注意：

（1）构造函数约定首字母大写。

（2）构造函数中的属性和方法前面需要添加 this，表示是当前对象的属性和方法。

（3）构造函数中不需要使用 return 返回结果。

（4）当我们创建对象时，必须使用关键字 new 来调用构造函数。

知识拓展：

- 构造函数，比如 Stars()，它将对象的公共部分抽象并封装在函数内。构造函数可以看作是一种通用的模板，代表某一大类对象（类），而不是特指某一个具体的对象。
- 在创建对象时，我们使用关键字 new 进行对象实例化。实例化的过程就是将抽象的概念转化为具体的对象的过程。

2.2.3 关键字 new

在 JavaScript 中，关键字 new 用于创建一个新的对象实例，它通常与构造函数搭配使用。在使用关键字 new 时，会执行以下操作。

（1）创建一个空的普通 JavaScript 对象。

（2）将新建对象的原型（__proto__）连接到构造函数的原型对象中。

（3）将构造函数内部的关键字 this 指向新建对象。

（4）执行构造函数内部的代码，初始化新建对象的属性和方法。

（5）如果构造函数没有显示返回一个对象，则返回新建对象。

以下是使用关键字 new 创建对象的示例。

```
// 构造函数
function Person(name, age) {
  this.name = name;
  this.age = age;
}
// 使用关键字 new 创建对象
var  person1 = new Person("Alice", 30);
var  person2 = new Person("Bob", 25);
console.log(person1); // Person { name: 'Alice', age: 30 }
console.log(person2); // Person { name: 'Bob', age: 25 }
```

在上面的示例中，Person()是一个构造函数，new Person()创建了两个 Person 类型的对象实例。构造函数中的关键字 this 指向新建对象，而对象的属性由构造函数的参数初始化。注意，构造函数的首字母通常大写，以便与普通函数进行区分。使用关键字 new 创建对象时，如果构造函数显式地返回了一个对象，那么新建对象就是这个返回的对象。这个特性可以用于实现一些高级的对象创建模式，示例代码如下。

```
function SpecialObject() {
  this.property1 = "value1";
```

```
    this.property2 = "value2";
    // ...

    // 如果构造函数显式地返回了一个对象，则新建对象就是这个返回的对象。
    return { special: true };
  }
  var obj = new SpecialObject();
  console.log(obj); // { special: true }
```

在实际开发中，关键字 new 通常用于创建构造函数的实例，以便在对象的创建过程中执行初始化操作。

2.2.4 遍历对象

在 JavaScript 中，遍历对象的属性可以通过几种不同的方法实现。对象是键值对的集合，通常需要遍历它的键、值或两者。for-in 语句用于对数组或对象的属性进行循环遍历，其语法格式如下。

```
for(变量 in 对象名称){
    //循环体
}
```

语法中的变量是自定义的，其变量名需要符合命名规范，通常会将这个变量命名为 k 或 key，示例代码如下。

```
for (var k in obj) {
console.log(k);         //这里的 k 是属性名
console.log(obj[k]);  //这里的 obj[k]是属性值
}
```

2.2.5 内置对象

JavaScript 中的对象分为 3 种：自定义对象、内置对象和浏览器对象。前两种对象是 US 的基础内容，属于 ECMAScript，而浏览器对象则是 JavaScript 独有的。内置对象是指 JavaScript 自带的对象，这些对象提供了一些常用的或最基本且必要的功能（属性和方法）供开发者使用，其最大的优点就是帮助开发人员实现快速开发。JavaScript 提供了多个内置对象，如 Math、Date、String、Number 等。

1. Math 对象

Math 对象是 JavaScript 中的一个内置的数学工具对象，它不是一个构造函数，因此不需要实例化。它具有数学常数及函数的属性和方法，与数学相关的运算操作（求绝对值、取整、求最大值等）都可以使用 Math 对象中的成员。

1）常用方法

Math.PI：圆周率 π 的近似值，约为 3.141592653589793。

Math.abs(x)：返回一个数的绝对值。

Math.ceil(x)：向上取整，返回大于或等于给定数字的最小整数。

Math.floor(x)：向下取整，返回小于或等于给定数字的最大整数。

Math.round(x)：四舍五入，返回最接近给定数字的整数。

Math.max(x1, x2, ..., xn)：返回一组数中的最大值。

Math.min(x1, x2, ..., xn)：返回一组数中的最小值。

Math.pow(x, y)：返回 x 的 y 次幂。

Math.sqrt(x)：返回一个数的平方根。

Math.random()：返回一个介于 0（包含）和 1（不包含）之间的随机浮点数。

Math.sin(x)、Math.cos(x)、Math.tan(x)：返回给定角度的正弦、余弦和正切值。

Math.exp(x)：返回 e 的 x 次幂，其中 e 是自然对数的底数。

Math.log(x)：返回一个数的自然对数（以 e 为底）。

2）随机数方法 random()

random()方法可以随机返回一个浮点数，其取值范围为[0,1)，左闭右开 0≤×<1，得到一个两数之间的随机数，示例代码如下。

```
function getRandom(min,max){
        return Math.floor(Math.random()*
         (max - min + 1))+ min;
}
```

这些只是一部分 Math 对象的属性和方法。通过使用这些方法，可以在 JavaScript 中执行各种数学运算，如数值运算、三角函数、指数函数等。

2. Date 对象

Date（日期）对象和 Math 对象不同，它是一个构造函数，所以在实例化后才能使。JavaScript 中的 Date 对象用于处理日期和时间，允许创建、操作及显示日期和时间，以及允许执行与时间相关的计算。

1）Date()构造函数的使用

要想获取当前时间必须将 Date 对象实例化。

```
var now = new Date();
console.log(now);
```

2）Date()构造函数的参数

如果括号中有时间参数，则返回时间参数；如果括号中没有时间参数，则返回当前时间。例如，有一个日期格式的字符串 2019-4-1，在代码中使用该字符串时可以写成 new Date('2019-4-1')或 new Date('2019/4/1')。

3）日期格式化

如果想要获取 2019-8-8 08:08:08 格式的日期该怎么办？此时，需要获取的是日期的指定部分，仅使用 Date()构造函数已无法满足我们的需求，所以我们需要使用 Date 对象中的其他方法来手动输入，以得到这种格式的日期。以下是一些常见的 Date 对象的属性和方法。

- new Date()：用于创建一个表示当前日期和时间的 Date 对象。
- new Date(milliseconds)：用于创建一个表示自 1970 年 1 月 1 日午夜（世界标准时间）以来指定毫秒数的 Date 对象。
- new Date(dateString)：用于创建一个表示给定日期字符串所代表的日期和时间的 Date 对象。
- new Date(year,month,day,hour,minute,second,millisecond)：用于创建一个指定年、月、日等信息的 Date 对象。

Date 对象的属性和方法如表 2-6 所示。

表 2-6 Date 对象的属性和方法

方法名	功能描述	代码
getFullYear()	获取年份（4 位）	dObj.getFullYear()
getMonth()	获取月份（0 表示一月，1 表示二月，依此类推）	dObj.getMonth()
getDate()	获取日期（1～31）	dObj.getDate()
getDay()	获取星期几（0 表示星期日，1 表示星期一，依此类推）	dObj.getDay()
getHours()	获取时（0～23）	dObj.getHours()
getMinutes()	获取分（0～59）	dObj.getMinutes()
getSeconds()	获取秒数（0～59）	dObj.getseconds()
getMilliseconds()	获取毫秒数（0～999）	dObj.getMilliseconds()

4）获取时间的总的毫秒数

Date 对象是基于 1970 年 1 月 1 日的毫秒数。我们经常使用总的毫秒数来计算时间，因为它更精确。

通过获取两个日期的毫秒数，我们可以方便地进行时间的计算，例如，计算时间差、添加时间间隔等。下面是一个简单的示例：

```
<script>
// 获取当前时间的毫秒数
const currentTime = new Date().getTime();
console.log(currentTime);
// 获取指定日期的毫秒数（例如：2022 年 1 月 1 日）
const specificDate = new Date(2022, 0, 1).getTime();
console.log(specificDate);
// 计算两个日期之间的时间差（毫秒数）
const timeDifference = specificDate - currentTime;
console.log(timeDifference);
</script>
```

这里，getTime() 方法返回一个 Date 对象的毫秒数表示。通过计算毫秒数的差值，我们可以得到两个日期之间的时间差。这种基于毫秒数的方式，提供了精确的表示时间，有利于进行时间的计算。

3. String 对象

通过前面的学习可知，使用一对单引号或双引号创建的字符类型的数据，可以像对象一样被使用，这是因为这些对象实际上是构造函数 String()的实例，即 String 对象。String 对象提供了一些用于对字符串进行处理的属性和方法，具体如表 2-7 所示。

表 2-7 String 对象的属性和方法

分类	名称	作用
属性	length	获取字符串的长度
方法	charAt(index)	获取 index 位置的字符，位置从 0 开始计算
	indexOf(searchValue)	获取 searchValue 在字符串中首次出现的位置
	lastindexOf(searchValue)	获取 searchValue 在字符串中最后出现的位置
	substring(startl, end)	截取从位置 start 到位置 end 之间的一个子字符串
	substr(start, length)	截取从位置 start 开始，长度为 length 的子字符串

续表

分类	名称	作用
方法	toLowerCase()	获取字符串的小写形式
	toUpperCase()	获取字符串的大写形式
	split(separatorl, limit)	使用 separator 分隔符将字符串分隔成数组，limit 用于限制数量
	replace(str1, str2)	使用 str2 的内容替换字符串中的 str1 部分，返回替换结果

注意：在使用表 2-7 中的方法对字符串进行操作时，处理结果是通过方法的返回值直接获取的，并不会改变 String 对象本身保存的字符串内容。在以上方法的参数中，位置是索引的值，从 0 开始计算，第一个字符的索引为 0，最后一个字符的索引为字符串的长度减 1。

String 对象的使用方法，示例代码如下。

```
var str = 'HelloWorld';
str.length;              // 获取字符串长度，返回结果为 10
str.charAt (5);          // 获取索引位置为 5 的字符，返回结果为 W;
str.indexof('o');        // 获取“o”在字符串中首次出现的位置，返回结果为 4
str.lastIndexOf('o'); // 获取“o”在字符串中最后出现的位置，返回结果为 6
str.substring(5);        // 截取从位置 5 开始到最后一个字符的内容，返回结果为 World
str.substring(5,7);      // 截取从位置 5 开始到位置 7 之间的内容，返回结果为 Wo
str.substr(5);           // 截取从位置 5 开始到最后一个字符的内容，返回结果为 World
str.substr(5,2);         // 截取从位置 5 开始的后面两个字符，返回结果为 Wo
str.tolowerCase();       // 将字符串转换为小写，返回结果为 helloworld
str.toUpperCase();       // 将字符串转换为大写，返回结果为 HELLOWORLD
str.split('1');          // 使用“1”切割字符串，返回结果为['He', '', 'onor', 'd']
str.split('1',3);        // 限制最多切割 3 次，返回结果为['He', ', 'oWor']
str.replace('World', 'JavaScript');//替换字符串，返回结果为'HelloJavaScript'
```

在实际开发中，许多功能的实现都离不开 String 对象提供的属性和方法。例如，在开发用户注册和登录功能时，要求用户名的长度在 3～10，且不允许出现敏感词 admin，示例代码如下。

```
var name = 'Administrator';
if (name.length < 3|| name.length > 10)
{  alert('用户名长度必须在 3~10。');
}
if (name,tolowerCase ().indexOf ('admin') !- -1) {
alert('用户名中不能包含敏感词：admin。'};
```

4．Number 对象

Number 对象用于处理整数、浮点数等数值，常用的属性和方法如表 2-8 所示。

表 2-8　Number 对象的属性和方法

分类	名称	作用
属性	MAX VALUE	在 JavaScnipt 中所能表示的最大数值（静态成员）
	MIN VALUE	在 JavaScript 中所能表示的最小正值（静态成员）
方法	toFixed(digits)	使用定点表示法来格式化一个数值

Number 对象的使用方法，示例代码如下。

```
var num = 12345.6789;
num.toFixed() ;          //四舍五入，不包括小数部分，返回结果为 12346
num.toFixed(1);          // 四舍五入，保留 1 位小数，返回结果为 12345.7
num.toFixed(6);          // 用 0 填充不足的小数位，返回结果为 12345.678900
```

```
Number.MAX VALUE;      // 获取最大值，返回结果为1.7976931348623157e+308
Number.MIN VALUE;      // 获取最小正值，返回结果为5e-324
```

在上述代码中，MAX VALUE 和 MIN VALUE 是直接通过构造函数 Number()进行访问的，而不是使用 Number 的实例对象，因为这两个属性是 Number 的静态成员。

动手实践：日历的制作

动手实践：日历的制作

日历是一种记载全年日期信息的表格，方便人们查阅日期，对旅行规划、行程安排和工作计划等有着重要的作用。

下面将通过编程实现根据指定年份生成日历的功能，日历效果图如图 2-20 所示。

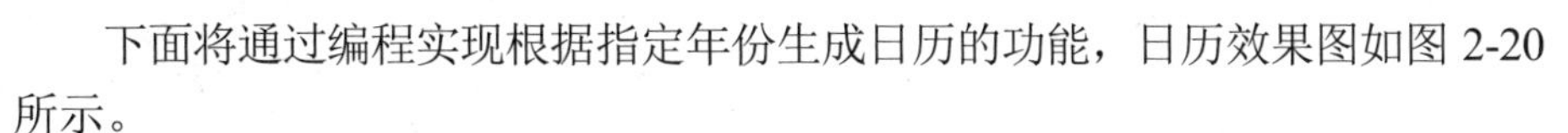

2023 年 1 月

日	一	二	三	四	五	六
1	2	3	4	5	6	7
8	9	10	11	12	13	14
15	16	17	18	19	20	21
22	23	24	25	26	27	28
29	30	31				

2023 年 2 月

日	一	二	三	四	五	六
			1	2	3	4
5	6	7	8	9	10	11
12	13	14	15	16	17	18
19	20	21	22	23	24	25
26	27	28				

2023 年 3 月

日	一	二	三	四	五	六
			1	2	3	4
5	6	7	8	9	10	11
12	13	14	15	16	17	18
19	20	21	22	23	24	25
26	27	28	29	30	31	

2023 年 4 月

日	一	二	三	四	五	六
						1
2	3	4	5	6	7	8
9	10	11	12	13	14	15
16	17	18	19	20	21	22
23	24	25	26	27	28	29
30						

2023 年 5 月

日	一	二	三	四	五	六
	1	2	3	4	5	6
7	8	9	10	11	12	13
14	15	16	17	18	19	20
21	22	23	24	25	26	27
28	29	30	31			

2023 年 6 月

日	一	二	三	四	五	六
				1	2	3
4	5	6	7	8	9	10
11	12	13	14	15	16	17
18	19	20	21	22	23	24
25	26	27	28	29	30	

2023 年 7 月

日	一	二	三	四	五	六
						1
2	3	4	5	6	7	8
9	10	11	12	13	14	15
16	17	18	19	20	21	22
23	24	25	26	27	28	29
30	31					

2023 年 8 月

日	一	二	三	四	五	六
		1	2	3	4	5
6	7	8	9	10	11	12
13	14	15	16	17	18	19
20	21	22	23	24	25	26
27	28	29	30	31		

2023 年 9 月

日	一	二	三	四	五	六
					1	2
3	4	5	6	7	8	9
10	11	12	13	14	15	16
17	18	19	20	21	22	23
24	25	26	27	28	29	30

2023 年 10 月

日	一	二	三	四	五	六
1	2	3	4	5	6	7
8	9	10	11	12	13	14
15	16	17	18	19	20	21
22	23	24	25	26	27	28
29	30	31				

2023 年 11 月

日	一	二	三	四	五	六
			1	2	3	4
5	6	7	8	9	10	11
12	13	14	15	16	17	18
19	20	21	22	23	24	25
26	27	28	29	30		

2023 年 12 月

日	一	二	三	四	五	六
					1	2
3	4	5	6	7	8	9
10	11	12	13	14	15	16
17	18	19	20	21	22	23
24	25	26	27	28	29	30
31						

图 2-20　日历效果图

1．实现思路

（1）利用 prompt()函数接收用户设置的年份。

（2）编写 calendar()函数，根据指定的年份生成日历。

（3）设计并输出日历的显示样式。

（4）获取指定年份的 1 月 1 日的星期值，以及每个月有多少天。

（5）循环遍历每个月的日期。

（6）将日期显示到对应的星期值下面。

2．具体实现

（1）弹出一个输入框，并提示用户输入年份，具体代码如下。

```
1 <script>
2     var year = parseInt(prompt('请输入年份：', '2023'));
3     document.write(calendar(year));
4 </script>
```

（2）编写 calendar()函数，根据指定的年份生成日历，具体代码如下。

```
1 function calendar (y){
```

```
2  var html=' ';
3  return html;
4 }
```

在上述代码中，参数 y 表示指定的年份；变量 html 用于保存字符串拼接的日历生成结果。具体拼接方法将在下一步骤中给出。

（3）在步骤（2）第 2 行代码下方添加如下代码，拼接 12 个月份的表格。

```
1 // 拼接每个月份的表格
2 for (var m = 1; m <= 12; ++m) {
3  html += '<table>';
4  html += '<tr class="title"><th colspan="7">' + y + ' 年 ' + m + ' 月</th></tr>';
5 html += '<tr><td>日</td><td>一</td><td>二</td><td>三</td><td>四</td><td>
6 五</td><td>六</td></tr>';
7 html += '</table>';
8 }
```

为表格添加 CSS 样式，具体代码如下。

```
1 <style>
2      body{text-align:center;}
3      .box{margin:0 auto;width:880px;}
4      .title{background:#ccc;}
5      table{height:200px;width:200px;font-size:12px;text-align:center;
6              float:left;margin:10px;font-family:arial;}
7    </style>
```

运行结果如图 2-21 所示。

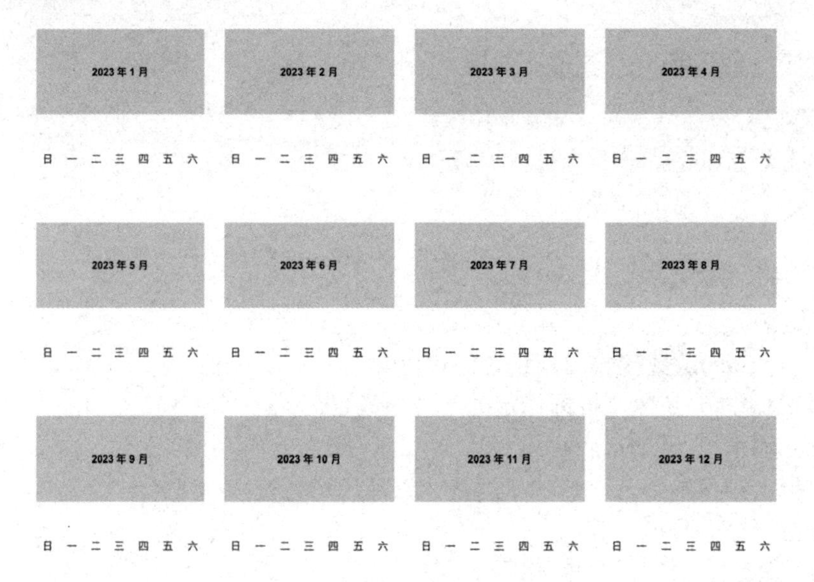

图 2-21　为表格添加 CSS 样式

（4）为了将日期显示到对应星期值的下面，在步骤（2）第 2 行代码上方添加如下代码，实现获取指定年份 1 月 1 日的星期值，并保存到变量 w 中。

```
1 var w = new Date(y,0).getDay();
```

（5）在步骤（3）第 5 行代码的下方添加如下代码，获取每个月共有多少天。

```
1     // 获取月份 m 共有多少天
2      var max = new Date(y, m, 0).getDate();
3      // 从该月份的第 1 天遍历到最后 1 天
```

```
4          for (var d = 1; d <= max; ++d) {
5      // 控制星期值在 0～6 变动
6          w = (w + 1 > 6) ? 0 : w + 1;
7      }
```

按照上述代码修改后，目前代码中共有两个 for 循环语句，外层循环用于遍历月份，内层循环用于遍历每一天。在循环体中可以通过变量 w 获取当前的星期值。

（6）将每一天的数字拼接到表格中，但在拼接前，需要考虑给定月份的第 1 天是否为星期日，如果不是，则需要填充空白单元格，并且在拼接到周六时，需要考虑那一天是否为当月的最后一天，如果不是，则需要换到下一行。接下来将步骤（5）中的第 3～7 行代码修改为如下代码，实现每月日期的拼接。

```
1 html += '<tr>';                           // 开始<tr>标签
2     for (var d = 1; d <= max; ++d) {
3         if (w && d == 1) {  // 如果该月的第 1 天不是星期日，则填充空白单元格
4             html += '<td colspan="' + w + '"> </td>';
5         }
6        html += '<td>' + d + '</td>';
7         if (w == 6 && d != max) { // 如果星期六不是该月的最后一天，则换行
8             html += '</tr><tr>';
9         } else if (d == max) {    // 如果是该月的最后一天，则使用闭合<tr>标签
10             html += '</tr>';
11          }
12          w = (w + 1 > 6) ? 0 : w + 1;
13     }
```

在上述代码中，第 3～5 行使用合并单元格的方式填充空白，将当前的星期值作为需要合并的列数；第 6 行用于拼接当前星期的日期；第 7～11 行用于判断是否需要换行或完成每月最后一个星期的完整拼接。

疑难解惑

在输出数组元素时，为什么总是不能正确输出想要的数值呢？

在输出数组元素值时，一定要注意输出语句中定义的数组元素的索引是否正确，因为数组元素的索引是从 0 开始的。例如，想要输出数组中的第 3 个元素，则其索引为 2。另外，在输出语句中定义数组元素的索引时，一定不能超过数组元素的个数，否则就会输出未知值 undefined。这是很多初学者容易犯的错误。

小结

本项目主要是对数组和对象的内容进行讲解。关于数组：首先介绍了数组的概念和分类，然后讲解了数组的创建、访问、遍历等基础操作，接着通过案例巩固加强了学生对数组的认识，最后讲解了数组中的常用方法，并将实际开发中常用的功能以案例的形式呈现，深化学生对数组的理解。关于对象：首先讲解了面向对象的基本概念，然后讲解了如何自定义对象及使用内置对象，最后通过制作日历这一案例，将所讲知识相结合，使学生体会面向对象编程的优势。

课后练习

一、填空题

1．数组由一个或多个＿＿＿＿＿＿＿组成。

2．数组的索引在默认情况下从＿＿＿＿＿开始，依次递增加 1。

3．数组有两种创建方式，一种是使用 Array 对象创建数组，另一种是使用＿＿＿＿＿。

4．使用＿＿＿＿＿可以获取数组的长度。

5．Array 对象的＿＿＿＿＿方法，用于在数组末尾添加一个或多个元素。

二、判断题

1．在使用“[]”创建数组时，不能创建含有空存储位置的数组。（　　）

2．使用关键字 delete 删除数组中的元素后，该元素会占用一个空存储位置。（　　）

3．对象是由属性和方法组成的一个集合。（　　）

4．对象中未赋值的属性的值为 undefined。（　　）

5．obj.name 和 obj['name']访问到的是同一个属性。（　　）

三、选择题

1．下列选项中，关于创建数组的方式错误的是（　　）。

A．使用关键字 new 创建数组，例如：int[] arr = new int[5];

B．使用初始化列表创建数组，例如：int[] arr = {1, 2, 3, 4, 5};

C．使用 Arrays.asList()方法创建数组，例如：int[] arr = Arrays.asList(1, 2, 3, 4, 5);

D．使用 Array.newInstance()方法创建数组，例如：int[] arr = (int[]) Array.newInstance (int.class, 5);

2．下列选项中，关于数组的描述错误的是（　　）。

A．可以使用“数组名.length”获取数组的长度

B．使用 for 循环语句可以实现数组的遍历

C．添加数组元素时，必须按照索引顺序添加

D．修改数组元素与添加数组元素的语句写法相同

3．执行代码“var arr = [1, 2, 3]; arr.length = 4”后，arr.length 的值为（　　）。

A．1　　B．2　　C．3　　D．4

4．下列选项中，用于获取从 1970-01-01 00:00:00 到 Date 对象所代表时间的毫秒数的方法是（　　）。

A．getTime()　　B．setTime()　　C．getFullYear()　　D．getMonth()

5．下列选项中，用于删除数组中第一个元素的方法是（　　）。

A．pop()　　B．unshift()　　C．shift()　　D．push()

四、简答题

1．列举两种用于实现数组排序的算法。

2．列举 Array 对象中用于添加或删除数组元素的常用方法。

项目 3

文档对象模型与浏览器对象模型

能力目标

文档对象模型（DOM）与浏览器对象模型（BOM）是 Web 前端技术的核心，它们是处理网页元素和实现信息交互的重要工具。DOM 是处理 HTML 文档的标准技术，它允许 JavaScript 动态地访问和更新页面的内容、结构和样式。BOM 主要包括窗口、浏览器程序、屏幕、地址、历史和文档等对象，用于控制浏览器窗口的行为和特征，尽可能满足用户需求。学习使用 DOM 和 BOM，可以提升自身技术能力，侧面反映了社会对知识、文化的传承和保护态度，以及对人民需求的关注。因此，在技术发展的同时，应保持对文化传承和用户体验的高度重视，实现更丰富、动态及交互性更强的网页设计。

知识目标

- 了解 DOM 的基本概念和作用。
- 掌握获取和操作 HTML 元素与样式的方法。
- 掌握 DOM 节点的常见操作，如创建、插入、删除等。
- 掌握常用事件的调用和事件处理程序的代码编写方法。
- 熟悉 BOM 的组成结构，包括 window、navigator、screen 等对象。
- 掌握计时器的创建、启动和停止方法，以及计时器的应用场景。
- 熟悉 window 对象的几种常用方法和属性，如 alert()、confirm()、prompt()等。

技能目标

- 能够使用 DOM 操作 HTML 文档，实现页面元素的动态修改和交互效果。
- 能够熟练使用事件处理程序，实现用户与页面的交互操作。
- 能够使用 BOM 对象实现对浏览器窗口和标签页的控制，以及对浏览器信息的获取。
- 能够使用计时器实现对定时任务的执行和控制，提高程序的可维护性和可扩展性。
- 能够使用 window 对象提供的属性和方法，实现页面的跳转、关闭、提示等操作。

素养目标

- 培养学生对 Web 前端的兴趣，使学生能够积极探索并学习新技术。
- 培养学生解决问题的能力和创新意识，使学生能够独立思考并解决实际开发中的问题。
- 培养学生的团队合作意识和沟通能力，使学生能够与团队成员有效沟通，并协同完成项目任务。
- 培养学生良好的编码习惯和代码规范意识，提高代码的可读性和可维护性。

任务 3.1　文档对象模型

3.1.1　什么是 DOM

DOM 全称为 Document Object Model，即文档对象模型。JavaScript 通过 DOM 对 HTML 文档进行操作，只要理解了 DOM 就可以操作 Web 页面。

DOM 是一种与浏览器、平台和语言均无关的接口，它使得用户可以访问页面中的其他标准组件。一般地，支持 JavaScript 的浏览器都支持 DOM。DOM 以树形结构表示 HTML 文档，定义了遍历该树及检查、修改树的节点的方法和属性。

- 文档：表示整个 HTML 网页。
- 对象：表示将网页中的各部分分别转换为对象。
- 模型：表示对象之间的关系，方便用户获取对象。

3.1.2　什么是 DOM HTML

DOM HTML 是指 DOM 中为操作 HTML 文档而提供的属性和方法。文档（document）表示 HTML 文档，其中的标签称为元素（element），文档中的所有内容称为节点（node）。因此，一个 HTML 文档可以看作是所有元素组成的一棵节点树，各元素节点之间的层级划分如图 3-1 所示。

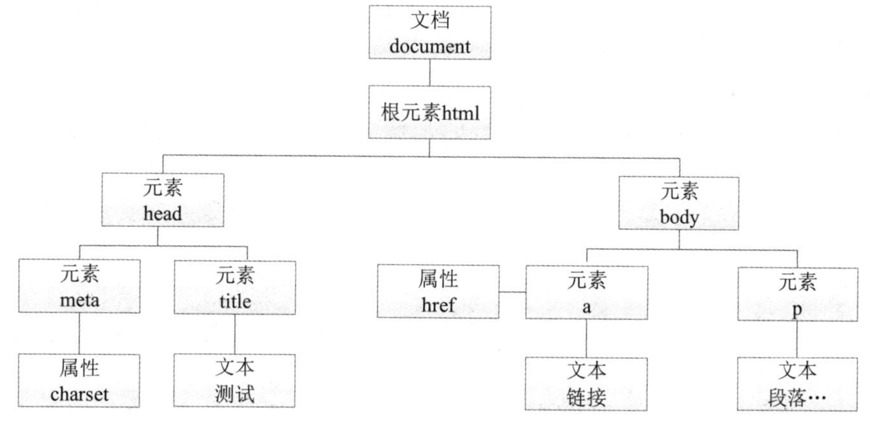

图 3-1　元素节点之间的层级划分

在 DOM 中，HTML 文档的节点被视为各种类型的节点对象。每个节点对象都有自己的属性和方法，节点是构成网页的最基本的部分，网页中的每一个部分都可以称为一个节点。比如，HTML 标签、属性、文本、注释，甚至整个文档等都是一个节点。节点树中各个节点之间的关系如图 3-2 和图 3-3 所示。

下面以 head、body 和 html 节点为例进行介绍。

```
<html>
  <head>
    <title>DOM 教程</title>
  </head>
  <body>
    <h1>DOM 第一课</h1>
    <p>Hello world!</p>
  </body>
</html>
```

图 3-2　节点树中各个节点之间的关系（1）

由上面的HTML文档可知：

- html 节点没有父节点，它是根节点。
- head 和 body 节点的父节点是 html 节点。
- 文本节点 "Hello world!" 的父节点是 p 节点。

并且：

- html 节点拥有两个子节点：head 和 body 节点。
- head 节点拥有一个子节点：title 节点。
- title 节点拥有一个子节点：文本节点 "DOM 教程"。
- h1 和 p 节点是兄弟节点，同时也是 body 的子节点。

- head 节点是 html 节点的首个子节点。
- body 节点是 html 节点的最后一个子节点。
- h1 节点是 body 节点的首个子节点。
- p 节点是 body 节点的最后一个子节点。

图 3-3　节点树中各个节点之间的关系（2）

（1）根节点：html 元素是整个文档的根节点，有且仅有一个。

（2）子节点：指的是某一个节点的下级节点，如 head 和 body 节点是 html 节点的子节点。

（3）父节点：指的是某一个节点的上级节点，如 html 节点是 head 和 body 节点的父节点。

（4）兄弟节点：两个节点同属于一个父节点，如 head 和 body 节点互为兄弟节点。

通过节点的属性和方法可以遍历整棵节点树。虽然统称节点，但实际上它们的具体类型是不同的，如标签被称为元素节点，属性被称为属性节点，文本被称为文本节点，文档被称为文档节点。节点的类型不同，属性和方法也就不同。通过 DOM HTML，树中的所有节点均可通过 JavaScript 进行访问。所有 HTML 节点（元素）均可被修改、创建或删除。

节点是构成 HTML 文档的最基本单元，常用节点可分为以下 4 类。

1）文档节点

（1）document 表示整个 HTML 文档，文档中的所有节点都是它的子节点。

（2）document 对象作为 window 对象的属性存在，不用获取就可以直接使用。

（3）通过 document 对象可以在整个文档中查找节点对象，并创建各种节点对象。

2）元素节点

（1）HTML 文档中的各种标签都是元素节点，这是最常用的一个节点。

（2）浏览器会将 HTML 文档中所有的标签都转换为元素节点，可以通过 document 对象的方法来获取元素节点。例如：

```
<p>你好！<b>欢迎来到 Web 课堂<b></p>
```

在上述语句中，<p>标签和<b>标签都属于元素节点。

3）文本节点

（1）文本节点表示除 HTML 标签以外的文本内容，任意非 HTML 标签的文本都是文本节点。

（2）文本节点一般是作为元素节点的子节点存在的。

（3）在获取文本节点时，一般要先获取元素节点，再通过元素节点获取文本节点。例如：

```
<p>你好！<b>欢迎来到 Web 课堂<b></p>
```

在上述语句中，包含了“你好！”和“欢迎来到 Web 课堂”两个文本节点。

4）属性节点

（1）属性节点表示标签中的一个属性，这里需要注意的是，属性节点并非元素节点的子节点，而是元素节点的一部分。

（2）可以通过元素节点获取指定的属性节点。例如：

```
<div id="box"></div>
<h1 class="d_title"></h1>
```

在上述语句中，id="box" 和 class="d_title"都属于属性节点。

注意：我们一般不使用属性节点。

3.1.3 HTML 元素操作

在 DOM 中，HTML 文档的各个组成部分都被视为不同类型的节点对象。每个节点对象都具有其特有的属性和方法，通过这些属性和方法，我们可以遍历整棵文档树。

1. 元素的获取

document 对象提供了一些用于查找元素的方法，使用这些方法可以根据元素的 id、name、class 属性及标签名来获取需要操作的元素。查找元素的方法如表 3-1 所示。

表 3-1 查找元素的方法

方法	说明
document.getElementById()	用于返回对拥有指定 id 的第一个对象的引用
document.getElementByName()	用于返回带有指定名称的对象集合
document.getElementByClassName()	用于返回带有指定类名的对象集合
document.getElementByTagName()	用于返回带有指定标签名的对象集合

获取元素的方法如例 3-1 所示。在示例中，在勾选复选框中的内容后，单击“显示结果”按钮，被选中的内容就会被添加在 div 框中，具体代码如下。

【例 3-1】example3-1.html

```
<!DOCTYPE html>
<html>
  <head>
    <title>获取元素</title>
    <style type="text/css">
      #result{width:400px;border:2px solid #CC3366;
            line-height:24px;padding-top:5px;
            padding-left:5px;font:11pt;color:gray;
            font-weight:bold;display:none;margin:0 auto}
      body{text-align:center}
  </style>
  <script type="text/javascript">
    function showResult(){
       var result = document.getElementById("result");
    var str = "";
    var objs = document.getElementsByTagName("input");
       for(var i = 0 ; i < objs.length ; i++){
       if(objs[i].type == "checkbox" && objs[i].checked)
          str += objs[i].value +"<br/>";
```

```
    }
    result.innerHTML = str;
    result.style.display= "block";
}
    </script>
  </head>
  <body >
兴趣爱好:<input type="checkbox" value="读书" checked="checked" name="favourite"/>读书
    <input type="checkbox" value="篮球" name="favourite"/>篮球
    <input type="checkbox" value="音乐" name="favourite"/>音乐
    <input type="checkbox" value="电影"name ="favourite"/>电影
    <input type="checkbox" value="画画"name ="favourite"/>画画
    <input type="button" value="显示结果" onClick="showResult()"/>
    <div id="result">
    </div>
  </body>
</html>
```

运行结果如图 3-4 所示，单击“显示结果”按钮，被勾选的选项均添加在 div 框中。

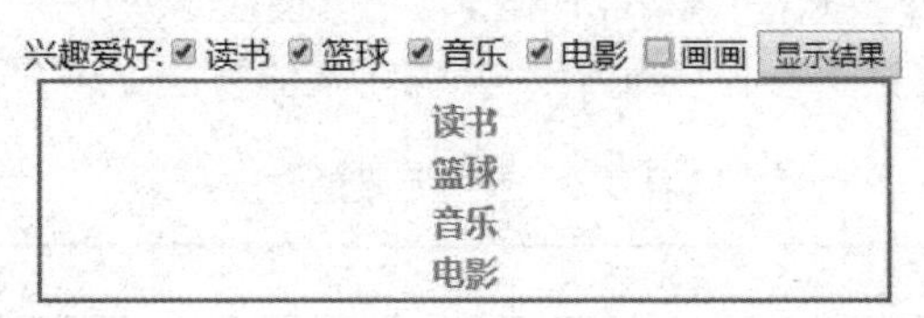

图 3-4　元素的获取

2. 元素的内容

在 JavaScript 中，如果要对获取的元素内容进行操作，则可以利用 DOM 提供的属性和方法实现，其中常用的属性和方法如表 3-2 所示。

表 3-2　对获取的元素内容进行操作的属性和方法

分类	名称	说明
属性	innerHTML	用于设置或返回元素开始和结束标签之间的 HTML
	innerText	用于设置或返回元素中去除所有标签的文本内容
	textContent	用于设置或返回指定节点的文本内容
方法	document.write()	用于向文档写入指定的内容
	document.writeln()	用于向文档写入指定的内容并换行

对页面中元素内容的操作如例 3-2 所示，具体代码如下。

【例 3-2】example3-2.html

```
<!DOCTYPE html>
<html>
  <head>
    <meta http-equiv="Content-Type" content="text/html; charset=utf-8" />
    <title>元素的内容</title>
  </head>

  <body>
    <div id="test">
     <p style="color:red">欢迎来到我的课堂</p>
```

```
    </div>
    <p><a href="javascript:alert(test.innerHTML)">innerHTML 内容</a></p>
    <p><a href="javascript:alert(test.innerText)">innerText 内容</a></p>
    <p><a href="javascript:alert(test.textContent)">outerHTML 内容</a></p>
  </body>
</html>
```

运行结果如图 3-5 所示。当单击“innerHTML 内容”超链接时，会弹出如图 3-6 所示的内容；当单击“innerText 内容”超链接时，会弹出如图 3-7 所示的内容；当单击“outerHTML 内容”超链接时，会弹出如图 3-8 所示的内容。

图 3-5　元素的内容

图 3-6　innerHTML 内容

图 3-7　innerText 内容

图 3-8　outerHTML 内容

如果要设置文本内容，则可以使用 innerText、textContent 或 innerHTML 属性，推荐使用 innerHTML 属性。

3．元素属性

为了方便 JavaScript 获取、修改和遍历指定 HTML 元素的相关属性，DOM 提供了对其进行操作的属性和方法，具体如表 3-3 所示。

表 3-3　操作元素属性的属性和方法

分类	名称	说明
属性	attribute	用于返回一个元素的属性集合
方法	setAttribute(name,value)	用于设置或改变指定属性的值
	getAttribute(name)	用于返回指定元素的属性值
	removeAttribute(name)	用于从元素中删除指定的属性

对元素属性的操作如例 3-3 所示，使用 setAttribute()方法为 id="demo"的 div 元素添加样式，使用 getAttribute()方法获取 id="text"的 id 名称，并将其显示在 div 框中，具体代码如下。

【例 3-3】 example3-3.html

```
<!DOCTYPE html>
<html>
  <head>
    <meta http-equiv="Content-Type" content="text/html; charset=utf-8" />
```

```
      <title>getAttribute()方法的使用</title>
    </head>
    <body>
      <p id="text">请单击按钮将段落的 id 名称显示在 div 框中。</p>
      <div id="demo"></div>
      <button onClick="myFunction()">试一下</button>
    <script>
      function myFunction(){
          document.getElementById("demo").setAttribute("style","width:100px;
                height:50px;border:2px solid red");
          var t =document.getElementsByTagName("p")[0];
          document.getElementById("demo").innerHTML=t.getAttribute("id");
                              }
    </script>
  </body>
</html>
```

运行结果如图 3-9 所示。当单击“试一下”按钮时，会显示一个 div 框，且 id="text"的段落显示在了 div 框内，如图 3-10 所示。

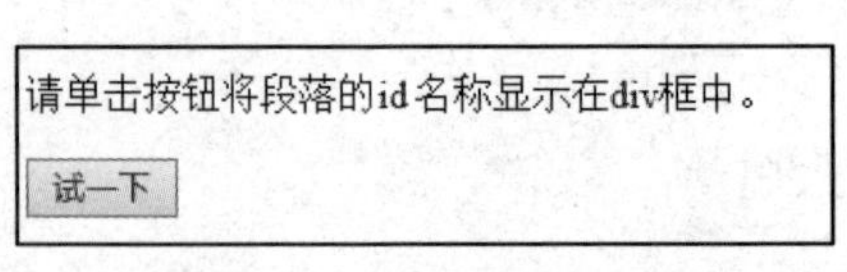

图 3-9　对元素属性的演示

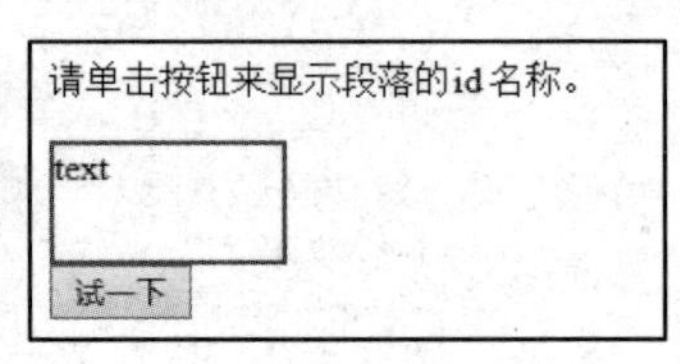

图 3-10　显示属性值

3.1.4　DOM 节点操作

由于 HTML 文档的复杂性，DOM 定义了 nodeType 来表示节点的类型。DOM 通过引入 nodeType 来表示 HTML 文档中不同节点的类型。由于 HTML 文档的复杂性，每个节点都被赋予一个特定的 nodeType，以便识别和操作。DOM 提供了丰富的节点操作方法，具体如表 3-4 所示。

表 3-4　节点操作方法

方法	说明
appendChild()	用于将新的子节点添加到指定节点中
removeChild()	用于删除子节点
replaceChild()	用于替换子节点
insertBefore()	用于在指定的子节点前插入新的子节点
createAttribute()	用于创建属性节点
createElement()	用于创建元素节点
createTextNode()	用于创建文本节点
getAttribute()	用于返回指定的属性值
setAttribute()	用于将属性设置或修改为指定的值

上述节点的具体用法如例 3-4 所示，具体代码如下。

【例 3-4】example3-4.html

```
<!DOCTYPE html>
```

```
<html xmlns="http://www.**.org/1999/xhtml">
  <head>
    <meta http-equiv="Content-Type" content="text/html; charset=utf-8" />
    <title>创建新元素</title>
    <style type="text/css">
    #div1{width:300px;height:150px;background:#F6F;
          line-height:25px; text-align:center; padding-top:5px;}
    </style>
  </head>
  <body>
    <div id="div1">
      <p id="p1">这是一个段落</p>
      <p id="p2"><b>这是</b>另外一个段落</p>
    </div>
    <script>
      var para=document.createElement("p");//创建了一个新的p元素
      var node=document.createTextNode("这是一个新添加的段落");//创建文本节点
      //如需向p元素添加文本，则首先要创建文本节点，然后向p元素追加文本节点，最后向已有元素追加新元素
      para.AppendChild(node);//追加文本节点
      var element=document.getElementById("div1");//查找已有元素
      element.AppendChild(para);//向已有元素追加新元素
      document.getElementById("p1").innerHTML="New text!";
      var parent= document.getElementById("div1");
      var  child = document.getElementById("p2");
      parent.removeChild(child);//从父元素中删除子元素
    </script>
  </body>
</html>
```

运行结果如图 3-11 和图 3-12 所示，处于原始状态时 div 框中有两个段落，首先使用创建节点的方法，创建了一个新的段落，然后使用 AppendChild()方法将新的段落添加到 div 框内，接着通过 innerHTML 属性修改了 id 属性值为 p1 的文本内容，最后使用 removeChild()方法删除了 id 属性值为 p2 的段落。

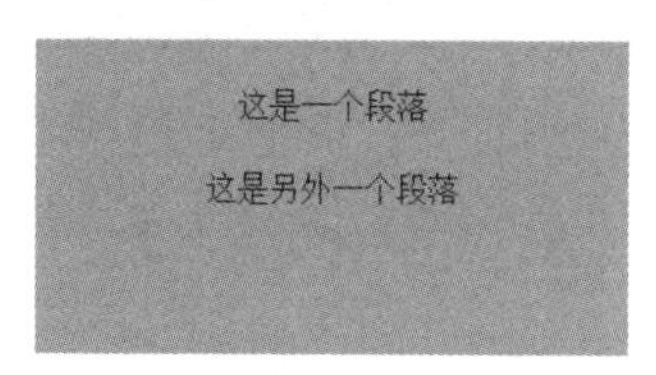

图 3-11 对节点的操作

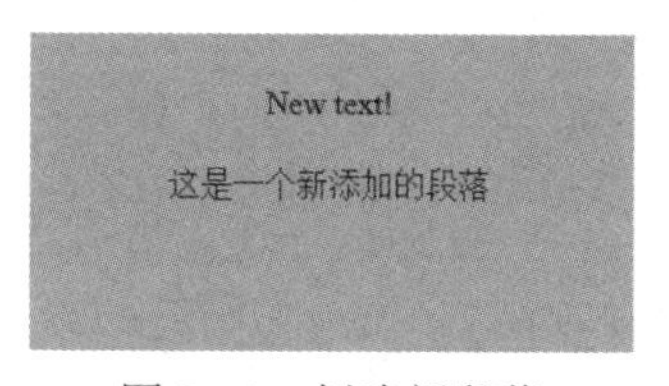

图 3-12 创建新段落

3.1.5 事件处理

JavaScript 是基于对象的语言，而基于对象的基本特征就是采用事件驱动，而事件是指用户在访问页面时执行的操作。当浏览器探测到一个事件时（如单击鼠标或按下按键），它可以触发与这个事件关联的 JavaScript 对象，即事件处理。

事件处理是指与事件关联的 JavaScript 对象，当与页面特定部分关联的事件发生时，事件处理器就会被调用。事件处理的过程通常分为 3 步，具体步骤如下。

（1）发生事件。

（2）启动事件处理程序。

（3）事件处理程序做出反应。

JavaScript 事件驱动中的事件是由鼠标或按键的动作引发的，主要有如下几个事件。

1．鼠标事件

鼠标事件通过鼠标动作触发，鼠标事件有很多，常用的 JavaScript 鼠标事件如表 3-5 所示。

表 3-5　常用的 JavaScript 鼠标事件

事件	说明
onClick	鼠标单击时触发的事件
ondbclick	鼠标双击时触发的事件
onmousedown	鼠标按下时触发的事件
onmouseup	鼠标弹起时触发的事件
onmousemove	鼠标指针移动时触发的事件
onmouseover	鼠标指针移动到某个设置了此事件的元素上时触发的事件
onmouseout	鼠标指针从某个设置了此事件的元素上离开时触发的事件

鼠标事件的具体用法如例 3-5 所示，这里使用鼠标移动事件 onmousemove 在文档中插入标题、段落和图片。当每次移动鼠标指针时，都会获取最新的鼠标指针坐标，把获取的 *x* 和 *y* 坐标作为图片的 top 和 left 值就可以实现图片的移动，具体代码如下。

【例 3-5】example3-5.html

```
<!DOCTYPE html>
<html>
    <head>
        <meta charset="utf-8" />
        <title></title>
        <style type="text/css">
        img{ position: absolute;
             top: 2px;}
        </style>
    </head>
    <body>
        <h2> 时光荏苒，白驹过隙。</h2>
        <p>在这个迅速变化的时代里</p>
        <p>人人都在与时间赛跑</p>
        <p>人人都在努力成为更好的自己</p>
        <img  id="img1" src="img/pic4.png" width="100" height="100" />
        <script type="text/javascript">
            var pic = document.getElementById('img1');
            document.addEventListener('mousemove',function(e){
                var x = e.pageX;
                var y = e.pageY;
                pic.style.left = x- 50 + 'px';
                pic.style.top = y - 40 + 'px';
            });
        </script>
    </body>
</html>
```

初始效果如图 3-13 所示。当移动鼠标指针时，图片会跟随鼠标指针移动，效果如图 3-14 和图 3-15 所示。

图 3-13　初始效果

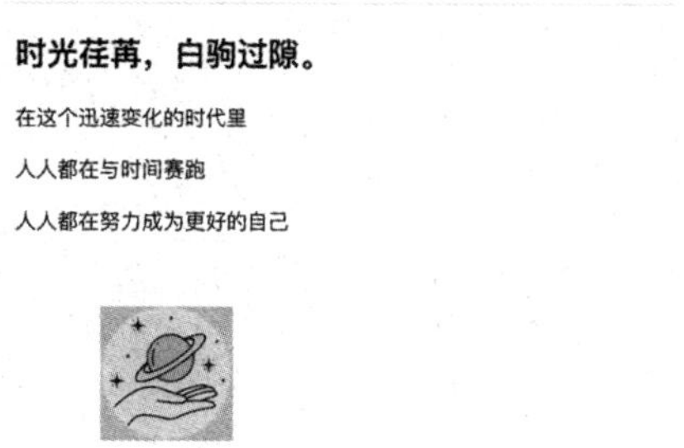

图 3-14　移动鼠标指针效果（1）

图 3-15　移动鼠标指针效果（2）

2．键盘事件

键盘事件是指通过键盘动作触发的事件，常用于检查用户向页面输入的内容。例如，用户在购物车中输入商品数量时，可以使用 onkeyup 事件检查用户输入的数量是否合法。常见的键盘事件如表 3-6 所示。

表 3-6　常见的键盘事件

事件	说明
onkeydown	键盘上的某个按键被按下时触发的事件
onkeyup	键盘上的某个按键被按下后弹起时触发的事件
onkeypress	键盘上的某个有效的字符按键被按下时触发的事件

键盘事件的具体用法如例 3-6 所示。在该示例中定义了一个 checkNum()方法，该方法的作用是检查用户输入的内容是否合法，即如果输入的内容不是正整数，则弹出错误提示框，具体代码如下。

【例 3-6】example3-6.html

```
<!DOCTYPE html>
<html>
  <head>
    <meta http-equiv="Content-Type" content="text/html; charset=utf-8" />
    <title>键盘事件</title>
    <style type="text/css">
    *{ padding:0;
       margin:0;
         list-style:none;}
  #box{ margin:20px auto;
```

```
        border:1px solid #000;
        background:#eee;
        width:300px;}
    ul{ height:50px;
        line-height:50px;
         margin-top:20px;}
    li{  text-align:center;
        float:left;
        width:100px;
        line-height:20px;}
    #num{ width:50px;}
  </style>
  <script type="text/javascript">
    function checkNum(obj){
      var num = Number(obj.value);
      if(!num){ alert('请输入正确的数字');}
        }
    </script>
  </head>
  <body>
    <div id="box">
      <ul>
        <li>商品</li>
        <li>数量</li>
        <li>单位</li>
      </ul>
      <ul>
        <li>图书</li>
        <li><input type="text" id="num" onkeyup="checkNum(this)" /></li>
        <li>册</li>
      </ul>
    </div>
  </body>
</html>
```

当输入的内容是正整数时，正常显示，如图 3-16 所示；当输入的内容不是正整数时，弹出错误提示框，如图 3-17 所示。

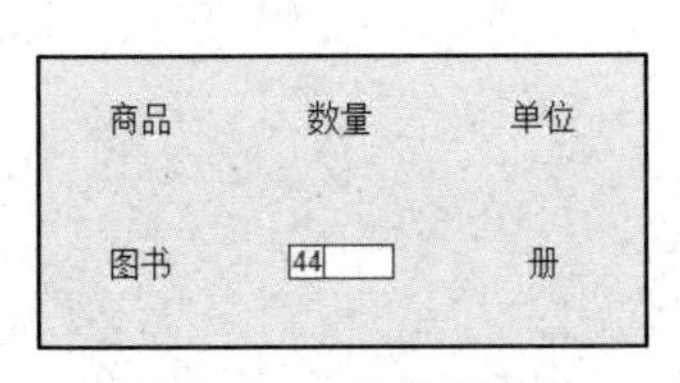

图 3-16　正常显示

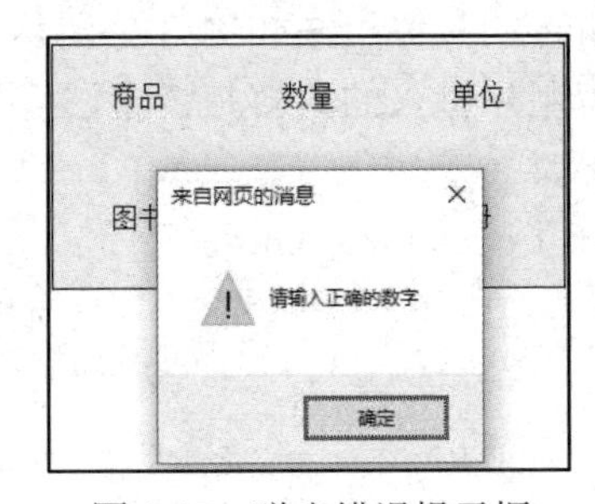

图 3-17　弹出错误提示框

3．表单事件

表单事件是指通过表单触发的事件。常见的表单事件如表 3-7 所示。

表 3-7 常见的表单事件

事件	说明
onfocus	当某个元素获得焦点时触发的事件
onblur	当前元素失去焦点时触发的事件
onchange	当前元素失去焦点且元素内容发生改变时触发的事件
onreset	当表单被重置时触发的事件
onsubmit	当表单被提交时触发的事件

下面介绍表单事件的具体用法如例 3-7 所示，当表单获得焦点时，表单内的文本字体变大并显示为斜体；当表单失去焦点时，表单内的文本字体大小变为初始值，但仍显示为斜体。

【例 3-7】 example3-7.html

```
<!DOCTYPE html>
<html>
  <head>
    <meta http-equiv="Content-Type" content="text/html; charset=utf-8" />
    <title>表单事件</title>
  </head>
  <body>
    用户名：<input  type="text"  size="20"  value="姓名"   onfocus="txtFocus(this)"
onblur= "txtBlur(this)"  /><br /><br />
  密    码：<input type="password" size="20" value="密码" onfocus=
"txtFocus(this)"  onblur="txtBlur(this)" onchange="txtChange"  /><br /><br />
    <input type="button" value="登录" />
    <script type="text/javascript">
      function txtFocus(obj){ obj.style.fontSize ="36px"    }
      function txtBlur(obj){ obj.style.fontStyle= 'italic';}
    </script>
  </body>
</html>
```

运行结果如图 3-18、图 3-19 和图 3-20 所示。图 3-18 所示为未获得焦点的状态，图 3-19 所示为获得焦点的状态，图 3-20 所示为失去焦点的状态。

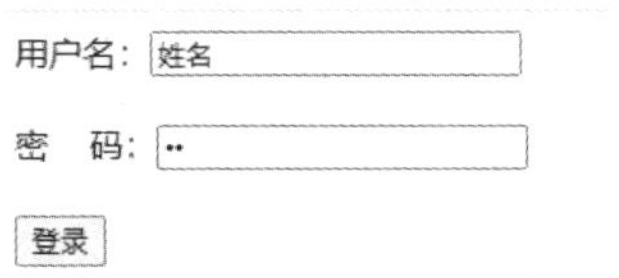

用户名：姓名

密　码：••

登录

图 3-18 未获得焦点的状态

用户名：*姓名*

密　码：••

登录

图 3-19 获得焦点的状态

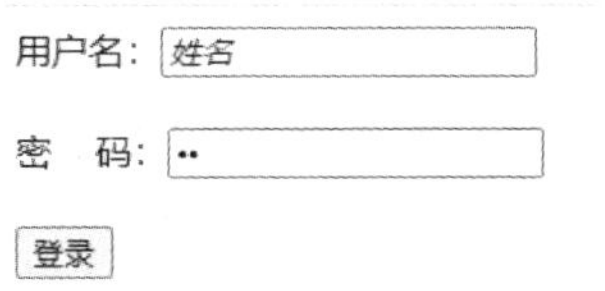

用户名：*姓名*

密　码：••

登录

图 3-20 失去焦点的状态

动手实践：动态添加课程

动手实践：动态添加课程

动态添加信息的功能在网页表单中经常用到，在此以添加课程为例，使用 JavaScript 实现动态效果。在文本框中输入课程信息，随后单击“增加课程”按钮，文本框中的内容将会被添加到右侧的下拉菜单中。

1．基本 HTML 标签的实现

首先创建一个按钮，使其响应 onClick 事件，在此将 onClick 属性值设置为“addCourseName()”，然后创建一个标签和一个文本框，最后创建一个下拉菜单，具体代码如下。

```
<body>
  <input type="button" value="增加课程" onClick="addCourseName()" />
  <label>请输入课程名称</label><input type="text" id="CourseName" />
  <select id="course"></select>
</body>
```

2．动态效果的实现

编写响应 onClick 事件的 addCourseName()函数，首先查找文本框，然后创建下拉菜单中的选项，最后获取文本框内的值，并将其以子节点的形式添加到下拉菜单中，具体代码如下。

```
<!DOCTYPE html>
<html>
  <head>
    <meta http-equiv="Content-Type" content="text/html; charset=utf-8" />
    <title>动态添加课程</title>
    <script type="text/javascript">
      function addCourseName(){
           var courseobj = document.getElementById("CourseName");
           var course = document.createElement("option");
           course.innerText = courseobj.value;
           document.getElementById("course").AppendChild(course);
           }
    </script>
  </head>
  <body>
    <input type="button" value="增加课程" onClick="addCourseName()" />
    <label>请输入课程名称</label><input type="text" id="CourseName" />
    <select id="course"></select>
  </body>
</html>
```

首先在文本框内输入课程名称，然后单击“增加课程”按钮，所输入的课程信息就会被添加到右侧的下拉菜单中，效果如图 3-21 和图 3-22 所示，图 3-21 所示为原始状态，图 3-22 所示为实现动态添加后的状态。

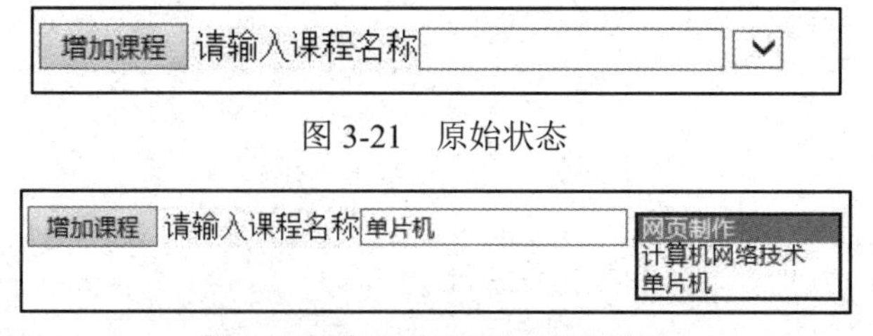

图 3-21　原始状态

图 3-22　实现动态添加后的状态

任务 3.2 浏览器对象模型

JavaScript 除了可以访问本身内置的各种对象，还可以访问浏览器提供的对象。通过对这些对象进行访问，可以获得当前网页及浏览器本身的一些信息，并完成相关操作。

JavaScript 中的浏览器对象模型（Browser Object Model，BOM）是指一组用于在实际开发中操作浏览器窗口和窗口上的控件的 JavaScript 内置对象。这些对象允许开发人员通过 JavaScript 与浏览器进行交互，实现用户与页面之间的动态互动。

浏览器提供了一系列内置对象，这些对象按照一定的层次组织形成了一个模型，统称为浏览器对象模型。通过这些对象，开发人员可以访问和控制浏览器窗口的各个方面，包括窗口的大小、位置、浏览历史、用户代理信息等。这使得开发人员能够以编程的方式操作用户界面，实现动态交互。

各个内置对象之间按照某种层次组织起来的模型，统称为浏览器对象模型，如图 3-23 所示。

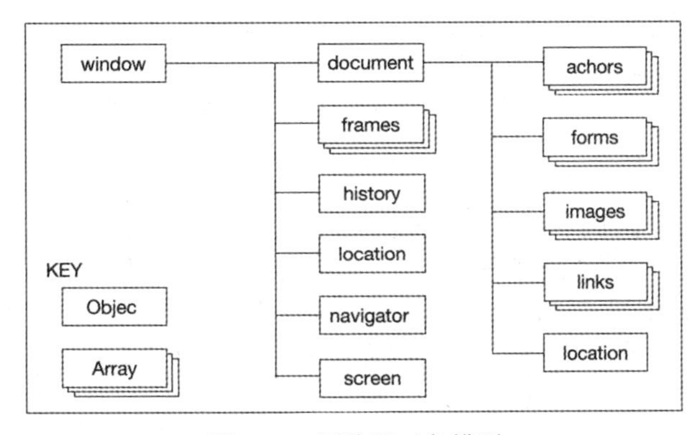

图 3-23 浏览器对象模型

从图 3-23 中可以看出，window 对象是 BOM 的顶层对象，又称核心对象，其他对象都是以属性的方式添加到 window 对象下的，也可以称为 window 对象的子对象。

（1）document 文档对象：又称 DOM 对象，是 HTML 文档中当前窗体的内容，也是 JavaScript 重要的组成部分之一。

（2）history 历史对象：用于保存浏览器的访问记录，也就是浏览器的前进与后退功能。

（3）location 地址栏对象：用于获取当前浏览器中地址栏内的相关数据。

（4）navigator 浏览器对象：用于获取浏览器的相关数据，如浏览器的名称、版本等信息，也称为浏览器的嗅探器。

（5）screen 屏幕对象：用于获取与屏幕相关的数据，如屏幕的分辨率、坐标信息等。

3.2.1 window 对象

window 对象在客户端中扮演着重要的角色，它是客户端程序的全局（默认）对象，也是客户端对象层次的根节点，还是 JavaScript 中最大的对象。window 对象描述的是一个浏览器窗口，表示浏览器中被打开的窗口。window 对象的常用属性和方法如表 3-8 所示。

表 3-8 window 对象的常用属性和方法

分类	名称	说明
属性	closed	用于返回一个布尔值，该值声明了窗口是否已经关闭

续表

分类	名称	说明
属性	name	用于设置或返回存放窗口名称的字符串
	opener	用于返回对创建该窗口的 window 对象的引用
	parent	用于返回当前窗口的父窗口
	self	对当前窗口的引用，等价于 window 属性
	top	用于返回顶层的父窗口
方法	alert()	用于显示带有一段消息和一个确认按钮的提示对话框
	confirm()	用于显示带有一段消息，以及确认按钮和取消按钮的确认对话框
	prompt()	用于显示提示用户输入的对话框
	open()	用于打开一个新的浏览器窗口或查找一个已命名的窗口
	close()	用于关闭浏览器窗口
	focus()	用于将键盘焦点给予一个窗口
	print()	用于输出当前窗口的内容
	scrollBy()	用于按照指定的像素值滚动内容
	scrollTo()	用于将内容滚动至指定的坐标

3.2.2 窗口的操作

打开浏览器时，在页面中单击一个链接或按钮会弹出一个窗口，该窗口通常会显示一些注意事项、版权信息、警告、欢迎光临等提示信息或开发人员想要表达的信息。实现弹出窗口功能需要用到 window 对象的 open()方法。open()方法用于打开一个新的浏览器窗口或查找一个已命名的窗口，该方法提供了许多可供用户选择的参数，其语法格式如下。

```
open (URL, name, space, replace)
```

- URL：用于指定新窗口要打开网页的 URL。若没有指定，则打开一个空白窗口。
- name：用于指定被打开的新窗口的名称，name 可选值如表 3-9 所示。
- space：用于设置浏览器窗口的特征（如大小、位置、滚动条等），多个特征之间使用逗号分隔，space 可选参数如表 3-10 所示。
- replace：若将 replace 设置为 true，则表示替换浏览器历史记录中的当前条目；若将 replace 设置为 false（默认值），则表示在浏览器历史记录中创建新的条目。

表 3-9　name 可选值

可选值	含义
_blank	将 URL 加载到一个新的窗口，该值为默认值
_parent	将 URL 加载到父框架
_self	将 URL 加载到当前页面
_top	使用 URL 替换任何可加载的框架集
name	窗口名称

表 3-10　space 可选参数

可选参数	值	说明
height	number	用于设置窗口的高度，最小值为 100
width	number	用于设置窗口的宽度，最小值为 100
left	number	该窗口的左侧位置
location	yes | no | 1 | 0	是否显示地址字段，默认值为 yes

续表

可选参数	值	说明
menubar	yes | no | 1 | 0	是否显示菜单栏，默认值为 yes
resizable	yes | no | 1 | 0	是否可以调整窗口大小，默认值为 yes
scrollbars	yes | no | 1 | 0	是否显示滚动条，默认值为 yes
status	yes | no | 1 | 0	是否需要添加一个状态栏，默认值为 yes
titlebar	yes | no | 1 | 0	是否显示浏览器的标题栏，默认值为 yes
toolbar	yes | no | 1 | 0	是否显示工具栏，默认值为 yes

值得一提的是，close()方法与 open()方法的功能相反，用于关闭浏览器窗口，调用该方法的对象就是需要关闭窗口的对象。

open()方法与 close()方法的具体用法如例 3-8 所示，在 HTML 文档中创建两个按钮，一个用于打开窗口，一个用于关闭窗口。当单击“打开窗口”按钮时，会打开宁波城市职业技术学院首页，页面宽度为 500px，高度为 400px；当单击“关闭窗口”按钮时，会关闭当前窗口，具体代码如下。

【例 3-8】example3-8.html

```
<!DOCTYPE html>
<html>
  <head>
    <meta http-equiv="Content-Type" content="text/html; charset=utf-8" />
    <title>open()方法和 close()方法的使用</title>
  </head>

  <body>
    <input type="button" value="打开窗口"  onClick="openWin()" />
    <input type="button" value="关闭窗口"  onClick="closeWin()" />
    <script>
      function openWin(){
       open("http://www.****.cn","_blank","width=500","height=400");}
      function closeWin(){ close();
                          return;}
    </script>
  </body>
</html>
```

运行结果如图 3-24 和图 3-25 所示，当单击“打开窗口”按钮时，会弹出宁波城市职业技术学院首页；当单击“关闭窗口”按钮，会弹出一个提示框，单击“是”按钮将关闭当前窗口。

图 3-24　打开窗口

图 3-25　关闭窗口

3.2.3 定时器

在 JavaScript 中，通过 window 对象提供的方法，可以实现在经过指定时间后执行特定的操作，也可以使程序代码每经历一次时间间隔就执行一次，实现间歇操作，具体方法如表 3-11 所示。

表 3-11 关于时间的方法

方法	说明
setTimeout()	在经过指定的毫秒数后调用函数或执行一段代码
clearTimeout()	清除或取消由 setTimeout()方法设置的定时器
setInterval()	按照指定的周期（以毫秒计）调用函数或执行一段代码
clearInterval()	清除或取消由 setInterval()方法设置的定时器

在上述表格中，setTimeout()方法和 setInterval()方法虽然都可以在一个固定的时间段内执行 JavaScript 程序代码，但 setTimeout()方法只能被执行一次，而 setInterval()方法可以被多次重复调用。setTimeout()方法的具体用法如例 3-9 所示。利用系统时间设置一个电子时钟，首先在 HTML 文档中创建一个 div 层，用于显示时钟，然后添加一个按钮，用于控制时钟的暂停或开始，接着添加 CSS 样式，对 div 层进行修饰，最后添加 JavaScript 代码获取系统时间，实现电子时钟效果，具体代码如下。

【例 3-9】example3-9.html

```
<!DOCTYPE html>
<html>
  <head>
    <meta http-equiv="Content-Type" content="text/html; charset=utf-8" />
    <title>setTimeout()方法的使用</title>
    <style>
     div{   height:100px;
     line-height:100px;
     text-align:center;
     border:double #F3C;
     width:200px;
     font-size:50px;}
    </style>
  </head>
  <body>
    <div id="clock"></div>
    <p><button id="btn">暂停/开始</button></p>
    <script>
      window.onload = startTime;
      var timer = null;
      function startTime(){
        var now = new Date();           // 获取当前时间
        var h = now.getHours();         // 获取当前时间的小时数 (0 ~ 23)
        var m = now.getMinutes();       // 获取当前时间的分钟数 (0 ~ 59)
        var s = now.getSeconds();       // 获取当前时间的秒数 (0 ~ 59)
        // 使用两位数字表示分钟数和秒数
        m = m < 10 ? '0'+ m : m;
        s = s < 10 ? '0'+ s : s;
```

```
    document.getElementById('clock').innerHTML = h + ":" + m + ":" + s
        timer = setTimeout('startTime()', 500);
    }
    // 通过按钮控制时钟的暂停或开始
    document.getElementById('btn').onClick = function(){
        if(timer){
            clearTimeout(timer);
            timer = null;
        }else{ startTime(); }
    }
    </script>
  </body>
</html>
```

运行结果如图 3-26 所示，电子时钟成功显示。当单击“暂停/开始”按钮时，显示的时间会暂停，再次单击按钮，时间继续变化。

图 3-26　电子时钟

3.2.4　location 对象

BOM 中 location 对象提供的方法，可以更改当前用户在浏览器中访问的 URL，实现新文档的载入、重载和替换功能。

location 对象提供的用于更改 URL 的方法与属性，所有主流的浏览器都支持，具体如表 3-12 所示。

表 3-12　更改 URL 的方法与属性

分类	名称	说明
属性	href	用于返回当前页面的 URL
方法	pathname()	用于返回当前页面的路径和文件名
	port()	用于返回 Web 主机的端口号（80 或 443）
	protocol()	用于返回所使用的 Web 协议（http: 或 https:）
	assign()	用于载入一个新文档
	reload()	用于重新载入当前文档
	replace	用新文档替换当前文档

location 对象提供的方法的使用方法如例 3-10 所示。在 HTML 文档中创建一个按钮，当单击“加载新文档”按钮时会直接加载宁波城市职业技术学院的首页，具体代码如下。

【例 3-10】example3-10.html

```
<!DOCTYPE html>
<html>
  <head>
    <meta charset="utf-8">
```

```
    <title>location</title>
  </head>
  <head>
    <script>
      function newDoc(){
      window.location.assign("https://www.****.cn")
      }
    </script>
  </head>
  <body>

    <input type="button" value="加载新文档" onClick="newDoc()">

  </body>
</html>
```

运行结果如图 3-27 和图 3-28 所示，当单击“加载新文档”按钮时，页面会自动跳转到宁波城市职业技术学院首页。

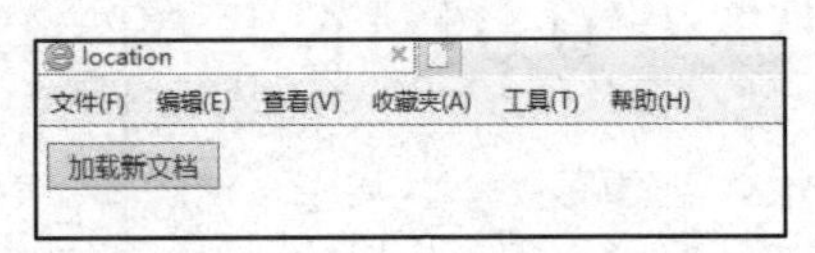

图 3-27　加载新文档

图 3-28　宁波城市职业技术学院首页

3.2.5　history 对象

BOM 提供的 history 对象主要用于保存用户访问浏览器的历史记录，只要窗口被打开就会被记录。history 对象是 window 对象的属性，因此浏览器的每个窗口、标签页乃至框架，都有自己的 history 对象与特定的 window 对象关联。为了保护用户隐私，JavaScript 访问 history 对象的方法被添加了限制。history 对象不能直接获取用户访问过的 URL，但可以控制浏览器实现“后退”和“前进”功能，具体属性和方法如表 3-13 所示。

表 3-13 history 对象的属性和方法

分类	名称	说明
属性	length	用于返回历史列表中的 URL 个数
方法	back()	用于加载历史列表中的上一个 URL
	forward()	用于加载历史列表中的下一个 URL
	go()	用于加载历史列表中的某个 URL

back()方法和 forward()方法的具体用法如例 3-11 所示，创建两个 HTML 文档，分别是 history1.html 和 history2.html，具体代码如下。

【例 3-11】 example3-11.html

```
<!DOCTYPE html>
<html>
  <head>
    <meta charset="UTF-8">
    <title>history1</title>
  </head>
  <body>
    <a href="history2.html">跳转到 history2 页面</a>
    <button id="btn1" onClick="forward()">前进</button>
    <script>
     function forward() {
        history.forward();
     }
    </script>
  </body>
</html>
```

```
<!DOCTYPE html>
<html>
  <head>
    <meta charset="UTF-8">
    <title>history2</title>
  </head>
  <body>
    <button id="btn1" onClick="goback()">后退</button>
    <script>
      function goback() {
        history.back();
      }

    </script>
    history 页面
  </body>
</html>
```

运行结果如图 3-29 和图 3-30 所示。

打开 history1 页面，在单击超链接时，会自动跳转到 history2 页面。在 history2 页面中单击“后退”按钮，会跳转到 history1 页面，在 history1 页面中单击“前进”按钮，会再次跳转到 history2 页面，两个页面可以相互跳转。

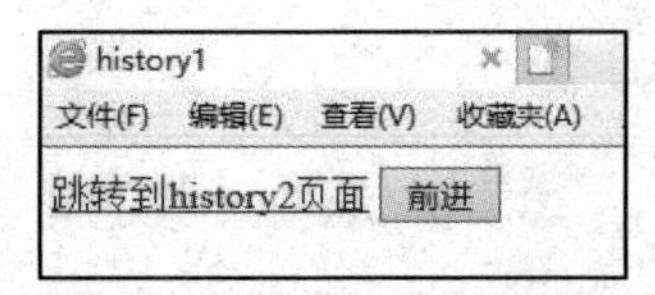

图 3-29　前进

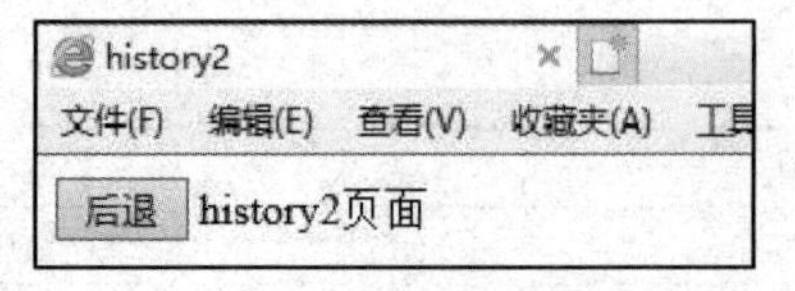

图 3-30　后退

go()方法可根据参数设置的不同，在历史记录中任意跳转。当参数值为负整数时，表示指定的“后退”页数；当参数值为正整数时，表示指定的“前进”页数，具体代码如下。

```
function a(){
    history.go(1); // go()方法中的参数表示跳转页面的个数，如 history.go(1)表示前进一个页面
}
function b(){
    history.go(-1);// history.go(-1) 表示后退一个页面
}
```

除此之外，还可以使用 go()方法实现页面刷新的功能，具体代码如下。

```
function a(){
    history.go(0);  // go()方法中的参数为 0，表示刷新页面
}
```

3.2.6　navigator 对象

navigator 对象提供了有关浏览器的属性和方法，但每个浏览器中的 navigator 对象都有一套自己的属性。下面列举了 navigator 对象在主流浏览器中的一些属性和方法，如表 3-14 所示。

表 3-14　navigator 对象在主流浏览器中的一些属性和方法

分类	名称	说明
属性	AppCodeName	用于返回浏览器代号
	AppName	用于返回浏览器名称
	AppVersion	用于返回浏览器的平台信息和版本信息
	cookieEnabled	用于返回浏览器中是否启用 cookie 的布尔值
	platform	用于返回用户操作系统的信息
	userAgent	用于返回由客户机发送到服务器的 user-agent 头部的值
方法	javaEnabled()	用于指定是否在浏览器中启用 Java
	taintEnabled()	用于指定是否在浏览器中启用数据污点（data tainting）

navigator 对象提供的属性和方法的使用方法如例 3-12 所示。

【例 3-12】example3-12.html

```
<!DOCTYPE html>
<html>
  <head>
    <meta charset="utf-8">
    <title>navigator 对象的使用</title>
  </head>
  <body>
    <div id="example"></div>
    <script>
      txt+ = "<p>浏览器代号: " + navigator.AppCodeName + "</p>";
      txt+= "<p>浏览器名称: " + navigator.AppName + "</p>";
```

```
        txt+= "<p>浏览器版本: " + navigator.AppVersion + "</p>";
        txt+= "<p>启用 cookies: " + navigator.cookieEnabled + "</p>";
        txt+= "<p>硬件平台: " + navigator.platform + "</p>";
        txt+= "<p>用户代理: " + navigator.userAgent + "</p>";
        txt+= "<p>用户代理语言: " + navigator.systemLanguage + "</p>";
        document.getElementById("example").innerHTML=txt;
      </script>
    </body>
  </html>
```

运行结果如图 3-31 所示。页面中显示了浏览器的代号、名称、版本等信息。

```
浏览器代号: Mozilla
浏览器名称: Netscape
浏览器版本: 5.0 (Windows NT 10.0; WOW64; Trident/7.0; .NET4.0C; .NET4.0E; rv:11.0) like Gecko
启用 cookies: true
硬件平台: Win32
用户代理: Mozilla/5.0 (Windows NT 10.0; WOW64; Trident/7.0; .NET4.0C; .NET4.0E; rv:11.0) like Gecko
用户代理语言: zh-CN
```

图 3-31　navigator 对象的使用

3.2.7　screen 对象

每个 window 对象的 screen 属性都引用了一个 screen 对象，screen 对象中存储的是显示器的信息。JavaScript 程序将使用这些信息来优化显示器的输出结果，以满足用户的显示需求。例如，程序可以根据显示器的尺寸选择使用大图像还是小图像，还可以根据显示器的颜色深度选择使用 16 位色还是 8 位色的图形。另外，JavaScript 还可以根据屏幕的尺寸信息将新打开的浏览器窗口定位在屏幕中间。screen 属性如表 3-15 所示。

表 3-15　screen 属性

属性	描述
availHeight	用于返回显示器屏幕的高度（除 Windows 任务栏之外）
availWidth	用于返回显示器屏幕的宽度（除 Windows 任务栏之外）
bufferDepth	用于设置或返回调色板的比特深度
colorDepth	用于返回目标设备或缓冲器上的调色板的比特深度
deviceXDPI	用于返回显示器屏幕的每英寸水平点数
deviceYDPI	用于返回显示器屏幕的每英寸垂直点数
fontSmoothingEnabled	用于返回用户是否在显示控制面板中启用了字体平滑
height	用于返回显示器屏幕的高度
width	用于返回显示器屏幕的宽度
logicalXDPI	用于返回显示器屏幕每英寸的水平方向的常规点数
logicalYDPI	用于返回显示器屏幕每英寸的垂直方向的常规点数
pixelDepth	用于返回显示器屏幕的颜色分辨率（比特每像素）
updateInterval	用于设置或返回屏幕的刷新率

在实际开发中，可能会用到表中提供的属性来优化显示器的输出结果，以满足用户的显

示需求。screen 属性的使用方法如例 3-13 所示。当单击按钮时会显示相应的函数，具体代码如下。

【例 3-13】 example3-13.html

```
<!DOCTYPE html>
<html>
  <head>
    <meta charset="utf-8">
    <title>screen 对象</title>
    <style type="text/css">
      body {margin: 0;
      padding: 0; }
      input {
        margin-left: 50px;
        margin-top: 10px;
        display: block;
        font-size: 20px;
           }
      p{ margin-left: 50px;
        font-size: 20px;
        }
    </style>
    <script type="text/javascript">
       function AvailHeight() {
      document.getElementById('availheight').innerHTML = screen.availHeight;
       }
      function colorDepth() {
          document.getElementById('colorDepth').innerHTML = screen.colorDepth;
          }
      function Height() {
       document.getElementById('height').innerHTML = screen.height;
        }
    </script>
  </head>

  <body>
    <input  type="button"  value="返回显示器屏幕的高度（除 Windows 任务栏之外）"onClick=
"AvailHeight()">
    <p id="availheight"></p>
    <input type="button" value="返回屏幕的颜色深度" onClick="colorDepth()">
     <p id="colorDepth"></p>
    <input type="button" value="返回显示器屏幕的高度" onClick="Height()">
    <p id="height"></p>
  </body>
</html>
```

运行结果如图 3-32 和图 3-33 所示，依次单击按钮，在页面中返回显示器屏幕的高度（除 Windows 任务栏之外）为 728px，屏幕的颜色深度为 24px，显示器屏幕的高度为 768px。

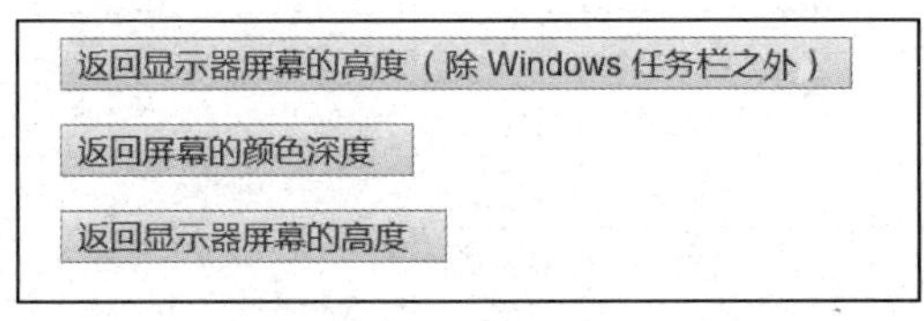

图 3-32　单击按钮

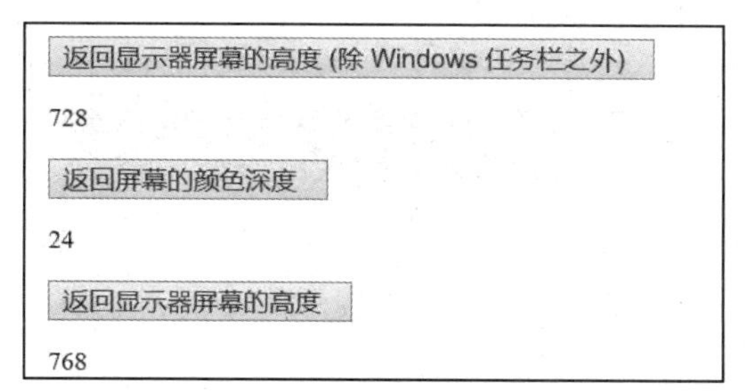

图 3-33　返回显示器屏幕的信息

动手实践：广告漂浮效果

动手实践：广告漂浮效果

广告漂浮效果在网页中经常被用到，它起到一个窗口超链接的作用，那么这种效果如何使用 JavaScript 来实现呢？

1. 布局分析

创建一个 HTML 文档，在<head>标签中添加内联样式，定义广告容器的初始样式。在<body>标签中添加一个<div>标签，用作广告容器，设置其初始内容和 id 属性值为<div id= "floatingAd">社会主义核心价值观</div>。在<body>标签的结尾处添加<script>标签，用于编写 JavaScript 代码。

```
<!DOCTYPE html>
<html>
   <head>
      <meta charset="utf-8" />
      <title></title>
   </head>
   <body>
      <div id="floatingAd">社会主义核心价值观</div>

         <script>
           //用于编写 JavaScript 代码
         </script>
   </body>
</html>
```

2. 添加 CSS 样式

在<head>标签中为漂浮效果添加 CSS 样式，为广告容器设置初始样式，包括宽度、高度、定位、背景颜色、文本居中等，具体代码如下。

```
<style>
   #floatingAd {
      width: 200px;
      height: 100px;
      position: fixed;
      background-color: yellow;
      text-align: center;
      line-height: 100px;
      border: 1px solid black;
      top: 50px;
      left: 50px;
   }
</style>
```

运行结果如图 3-34 所示，基本样式设置成功，图片默认位于屏幕的左上角。

图 3-34　基本样式

3．实现漂浮效果

在<body>标签中添加 JavaScript 代码，使广告呈现动态效果。在<script>标签中添加 JavaScript 代码，通过坐标的变换实现广告位置的移动，通过 document.getElementById('floatingAd')获取广告容器的引用。声明变量 x 和变量 y，用于追踪广告的当前位置。声明变量 xDirection 和变量 yDirection，用于追踪广告在水平方向和垂直方向上的移动方向。声明变量 speed，用于设置广告的移动速度。添加 moveAd()函数，处理广告位置的更新并进行边界检查。使用 requestAnimationFrame()函数实现连续的动画效果。在页面加载完成后，调用 moveAd()函数，开启动画效果。

根据需要调整广告容器的大小、颜色等样式参数，以及 JavaScript 代码中的速度、初始位置等参数。通过逐步调整样式和参数，实现不同的漂浮效果，具体代码如下。

```
<script>
    var  adElement = document.getElementById('floatingAd');
      var x = 50, y = 50;
      var xDirection = 1, yDirection = 1;
      var speed = 2;

    function moveAd() {
          // 检查广告是否触及窗口边界，若触及边界，则改变方向
          if (x > window.innerWidth - 200 || x < 0) {
             xDirection *= -1;
          }
          if (y > window.innerHeight - 100 || y < 0) {
             yDirection *= -1;
          }

          // 更新位置
          x += speed * xDirection;
          y += speed * yDirection;

          // 应用新位置
          adElement.style.left = x + 'px';
          adElement.style.top = y + 'px';

          requestAnimationFrame(moveAd);
    }
```

```
    moveAd();
</script>
```

运行结果如图 3-35 所示，广告在可见区域内移动。

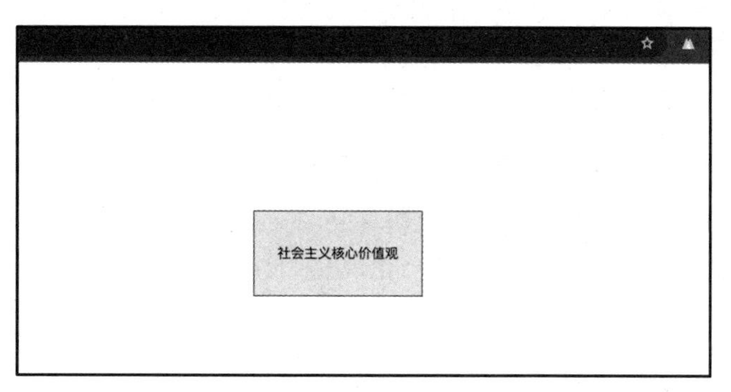

图 3-35　广告在可见区域内移动

疑难解惑

1．如何显示或隐藏一个 DOM 元素？

使用如下代码可以显示或隐藏一个 DOM 元素：

```
el.style.display="";
el.style.display="none";
```

2．如何通过元素的 name 属性获取元素的值？

要通过元素的 name 属性获取元素，可以使用 document 对象的 getElementByName()方法，使用该方法的返回值是一个数组，而不是一个元素。例如，获取页面中 name 属性值为 show 的元素，具体代码如下。

```
document.getElementByName("show")[0].value;
```

3．在使用 open()方法打开窗口时，还需要建立一个新文档吗？

在实际应用中，使用 open()方法打开窗口时，除了可以自动打开新窗口，还可以通过单击图片、按钮或超链接的方法打开窗口。不过在浏览器窗口中，总有一个文档是打开的，所以不需要为输出建立一个新文档，并且在完成对 Web 文档的操作后，需要使用 close()方法关闭输出流。

小结

本项目中通过任务 3.1 讲解了通过 DOM 操作 HTML 文档和 CSS 样式的方法，通过节点的方式对指定的元素进行添加、移动和删除操作，随后以动手实践的形式详细介绍了 DOM 的使用方法。通过任务 3.2 介绍了 BOM 的构成，以及其各个属性的作用，BOM 是组成 JavaScript 的一部分。随后分别讲解了 window 对象、location 对象、history 对象、navigator 对象及 screen 对象的常用属性和方法。最后以动手实践的形式重点讲解了广告漂浮效果的制作方法。

课后习题

一、填空题

1. document 对象的________方法用于返回对拥有指定 id 的第一个对象的引用。
2. DOM 中的________属性用于设置或返回指定节点的文本内容。
3. 要将一个节点添加到父节点的所有子节点末尾，应使用____________方法。
4. 要将一个父节点的指定子节点移除，应使用__________方法。
5. 在 BOM 中，顶层对象是____________。
6. 实现每经历一次时间间隔就执行一次代码的定时器方法是___________。
7. __________方法用于在指定的毫秒数后调用函数。

二、判断题

1. Web API 由 BOM 和 DOM 两部分组成。（ ）
2. 在 DOM 中，所有节点都是元素。（ ）
3. 使用 DOM 的 textContent 属性可以设置或返回隐藏元素的文本内容。（ ）
4. 修改 location 对象的 href 属性可以设置 URL。（ ）
5. 使用 history 对象的 go()方法可以实现页面的“前进”或“后退”。（ ）
6. screen 对象的 outerHeight 属性用于返回显示器屏幕的高度。（ ）

三、选择题

1. 下列选项中，可用于只获取文档中第一个 div 元素的语句是（ ）。

   A. document.querySelector('div')

   B. document.querySelectorAll('div')

   C. document.getElementsByName('div')

   D. 以上选项都可以

2. 下列选项中，可用于实现动态改变指定 div 框中文本内容的属性或方法是（ ）。

   A. console.log()

   B. document.write()

   C. innerText

   D. 以上选项都可以

3. 以下代码用于在单击按钮的同时弹出提示框。在横线处应填写的正确代码是（ ）。

```
<button id="btn">唐伯虎</button>
<script>
  var btn = document.getElementById('btn');
  ____________
</script>
```

   A. btn.onClick = function () { alert('点秋香'); }

   B. btn.onClick = alert('点秋香');

   C. btn.click = function () { alert('点秋香'); }

   D. btn.click()

4. 下列选项中，元素在获得焦点时触发的事件是（ ）。

   A. submit　　　　B. keyup

   C. focus　　　　D. blur

5．关于 location 对象，下列描述错误的是（　　）。

A．assign()方法用于载入一个新文档

B．reload()方法用于重新加载当前文档

C．search()方法用于获取或设置 URL 参数

D．replace()方法使用新文档替换当前文档，并覆盖浏览器当前记录

四、简答题

1．简述事件的 3 个要素。

2．简述 BOM 与 DOM 的区别。

项目 4

jQuery

能力目标

jQuery 是一款优秀的 JavaScript 脚本库，它极大地简化了 JavaScript 流程和 Web 前端开发的过程，实现了页面交互、动画效果和文档操作等功能。jQuery 语法简洁易懂，提高了资源共享的效率和代码的可维护性，其链式调用与便捷 API 的设计使代码更整洁，可读性更强，其模块化设计便于代码共享与复用，符合资源共享与知识传播的理念。jQuery 通过丰富的交互与动画功能来提升用户体验，这种以用户为中心的设计理念值得其他语言学习。jQuery 不仅是一种脚本工具，更是对社会主义核心价值观的积极响应，引导开发人员在技术创新的同时注重团队协作、资源共享等问题，关注社会可持续发展。通过学习和应用 jQuery，可以提高学生的编程能力，以便更好地服务社会。

知识目标

- 掌握 jQuery 的引入方式，包括通过本地文件引入和通过 CDN 引入。
- 了解 jQuery 选择器的作用和用法，使用 jQuery 选择器选择元素和节点。
- 掌握 jQuery 中常见的元素和节点操作，如获取或设置 HTML 内容、属性、样式等。
- 掌握事件处理程序的基本概念和用法，使用 jQuery 绑定事件处理程序。
- 掌握 jQuery 提供的动画特效方法，如淡入淡出、滑动等。
- 了解 jQuery 事件的基本概念和用法，包括事件绑定、事件冒泡、事件捕获等。

技能目标

- 能够熟练使用 jQuery 选择器选择元素和节点，并进行常见的元素和节点操作。
- 能够使用 jQuery 的事件处理程序，处理用户与页面之间的交互操作，实现交互效果。
- 能够使用 jQuery 提供的动画特效方法，实现页面元素的动画效果。

素养目标

- 培养学生对 Web 前端技术的兴趣，使其在 Web 前端领域积极探索，学习新技术。
- 培养学生解决问题的能力和创新意识，使其能够独立思考并解决实际开发中的问题。

- 培养学生的团队合作意识和沟通能力，使其能够与团队成员有效沟通并协同完成项目任务。
- 培养学生良好的编码习惯和代码规范意识，提高代码的可读性和可维护性。

任务 4.1　jQuery 基础

4.1.1　什么是 jQuery

jQuery 是一款快速、轻巧且功能丰富的 JavaScript 脚本库，旨在简化 HTML 文档的遍历、事件处理、动画制作及 AJAX 交互等操作，提高开发效率。jQuery 的核心理念是“编写更少的代码，做更多的事情”，其主要特点和优势包括以下几点。

（1）简化 DOM 操作：提供了强大的选择器和方法，使 DOM 的访问和操作变得更加简单。

（2）事件处理：使用简洁的方式处理各种浏览器事件，使事件逻辑的编写和维护更加容易。

（3）动画效果：内置多种动画效果，轻松实现在网页中添加动态元素和与页面的交互效果。

（4）AJAX 支持：提供了简单的调用 AJAX 的方法，实现了在与服务器的数据进行交换时不重新加载整个页面。

（5）跨浏览器兼容：帮助开发人员解决不同浏览器之间的差异性问题，提供了一致的接口。

（6）插件开发：拥有丰富的社区插件，可对 jQuery 功能进行扩展，以满足特定的需求。

（7）语法简洁：简单直观的语法使 DOM 的元素选择、动画创建、事件处理等操作更加容易理解。

尽管随着原生 JavaScript（特别是 ES6 及更高版本）的进步和现代前端框架的流行，jQuery 的使用率有所下降，但它仍然是许多网站和应用中不可或缺的一部分。jQuery 为开发人员提供了高效、简洁的工具，以构建交互性强、兼容性好的 Web 应用。

4.1.2　在网页中如何添加 jQuery

在网页中添加 jQuery 主要有两种方式：通过本地文件引入和通过 CDN（内容分发网络）引入。

1）通过本地文件引入

有两个版本的 jQuery 可供下载：

```
Production version——用于实际的网站中，已被精简和压缩
Development version——用于测试和开发（未压缩，是可读的代码）
```

以上两个版本都可以在 jQuery 官方网站中下载。

前往 jQuery 官方网站下载最新版本的 jQuery，并将下载的 jQuery 文件保存到项目文件夹中。

在 HTML 文档中使用<script>标签引入 jQuery 文件，具体代码如下。

```
<!-- 下载的 jQuery 文件应该在相应的路径下 -->
<script src="path/to/jquery.min.js">
</script>
```

2）通过 CDN 引入

通过 CDN 引入是最简单且常用的引入 jQuery 的方法，特别是对于小型项目或是处于学习

阶段的学生，只需要在 HTML 文档的<head>标签中添加一个指向 jQuery 库的<script>标签就可以对它进行引用。

```
<!DOCTYPE html>
  <html>
    <head>
      <title>通过 CDN 引入</title>
      <!-- 引入 jQuery -->
      <script src="https://****.googleapis.com/ajax/libs/jquery/3.5.1/jquery.
min.js">
      </script>
  </head>
<body> <!-- 网页内容 --> </body>
</html>
```

以下分别是百度、新浪、微软、谷歌通过 CDN 引入 jQuery 的方法，如图 4-1、图 4-2、图 4-3 和图 4-4 所示。

百度 CDN:

```
<head>
<script src="https://****.bdimg.com/libs/jquery/2.1.4/jquery.min.js">
</script>
</head>
```

图 4-1　百度 CDN

新浪 CDN:

```
<head>
<script src="http://***.sinaapp.com/js/jquery/2.0.2/jquery-2.0.2.min.js">
</script>
</head>
```

图 4-2　新浪 CDN

微软CDN:

```
<head>
<script src="http://****.htmlnetcdn.com/ajax/jQuery/jquery-1.10.2.min.js">
</script>
</head>
```

图 4-3　微软 CDN

谷歌CDN:

```
<head>
<script src="http://****.googleapis.com/ajax/libs/jquery/1.10.2/jquery.min.js">
</script>
</head>
```

图 4-4　谷歌 CDN

jQuery 可以提高加载速度，减少加载时间。

动手实践：我的第一个 jQuery 程序

动手实践：我的第一个 jQuery 程序

（1）首先创建 HTML 文档，引入 jQuery 文件。

```
<script src="jquery-1.12.4.js"></script>
```

（2）编写 jQuery 代码。

```
<!DOCTYPE html >
<html>
```

```
<head>
  <meta http-equiv="Content-Type" content="text/html; charset=utf-8" />
  <title>我的第一个 jQuery 程序</title>
</head>
<body>
  <script src="jquery-1.12.4.js"></script>
  <script>
    $(document).ready(function(){
      alert("欢迎来到 jQuery 课堂");
        });
    </script>
  </body>
</html>
```

运行结果如图 4-5 所示。

图 4-5　我的第一个 jQuery 程序

任务 4.2　jQuery 语法及选择器

4.2.1　jQuery 语法

jQuery 通过选取 HTML 元素来执行某些操作，其语法格式如下。

```
$(selector).action()
```

- $：美元符号，用于定义 jQuery。
- (selector)：选择符，用于“查询”和“查找”HTML 元素。
- action()：用于执行对元素的操作。

在 jQuery 中，$表示 jQuery 的开始，紧随其后的是选择器，用于指定希望操作的 HTML 元素。

例如：

```
$(this).hide();          //隐藏当前元素
$("p").hide();           //隐藏所有 p 元素
$("p.test").hide();      //隐藏所有 class="test" 的 p 元素
$("#test").hide();       //隐藏所有 id="test" 的元素
```

4.2.2　文档就绪事件

所有 jQuery 代码均位于 document ready()函数中，其语法格式如下。

```
$(document).ready(function(){
// 编写 jQuery 代码
});
```

这是为了防止文档在加载就绪之前运行 jQuery 代码，即在 DOM 加载完成后才可以对 HTML 文档进行操作。如果在 HTML 文档没有加载就绪之前就运行，那么操作可能会失败。

其简洁写法（与以上写法效果相同）如下。

```
$(function(){

// 编写 jQuery 代码
 });
```

4.2.3 jQuery 选择器

jQuery 仿照 CSS 选择器实现了 jQuery 选择器，其不仅可以对单个元素或 HTML 元素组进行操作，还可以基于元素的 id、类、类型、属性、属性值等“查找”（或选择）HTML 元素。除已经存在的 CSS 选择器之外，jQuery 选择器还有一些自定义的选择器。使用 jQuery 选择器不仅可以让获取的元素多样化，还可以为获取的元素添加行为。

jQuery 中的所有选择器都以$开头，其语法格式如下。

```
$(selector)
```

1. 基本选择器

jQuery 的基本选择器主要包括通配符选择器、元素选择器、ID 选择器、类选择器、复合选择器等。

1）通配符选择器

通配符选择器又称*选择器，用于选取文档中单独的元素，如果与其他选择器（如嵌套选择器）一起使用，则该选择器用于选取指定元素中的所有子元素，其语法格式如下。

```
$(*)
```

选择<body>标签中的所有元素如例 4-1 所示。

【例 4-1】example4-1.html

```
<!DOCTYPE html>
<html>
  <head>
    <meta http-equiv="Content-Type" content="text/html; charset=utf-8" />
    <title>通配符选择器</title>
    <script language="javascript" src="jquery-1.10.2.js"></script>
    <script language="javascript">
      $(document).ready(function(){
      $("body *").css("background-color","#B2E0FF");
            });
    </script>
  </head>
  <body>
    <h1>谒金门·春雨足</h1>
    <p class="intro">【五代】 韦庄</p>
    <div id="choose">
      <ul>
        <li>春雨足，染就一溪新绿。</li>
        <li>柳外飞来双羽玉，弄晴相对浴。</li>
        <li>楼外翠帘高轴，倚遍栏干几曲。</li>
        <li>云淡水平烟树簇，寸心千里目。</li>
      </ul>
      <img src="plyu.jpg" width="260" height="220"/>
    </div>
  </body>
</html>
```

运行结果如图 4-6 所示，在页面中使用背景颜色标示<body>标签内的所有元素内容。

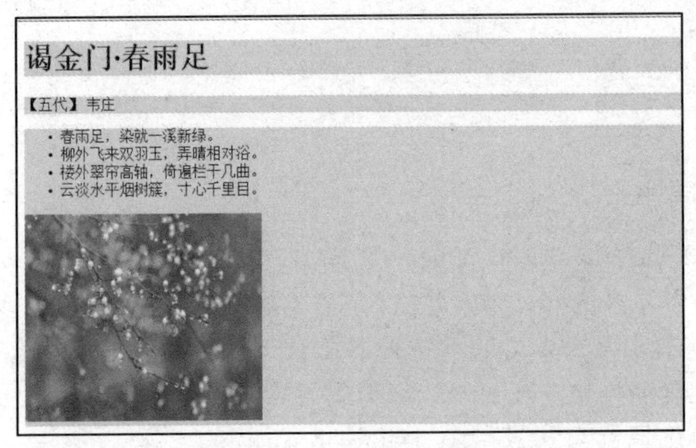

图 4-6　通配符选择器

注意：通配符选择器虽然可以匹配所有单独的元素，但会影响网页渲染的时间。因此，在实际开发中应尽量避免使用通配符选择器，必要时，可使用其他选择器来代替。

2）元素选择器

元素选择器基于元素名选取元素，其语法格式如下。

```
$("element")
```

修改例 4-1 的代码如例 4-2 所示，使用元素选择器在页面中选取 h1 元素。

【例 4-2】example4-2.html

```
<!DOCTYPE html>
<html>
  <head>
    <meta http-equiv="Content-Type" content="text/html; charset=utf-8" />
    <title>元素选择器</title>
    <script language="javascript" src="jquery-1.10.2.js"></script>
    <script language="javascript">
      $(document).ready(function(){
      $("h1").css("background","#0F0");
          });
    </script>
  </head>
  <body>
    <h1>谒金门·春雨足</h1>
    <p class="intro">【五代】 韦庄</p>
    <div id="choose">
      <ul>
        <li>春雨足，染就一溪新绿。</li>
        <li>柳外飞来双羽玉，弄晴相对浴。</li>
        <li>楼外翠帘高轴，倚遍栏干几曲。</li>
        <li>云淡水平烟树簇，寸心千里目。</li>
      </ul>
      <img src="p1yu.jpg" width="260" height="220"/>
    </div>
  </body>
</html>
```

运行结果如图 4-7 所示。

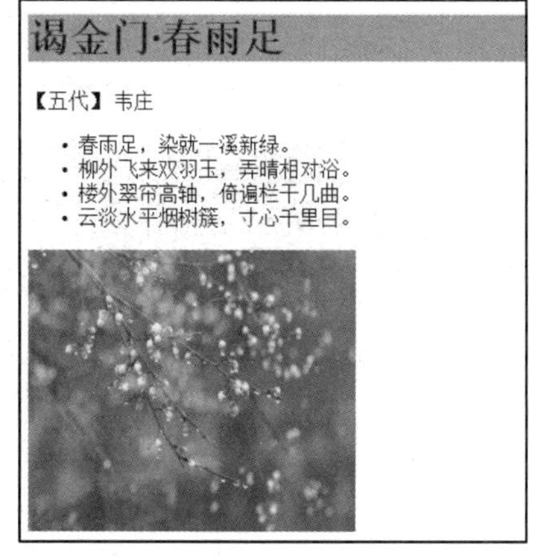

图 4-7　元素选择器

3）ID 选择器

ID 选择器通过 HTML 元素的 id 选取指定的元素。在页面中，元素的 id 是唯一的，所以要在页面中选取唯一的元素，需要使用 ID 选择器，其语法格式如下。

```
$("#id")
```

修改例 4-1 的代码如例 4-3 所示，使用 ID 选择器在页面中选取 id 属性值为 choose 的所有元素。

【例 4-3】example4-3.html

```
<!DOCTYPE html>
<html>
  <head>
    <meta http-equiv="Content-Type" content="text/html; charset=utf-8" />
    <title>ID 选择器</title>
    <script language="javascript" src="jquery-1.10.2.js"></script>
    <script language="javascript">
      $(document).ready(function(){
        $("#choose").css("background","red");
        });
    </script>
  </head>
  <body>
    <h1>谒金门·春雨足</h1>
    <p class="intro">【五代】 韦庄</p>
    <div id="choose">
      <ul>
        <li>春雨足，染就一溪新绿。</li>
        <li>柳外飞来双羽玉，弄晴相对浴。</li>
        <li>楼外翠帘高轴，倚遍栏干几曲。</li>
        <li>云淡水平烟树簇，寸心千里目。</li>
      </ul>
      <img src="p1yu.jpg" width="260" height="220"/>
    </div>
  </body>
</html>
```

运行结果如图 4-8 所示。

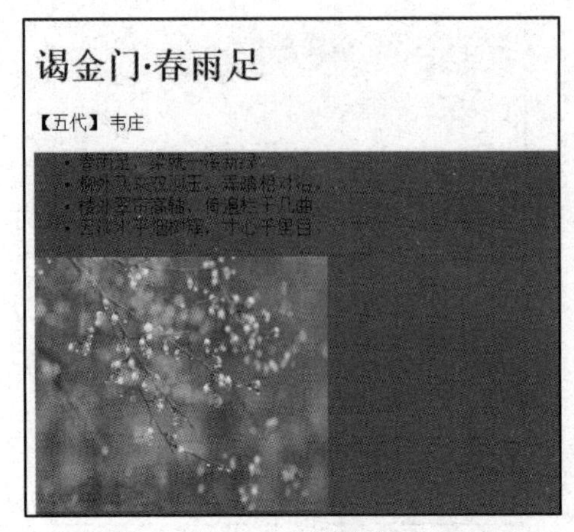

图 4-8　ID 选择器

4）类选择器

类选择器可以通过指定的 class 查找元素，其语法格式如下。

```
$(".class")
```

修改例 4-1 的代码如例 4-4 所示，使用类选择器在页面中选取 class 属性值为 intro 的所有元素。

【例 4-4】example4-4.html

```
<!DOCTYPE html>
<html>
  <head>
    <meta http-equiv="Content-Type" content="text/html; charset=utf-8" />
    <title>类选择器</title>
    <script language="javascript" src="jquery-1.10.2.js"></script>
    <script language="javascript">
      $(document).ready(function(){
     $(".intro").css("background","#FF0");
        });
    </script>
  </head>
  <body>
    <h1>谒金门·春雨足</h1>
    <p class="intro">【五代】 韦庄</p>
    <div id="choose">
      <ul>
        <li>春雨足，染就一溪新绿。</li>
        <li>柳外飞来双羽玉，弄晴相对浴。</li>
        <li>楼外翠帘高轴，倚遍栏干几曲。</li>
        <li>云淡水平烟树簇，寸心千里目。</li>
    </ul>
    <img src="p1yu.jpg" width="260" height="220"/>
  </div>
  </body>
</html>
```

运行结果如图 4-9 所示。

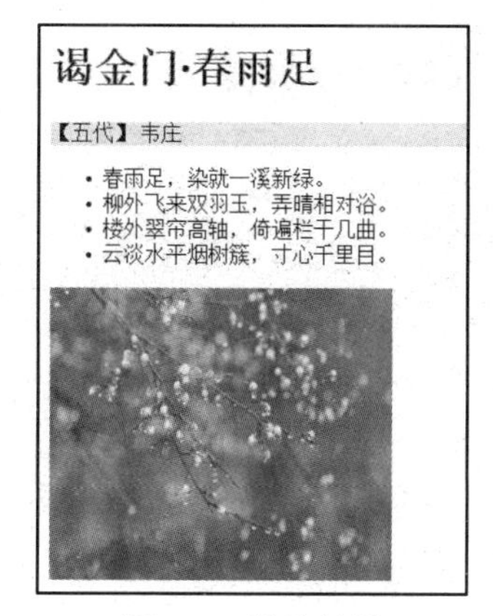

图 4-9 类选择器

5）复合选择器

复合选择器将多个选择器组合在一起并用逗号隔开，只要符合其中的任何一个条件，就可以匹配，并以集合的形式返回 jQuery 包装集，其语法格式如下。

```
$("selector1,selector2,selectorN")
```

修改例 4-1 的代码如例 4-5 所示，使用复合选择器在页面中获取 h1 元素和 p 元素，以及 id 属性值为 choose 的所有元素。

【例 4-5】 example4-5.html

```
<!DOCTYPE html>
<html>
 <head>
   <meta http-equiv="Content-Type" content="text/html; charset=utf-8" />
   <title>复合选择器</title>
   <script language="javascript" src="jquery-1.10.2.js"></script>
   <script language="javascript">
     $(document).ready(function(){
     $("h1,p,#choose").css("background","#F09");
        });
   </script>
 </head>
 <body>
   <h1>谒金门·春雨足</h1>
   <p class="intro">【五代】 韦庄</p>
   <div id="choose">
     <ul>
       <li>春雨足，染就一溪新绿。</li>
       <li>柳外飞来双羽玉，弄晴相对浴。</li>
       <li>楼外翠帘高轴，倚遍栏干几曲。</li>
       <li>云淡水平烟树簇，寸心千里目。</li>
     </ul>
     <img src="p1yu.jpg" width="260" height="220"/>
 </div>
 </body>
</html>
```

运行结果如图 4-10 所示。

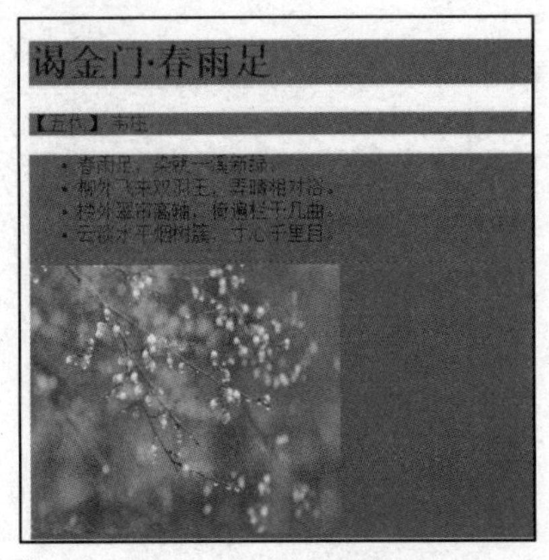

图 4-10　复合选择器

2．层级选择器

层级选择器是根据 DOM 元素之间的层次关系来获取特定元素的，按照层次关系，层级选择器可以分为后代选择器、子元素选择器、相邻选择器和兄弟选择器，具体如表 4-1 所示。

表 4-1　层级选择器

选择器	描述
selector selector1	后代选择器，根据祖先元素（selector）匹配所有的后代元素（selector1）
parent>child	子元素选择器，根据父元素匹配所有的子元素
pre+next	相邻选择器，匹配 pre 元素紧邻的兄弟元素
pre~siblings	兄弟选择器，匹配 pre 元素后的所有兄弟元素

1）后代选择器

后代选择器的语法格式如下。

```
$( "selector selector1")
```

其中，selector 可以是任何有效的选择器，selector1 是用来匹配元素的选择器，并且是 selector 指定元素的后代元素。

后代选择器的具体用法如例 4-6 所示，原始状态如图 4-11 所示，使用后代选择器为“孟浩然”添加背景颜色，具体代码如下。

【例 4-6】example4-6.html

```
<!DOCTYPE html>
<html>
  <head>
    <meta http-equiv="Content-Type" content="text/html; charset=utf-8" />
    <title>后代选择器</title>
    <script src="jquery-1.10.2.js"></script>
    <script>
      $(function(){
      $("div span").css("text-decoration","underline");
      });
      </script>
    <style>
      div{ width:300px;
           height:260px;
```

```
            border:1px solid #FF3300;}
    </style>
  </head>
  <body>
    <center>
      <div>
        <h3>春晓</h3>
        <h4>作者：<span>孟浩然</span></h4>
        <p>春眠不觉晓，</p>
        <p>处处闻啼鸟。</p>
        <p>夜来风雨声，</p>
        <p>花落知多少。</p>
      </div>
    </center>
  </body>
</html>
```

运行结果如图 4-12 所示，“孟浩然”3 个字被添加了背景颜色。

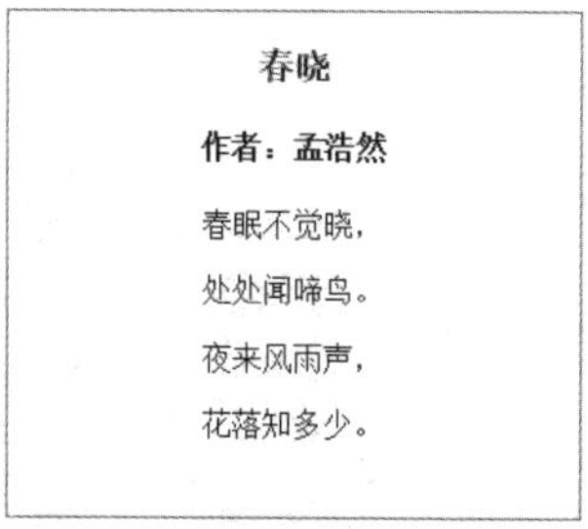

春晓
作者：孟浩然
春眠不觉晓，
处处闻啼鸟。
夜来风雨声，
花落知多少。

图 4-11 原始状态

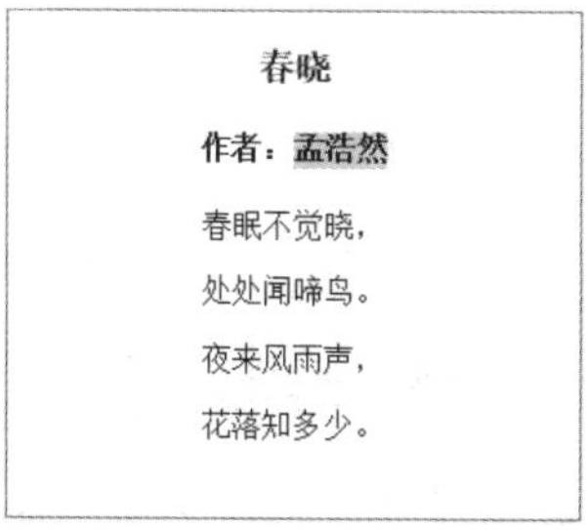

春晓
作者：孟浩然
春眠不觉晓，
处处闻啼鸟。
夜来风雨声，
花落知多少。

图 4-12 为“孟浩然”添加背景颜色

在 jQuery 中，可以使用 find()方法获取指定元素的后代元素，如例 4-6 中的$("div span")可以改写为$("div").find("span")。

2）子元素选择器

在 CSS 中，子元素选择器中的 parent 代表父元素，child 代表子元素。该选择器用于选择 parent 元素的直接子元素，而且 child 必须是 parent 元素的直接子元素，其语法格式如下。

```
$("parent>child")
```

其中，parent 指任何有效的选择器，child 是用来匹配元素的选择器，是父元素的子元素。

修改例 4-6 的代码如例 4-7 所示，使用子元素选择器在页面中为大标题添加背景颜色，具体代码如下。

【例 4-7】 example4-7.html

```
<script src="jquery-1.10.2.js"></script>
<script>
  $(function(){
     $("div>h3").css("background-color","#FFCC33");
     });
</script>
```

运行结果如图 4-13 所示，“春晓”被添加了背景颜色。

在 jQuery 中，还可以使用 children()方法代替子元素选择器获取指定元素的子元素，如例 4-7 中的$("div>h3")可以改写为$("div").children("h3")。

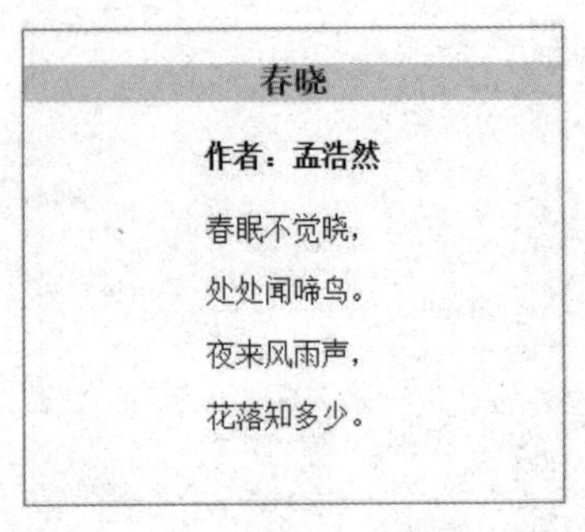

图 4-13　为“春晓”添加背景颜色

3）相邻选择器

相邻选择器用于获取所有紧邻 pre 元素的兄弟元素，其中 pre 元素和 next 元素是两个同级别的元素，其语法格式如下。

```
$("pre+next")
```

其中，pre 指的是任何有效的选择器，next 是一个有效的选择器且紧随 pre 的选择器之后。

修改例 4-6 的代码如例 4-8 所示，使用相邻选择器在页面中为作者信息添加背景颜色，具体代码如下。

【例 4-8】 example4-8.html

```
<script src="jquery-1.10.2.js"></script>
<script>
  $(function(){
     $("h3+h4").css("background-color","#FFCC33");
     });
</script>
```

运行结果如图 4-14 所示，“作者：孟浩然”被添加了背景颜色。

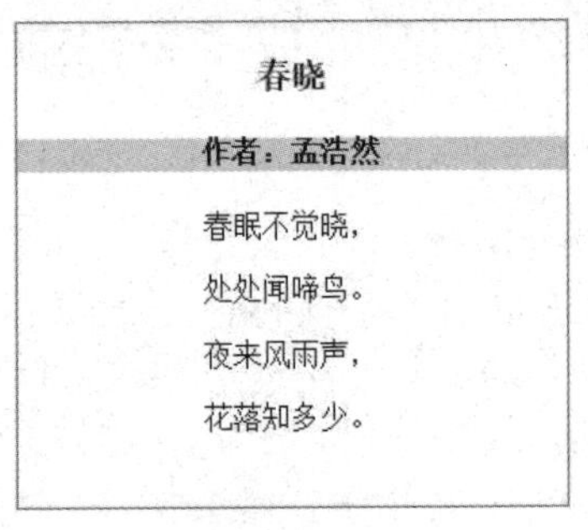

图 4-14　为作者信息添加背景颜色

在 jQuery 中，还可以使用 next()方法代替相邻选择器，如例 4-8 中的$("h3+h4")可以改写为$("h3").next("h4")。

4）兄弟选择器

兄弟选择器用于获取 pre 元素之后的所有兄弟元素，pre 元素和 siblings 元素是两个同级别的元素，其语法格式如下。

```
$("pre~siblings")
```

其中，pre 指的是任何有效的选择器，siblings 是一个有效的选择器且并列跟随 pre 的选择器。

修改例 4-6 的代码如例 4-9 所示，使用兄弟选择器在页面中为段落添加背景颜色，具体代码如下。

【例 4-9】example4-9.html

```
<script src="jquery-1.10.2.js"></script>
<script>
  $(function(){
     $("h4~p").css("background-color","#FFCC33");
     });
</script>
```

运行结果如图 4-15 所示，与 h3 元素同级的所有段落都被添加了背景颜色。

jQuery 中提供的 next()方法可以获取指定元素紧邻的下一个兄弟元素，nextAll()方法可以获取指定元素后的所有兄弟元素，而 siblings()方法可以获取指定元素的所有兄弟元素。如例 4-9 中的$("h4~p")可以改写为$("h4").siblings("p")或$("h4").nextAll("p")。在使用 next()方法时，只显示与 h4 元素紧邻的 p 元素，结果如图 4-16 所示，只有紧邻 h4 元素的 p 元素成功添加了背景颜色，使用 next()方法的效果与使用相邻选择器的相同。

图 4-15　为段落添加背景颜色

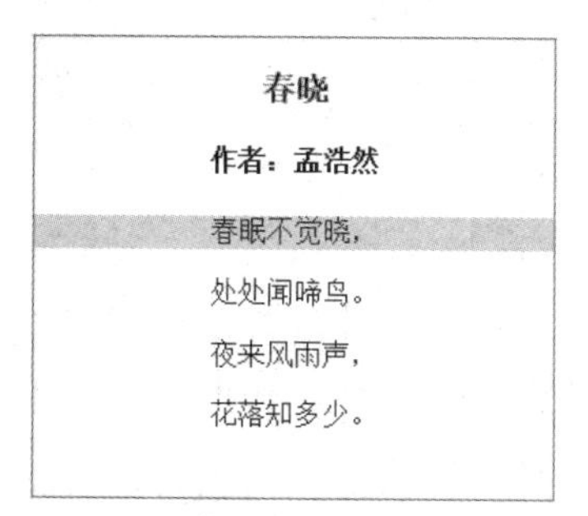

图 4-16　为紧邻的 p 元素添加背景颜色

3．过滤选择器

过滤选择器主要是通过特定的过滤规则筛选出所需的 DOM 元素，该选择器均以“:”开头，按照不同的过滤规则可分为基本过滤选择器、内容过滤选择器、可见性过滤选择器、属性过滤选择器、子元素过滤选择器和表单选择器。

1）基本过滤选择器

在 jQuery 中，基本过滤选择器的过滤规则多与元素的索引值有关，具体如表 4-2 所示。

表 4-2　基本过滤选择器

选择器	描述	返回
:first	用于选取第一个元素	单个元素组成的集合
:last	用于选取最后一个元素	集合元素
not(selector)	用于去除所有与给定选择器匹配的元素	集合元素
:even	用于选取索引为偶数的所有元素，索引从 0 开始	集合元素
:odd	用于选取索引为奇数的所有元素，索引从 0 开始	集合元素
:eq(index)	用于选取索引等于 index 的元素，索引从 0 开始	集合元素
:gt(index)	用于选取索引大于 index 的元素，索引从 0 开始	集合元素
:it(index)	用于选取索引小于 index 的元素，索引从 0 开始	集合元素
:header	用于选取所有的标题元素，如 h1、h2 等	集合元素
:animated	用于选取当前正在执行动画效果的所有元素	集合元素

（1）:first 选择器

:first 选择器用于选取第一个元素，最常见的用法是在与其他元素搭配使用时选取指定集合中的第一个元素，其语法格式如下。

```
$("selector:first");
```

:first 选择器的具体用法如例 4-10 所示，为第一个段落添加背景颜色，具体代码如下。

【例 4-10】example4-10.html

```
<!DOCTYPE html>
<html>
  <head>
    <meta http-equiv="Content-Type" content="text/html; charset=utf-8" />
    <title>:first 选择器</title>
    <script src="jquery-1.10.2.js"></script>
    <script>
      $(function(){
      $("p:first").css('background','#66FF00');
        });
    </script>
  </head>
  <body>
    <center>
      <div style="border:2px solid #FF0000; width:300px; height:400px;">
        <h2>学习大国</h2>
        <p>全民健身助力健康中国</p>
        <p>绿色发展引领生态文明</p>
        <p>科技创新推动社会进步</p>
        <p>教育公平造福全体人民</p>
        <p>文化自信增强国家软实力</p>
        <p>乡村振兴促进共同富裕</p>
        <p>志愿服务传递社会温暖</p>
      </div>
    </center>
  </body>
</html>
```

运行结果如图 4-17 所示，只有第一个段落添加了背景颜色。

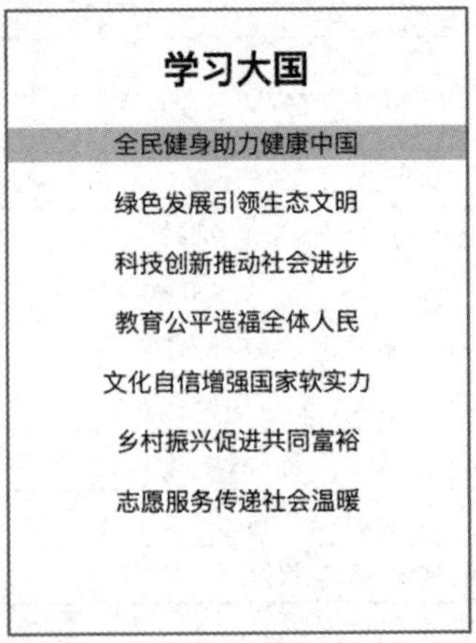

图 4-17　使用:first 选择器为第一个段落添加背景颜色

在 jQuery 中，除使用:first 选择器获取第一个元素外，还可以使用表 4-2 中的:eq(index)选择器，如获取文档中的第一个 p 元素，可以写为$("p:eq(0)")，0 代表索引，第一个元素的索引为 0。

（2）:last 选择器

:last 选择器用于选取最后一个元素，最常见的用法是在与其他元素搭配使用时选取指定集合中的最后一个元素，其语法格式如下。

```
$("selector:last");
```

修改例 4-10 的代码如例 4-11 所示，使用:last 选择器在页面中为最后一个段落添加背景颜色，具体代码如下。

【例 4-11】 example4-11.html

```
<script src="jquery-1.10.2.js"></script>
<script>
$(function(){
    $("p:last").css('background','#66FF00');
        });
</script>
```

运行结果如图 4-18 所示，只有最后一个段落添加了背景颜色。

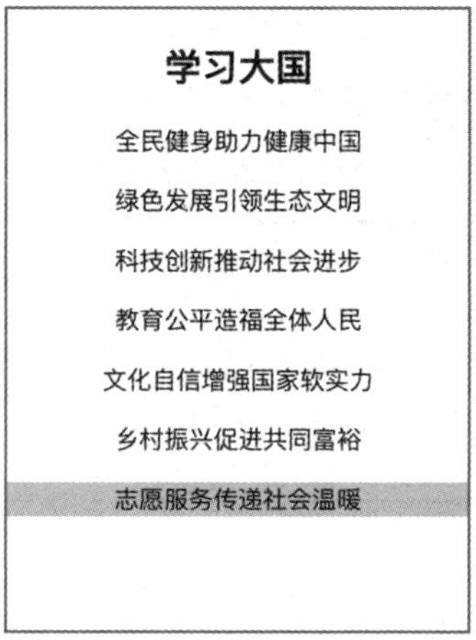

学习大国

全民健身助力健康中国

绿色发展引领生态文明

科技创新推动社会进步

教育公平造福全体人民

文化自信增强国家软实力

乡村振兴促进共同富裕

志愿服务传递社会温暖

图 4-18 :last 选择器为最后一个段落添加背景颜色

（3）:even 选择器和:odd 选择器

:even 选择器用于选取所有索引为偶数的元素（如 2、4、6），最常见的用法是在与其他元素或选择器搭配使用时，选取指定集合中索引为偶数的元素；:odd 选择器用于选取所有索引为奇数的元素（如 1、3、5），最常见的用法是在与其他元素或选择器搭配使用时，选取指定集合中索引为奇数的元素。修改例 4-10，为偶数行段落中的文本添加字体加黑样式，为奇数行段落中的文本添加斜体样式，具体代码如下。

【例 4-12】 example4-12.html

```
<script src="jquery-1.10.2.js"></script>
<script>
$("p:even").css('font-weight','bolder');
    $("p:odd").css('font-style','italic');
});
</script>
```

运行结果如图 4-19 所示，页面中的奇数行和偶数行分别添加了不同的字体样式。

注意：:even 选择器和:odd 选择器还经常在表格或列表中使用。

学习大国

全民健身助力健康中国

绿色发展引领生态文明

科技创新推动社会进步

教育公平造福全体人民

文化自信增强国家软实力

乡村振兴促进共同富裕

志愿服务传递社会温暖

图 4-19　添加不同的字体样式

2）内容过滤选择器

内容过滤选择器的过滤规则主要体现在它所包含的子元素和文本内容上，常见的过滤选择器有:contains(text)、:empty、:parent、:has(selector)等，具体如表 4-3 所示。

表 4-3　内容过滤选择器

选择器	描述	返回
:contains(text)	用于选取文本内容为 text 的元素	集合元素
:empty	用于选取不包含子元素或文本内容的空元素	集合元素
:parent	用于选取含有子元素或文本内容的元素	集合元素
:has(selector)	用于选取含有选择器匹配元素的元素	集合元素

（1）:contains(text)选择器

:contains(text)选择器用于选取包含指定字符串的元素，该字符串可以是直接包含在父元素中的文本，也可以是包含在子元素中的文本。该选择器经常在与其他元素或选择器搭配使用时，选取指定集合中包含指定文本内容的元素。:contains(text)选择器的具体用法如例 4-13 所示。选取表格中包含数字 8 的单元格，并为其添加背景颜色，具体代码如下。

【例 4-13】example4-13.html

```
<!DOCTYPE html>
<html>
  <head>
    <script type="text/javascript"  src="jquery-1.10.2.js"></script>
    <script type="text/javascript">
      $(function(){
      $("td:contains(8)").css("background-color","#B2E0FF");
          });
    </script>
    <style>
    *{
       padding:0px;
```

```
        margin:0px;
      }
  body{
    font-family:"黑体";
    font-size:20px;
        }
  table{
    text-align:center;
    width:500px;
    border:1px solid green;
        }
      td{
      border:1px solid green;
      height:30px;
      }
      h2{
      text-align:center;
      }
      </style>
      </head>
      <body>
      <center>
      <h2>学生成绩表</h2>
      <table>
      <tr>
      <th>学号</th>
      <th>姓名</th>
      <th>语文</th>
      <th>数学</th>
      <th>英语</th>
      </tr>

      <tr>
      <td>1</td>
      <td>王晓</td>
      <td>87</td>
      <td>68</td>
      <td>89</td>
      </tr>

      <tr>
      <td>2</td>
      <td>张红红</td>
      <td>89</td>
      <td>84</td>
      <td>86 </td>
      </tr>

      <tr>
      <td>3</td>
      <td>刘玉萍</td>
      <td>96</td>
```

```
        <td></td>
        <td>85</td>
        </tr>

        <tr>
        <td>4</td>
        <td>冯子香</td>
        <td>98</td>
        <td>87</td>
        <td>67</td>
        </tr>

        <tr>
        <td>5</td>
        <td>张聚成</td>
        <td></td>
        <td>87</td>
        <td>67</td>
        </tr>

        <tr>
        <td>6</td>
        <td>陆子欣</td>
        <td>99</td>
        <td>87</td>
        <td></td>
        </tr>

        </table>
      </center>
    </body>
</html>
```

运行结果如图 4-20 所示，表格中含有数字 8 的单元格都被添加了背景颜色。

学生成绩表				
学号	姓名	语文	数学	英语
1	王晓	87	68	89
2	张红红	89	84	86
3	刘玉萍	96		85
4	冯子香	98	87	67
5	张聚成		87	67
6	陆子欣	99	87	

图 4-20　为含有数字 8 的单元格添加背景颜色

（2）:empty 选择器

:empty 选择器用于选取不包含子元素或文本内容的空元素。修改例 4-13 的代码如例 4-14 所示，使用:empty 选择器在页面中为表格中文本内容为空的单元格添加背景颜色，具体代码如下。

【例 4-14】 example4-14.html

```
<script type="text/javascript"  src="jquery-1.10.2.js"></script>
<script type="text/javascript">
$(function(){
```

```
    $("td:empty").css("background-color","#B2E0FF");
});
</script>
```

运行结果如图 4-21 所示，表格中文本内容为空的单元格都被添加了背景颜色。

（3）:parent 选择器

:parent 选择器用于选取包含子元素或文本内容的元素。修改例 4-13 的代码如例 4-15 所示，使用:parent 选择器在页面中为表格中所有包含文本内容的单元格添加背景颜色，具体代码如下。

【例 4-15】example4-15.html

```
<script type="text/javascript"  src="jquery-1.10.2.js"></script>
<script type="text/javascript">
  $(function(){
       $("td:parent").css("background-color","#B2E0FF");
    });
</script>
```

运行结果如图 4-22 所示，表格中包含文本内容的单元格都被添加了背景颜色。

学生成绩表

学号	姓名	语文	数学	英语
1	王晓	87	68	89
2	张红红	89	84	86
3	刘玉萍	96		85
4	冯子香	98	87	67
5	张聚成		87	67
6	陆子欣	99	87	

图 4-21 为文本内容为空的单元格添加背景颜色

学生成绩表

学号	姓名	语文	数学	英语
1	王晓	87	68	89
2	张红红	89	84	86
3	刘玉萍	96		85
4	冯子香	98	87	67
5	张聚成		87	67
6	陆子欣	99	87	

图 4-22 为包含文本内容的单元格添加背景颜色

（4）:has()选择器

:has()选择器用于选取含有选择器匹配元素的元素。修改例 4-13 的代码如例 4-16 所示，使用:has()选择器在页面中为表格中的标题单元格添加背景颜色，具体代码如下。

【例 4-16】example4-16.html

```
<script type="text/javascript"  src="jquery-1.10.2.js"></script>
<script type="text/javascript">
  $(function(){
    $("tr:has(th)").css("background-color","#B2E0FF");
});
</script>
```

运行结果如图 4-23 所示，表格中的标题单元格都被添加了背景颜色。

学生成绩表

学号	姓名	语文	数学	英语
1	王晓	87	68	89
2	张红红	89	84	86
3	刘玉萍	96		85
4	冯子香	98	87	67
5	张聚成		87	67
6	陆子欣	99	87	

图 4-23 为标题单元格添加背景颜色

3）可见性过滤选择器

jQuery 的可见性选择器是根据元素的可见状态和不可见状态来选择相应元素的。该选择器主要有两种类型：不可见型:hidden 选择器和可见型:visible 选择器，具体如表 4-4 所示。

表 4-4　可见性过滤选择器

选择器	描述	返回
:hidden	用于选取所有不可见的元素	集合元素
:visible	用于选取所有可见的元素	集合元素

:hidden 选择器不仅包含样式属性为 none 的元素，还包含文本属性为 hidden（<input type="hidden">）的元素；:visible 选择器用于选取所有可见的元素，如$("div:visible")表示选取所有可见的 div 元素，$(":visible")表示选取所有可见的元素。

可见性过滤选择器的具体用法如例 4-17 所示，在文档中创建一个 class="wrap"的 div 层，随后在该层中创建 6 个 div 层和 1 个按钮，效果如图 4-24 所示。将 2 号、4 号、6 号 3 个 div 层设置为隐藏，效果如图 4-25 所示，具体代码如下。

【例 4-17】example4-17.html

```
<!DOCTYPE html>
<html>
  <head>
    <meta http-equiv="Content-Type" content="text/html; charset=utf-8" />
    <title>可见性过滤选择器</title>
    <style type="text/css">
     .wrap {
              width: 500px;
              height:100px;
              padding: 10px;
              margin: 20px auto;
              border: 1px solid #ccc;
              }
    .wrap div {
             width: 70px;
             height: 60px;
             background: #0083C1;
             margin: 5px;
             float: left
            }

    </style>
  </head>

  <body>
    <div class="wrap">
    <div>1</div>
    <div style="display:none">2</div>
    <div>3</div>
    <div style="display:none">4</div>
    <div>5</div>
    <div style="display:none">6</div>
```

```
        <button>显示隐藏元素</button>
        </div>
      </body>
    </html>
```

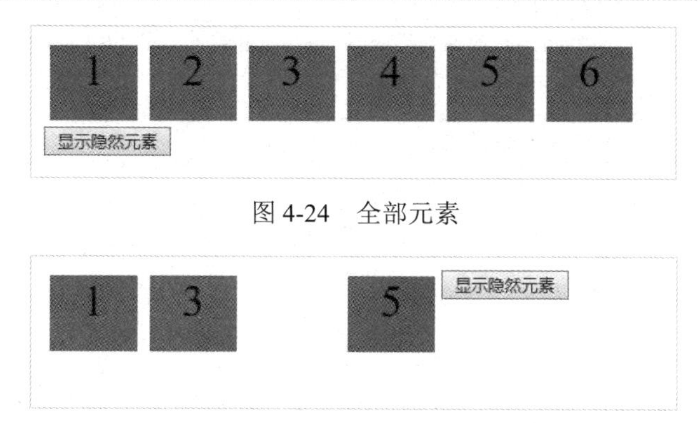

图 4-24　全部元素

图 4-25　可见元素

引入 jQuery 库，编写 jQuery 代码，使隐藏的 div 层显示出来，并为可见的 div 层添加边框，具体代码如下。

```
<script src="jquery-1.10.2.js"></script>
<script type="text/javascript">
 $(function(){ $("button").click(function(){
     $("div:visible").css('border','2px solid #66FF00');
     $("div:hidden").css("background-color","#CC0000").show("slow");
 });
     });
</script>
```

运行结果如图 4-26 所示。隐藏的 div 层成功显示，并为 3 个可见的 div 层添加了边框。

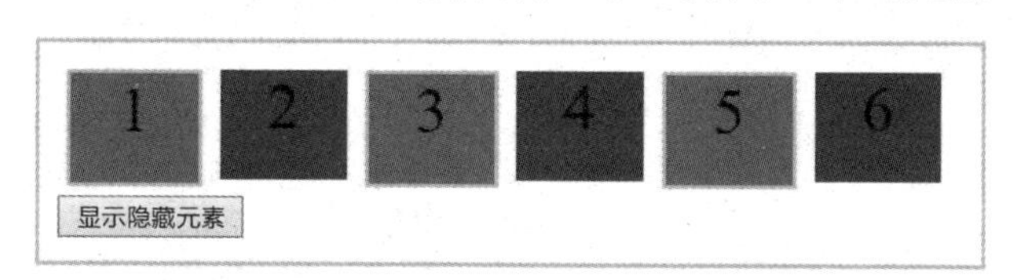

图 4-26　显示隐藏元素并为可见元素添加边框

注意：:visible 选择器可以过滤出所有可见元素，但这里的可见指的是没有被设置为“display:none”或使用 hide()方法隐藏的元素；:hidden 选择器用于选择所有隐藏元素。同样地，这里的隐藏指的是被设置为“display:none”或“type="hidden"”而隐藏的 form 元素，不是被设置为“visibility：hidden”而隐藏的元素。

修改上述示例中的代码，将 4 号 div 层的隐藏效果设置为“style="visibility:hidden"”，运行结果如图 4-27 所示，4 号 div 层没有被显示，因为在可见性过滤选择器中“visibility:hidden”是无效的。

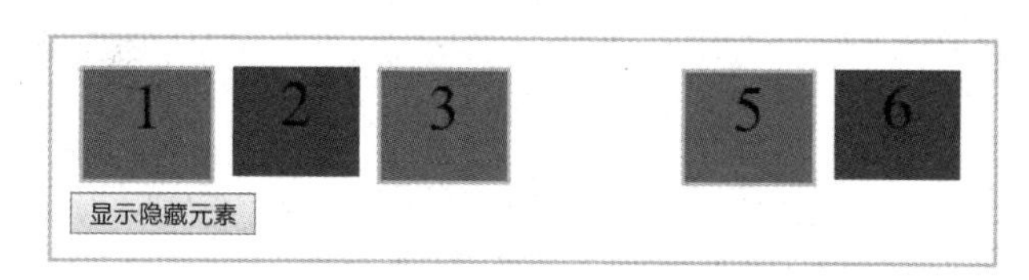

图 4-27　4 号 div 层被隐藏

4）属性过滤选择器

属性过滤选择器的过滤规则是通过元素的属性获取相应的元素，常见的属性过滤选择器有以下几种，具体如表 4-5 所示。

表 4-5　属性过滤选择器

选择器	描述	返回
[attribute]	用于选取拥有此属性的元素	集合元素
[attribute=value]	用于选取指定属性的值等于 value 的元素	集合元素
[attribute!=value]	用于选取指定属性的值不等于 value 的元素	集合元素
[attribute$=value]	用于选取指定属性的值以 value 结束的元素	集合元素
[attribute^=value]	用于选取指定属性的值以 value 开始的元素	集合元素
[attribute*=value]	用于选取指定属性的值含有 value 的元素	集合元素
[selector1][selector2]…[selector*N*]	用属性过滤选择器合成一个复合属性选择器，需要满足多个条件。每选择一次范围就缩小一次	集合元素

属性过滤选择器的具体用法如例 4-18 所示，在文档中创建一个“class="wrap"”的 div 层，在该层中再创建四个 div 层，并对其命名，具体代码如下。

【例 4-18】example4-18.html

```
<!DOCTYPE html >
<html>
  <head>
  <meta http-equiv="Content-Type" content="text/html; charset=utf-8" />
  <title>属性过滤选择器</title>
  <style type="text/css">
     .wrap {
              width: 360px;
              height:80px;
              padding: 10px;
              margin: 20px auto;
              border: 1px solid #ccc;
              }
      .wrap div {
             width: 80px;
             height: 60px;
             background: #0083C1;
             margin: 5px;
             float: left;
             text-align:center;
             font-size:36px;  }
    </style>
  </head>
  <body>
    <div class="wrap">
      <div id="dv1box" class="dv" title="11">1</div>
      <div id="dv2box" class="dv" title="12">2</div>
      <div id="dv3box" class="dv" title="13">3</div>
      <div id="dv4box" class="dv" title="14">4</div>
    </div>
```

```
</body>
</html>
```

运行结果如图 4-28 所示。

（1）[attribute]选择器

[attribute]选择器用于选取所有带有指定属性的元素，可以为任意属性。如选取文档中的 class 属性，为文本添加斜体样式，具体代码如下。

```
<script src="jquery-1.10.2.js"></script>
<script type="text/javascript">
 $(function(){
    $("[class]").css"fontStyle","italic";
</script>
```

运行结果如图 4-29 所示，文档中所有具有 class 属性的元素都变为了斜体。

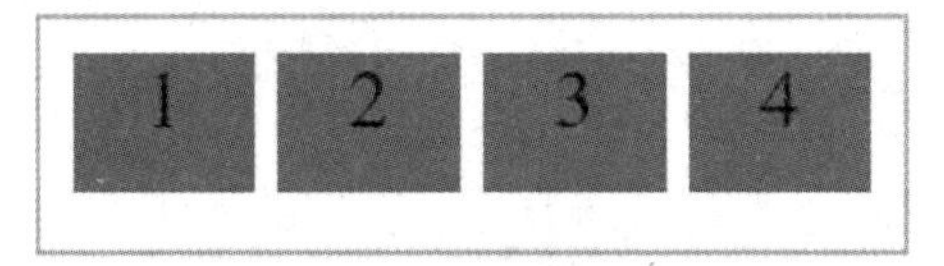

图 4-28 未添加选择器

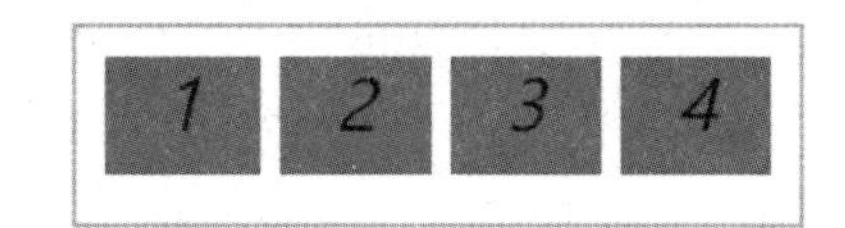

图 4-29 [attribute]选择器

（2）[attribute=value]选择器

[attribute=value]选择器用于选取所有与指定属性的值相等的元素。如选取文档中“id=dv2box”的属性，使其文本字号变大，具体代码如下，运行结果如图 4-30 所示。

```
$("[id=dv2box]").css("fontSize","50px");
```

（3）[attribute!=value]选择器

[attribute!=value]选择器用于选取所有与指定属性的值不相等的元素。如选取页面中“id !=dv2box”的属性，使其文本字号变大，具体代码如下。

```
$("div [id !=dv2box]").css("fontSize","50px");
```

运行结果如图 4-31 所示，除了 2 号 div 层中的文本字号没有变，其他 div 层中的文本字号全部变大了。

图 4-30 [attribute=value]选择器

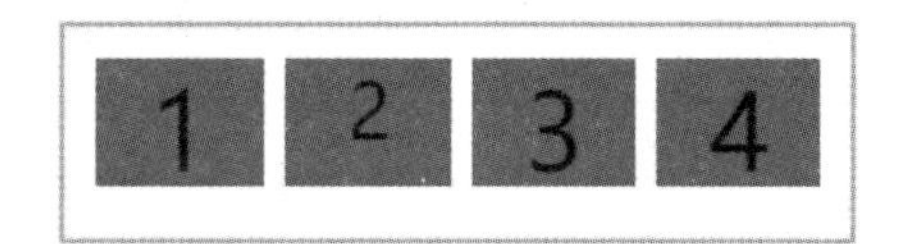

图 4-31 [attribute!=value]选择器

注意：带有指定的属性但不带有指定值的元素也会被选中。

（4）[attribute $=value]选择器

[attribute $=value]选择器用于选取所有带有指定属性且属性值以指定字符串结尾的元素。如选取文档中带有 id 属性且属性值以“box”结尾的元素，使其文本字号变大，具体代码如下。

```
$("[id $=box]").css("background-color","#FF33CC");
```

运行结果如图 4-32 所示，页面中 4 个带有 id 属性且属性值以“box”结尾的 div 层中的文本字号都变大了。

（5）[attribute^=value]选择器

[attribute^=value]选择器用于选取所有带有指定属性且属性值以指定字符串开始的元素。如选取页面中带有 id 属性且属性值以“dv”开始的元素，使其文本字号变大，具体代码如下。

```
$("[id^=dv3]").css("fontSize","50px");
```

运行结果如图 4-33 所示，页面中有 4 个带有 id 属性的元素，但是只有 3 号 div 层中的文本字号变大了。

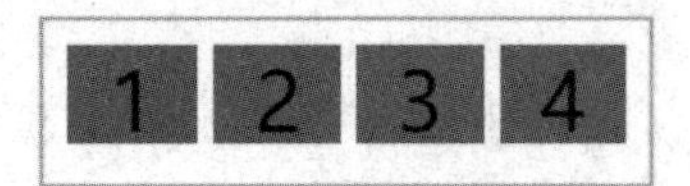

图 4-32　[attribute $=value]选择器

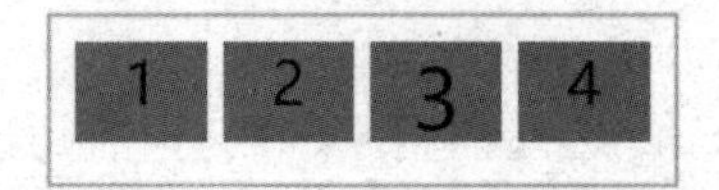

图 4-33　[attribute^=value]选择器

（6）[attribute *=value]选择器

[attribute *=value]选择器用于选取所有带有指定属性且属性值包含指定字符串的元素。如选取文档中带有 id 属性且属性值中包含“4b”的元素，使其文本字号变大，具体代码如下。

```
$("[id*=4b]").css("fontSize","50px");
```

运行结果如图 4-34 所示，页面中 4 个带有 id 属性的元素，但 id 属性值中含有“4b”的只有 4 号 div 层，所以 4 号 div 层中的字号变大了。

（7）[selector1] [selector2]…[selector*N*]选择器

[selector1] [selector2]…[selector*N*]选择器用于选取满足多个条件的复合属性的元素。如选取页面中带有 class 属性，且 title 属性值中包含“11”的元素，使其文本字号变大，具体代码如下。

```
$("[class=dv][title*=11]").css("fontSize","50px");
```

运行结果如图 4-35 所示，页面中有 5 个包含 class 属性的元素，但 title 属性值中包含“11”的元素只有 1 号 div 层，所以 1 号 div 层中的文本字号变大了。

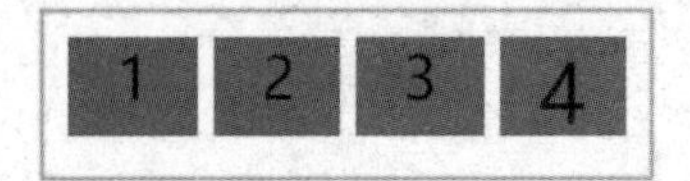

图 4-34　[attribute *=value]选择器

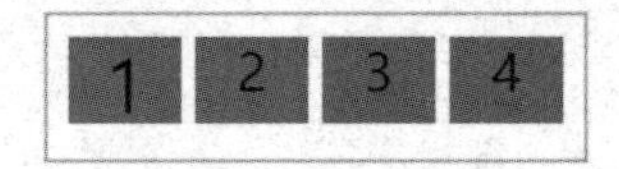

图 4-35　[selector1] [selector2]…[selector*N*]选择器

5）子元素过滤选择器

子元素过滤选择器主要是通过父元素和子元素的关系来选取相应元素的，可以同时选取不同父元素下的满足条件的子元素，具体如表 4-6 所示。

表 4-6　子元素过滤选择器

选择器	描述	返回
:nth-child(index/even/odd/equation)	用于选取每个父元素下的第 index 个子元素或索引为奇数/偶数的元素（index 从 1 开始）	集合元素
:first-child	用于选取每个父元素的第一个子元素	集合元素
:last-child	用于选取每个父元素的最后一个子元素	集合元素
:only-child	如果某个元素是其父元素中唯一的子元素，那么该元素将被匹配	集合元素

子元素过滤选择器的具体用法如例 4-19 所示。在文档中创建 1 个“class="wrap"”的 div 层，在其中创建 1 个标题、1 个段落和 4 个无序列表，并对列表添加 CSS 样式，进行修饰，具体代码如下，运行结果如图 4-36 所示。

【例 4-19】example4-19.html

```
<!DOCTYPE html >
<html>
  <head>
    <meta http-equiv="Content-Type" content="text/html; charset=utf-8" />
    <title>子元素过滤选择器</title>
```

```
    <style type="text/css">
      .wrap {
            width:400px;
            height:550px;
            padding: 10px;
            margin: 20px auto;
            border:2px solid #3F0;    }
    .wrap h2 {
            text-align:center;
            font-size:24px;  }
    </style>
  </head>
  <body>
    <div class="wrap">
      <h2>社会主义核心价值观</h2>
      <p>一个国家的强盛，离不开精神的支撑；一个民族的进步，有赖于文明的成长。</p>
      <ul>
        <h3>国家</h3>
        <li>富强</li>
        <li>民主</li>
        <li>文明</li>
        <li>和谐</li>
      </ul>
      <ul>
        <h3>社会</h3>
        <li>自由</li>
        <li>平等</li>
        <li>公正</li>
        <li>法治</li>
      </ul>
      <ul>
        <h3>公民</h3>
        <li>爱国</li>
        <li>敬业</li>
        <li>诚信</li>
        <li>友善</li>
      </ul>
    </div>
  </body>
</html>
```

图 4-36　未添加子元素过滤选择器

（1）:first-child 选择器

:first 选择器只能匹配一个单独的元素，但是:first-child 选择器能匹配多个元素，即选取每个父级元素的第一个子元素。该选择器的作用等同于:nth-child(1)。

如为列表中的 h3 元素添加背景颜色，具体代码如下，运行结果如图 4-37 所示。

```
<script src="jquery-1.10.2.js"></script>
<script type="text/javascript">
 $(function(){
   $("h3:first-child").css("background-color","#FF6633");
    });
</script>
```

（2）:last-child 选择器

:last 选择器只能匹配一个单独的元素，但是:last-child 选择器能匹配多个元素，即选取每个父级元素的最后一个子元素，如为列表中每个父元素的最后一个 li 元素添加背景颜色，具体代码如下，运行结果如图 4-38 所示。

```
<script src="jquery-1.10.2.js"></script>
<script type="text/javascript">
 $(function(){
   $("li:last-child").css("background-color","#FF6633");
    });
</script>
```

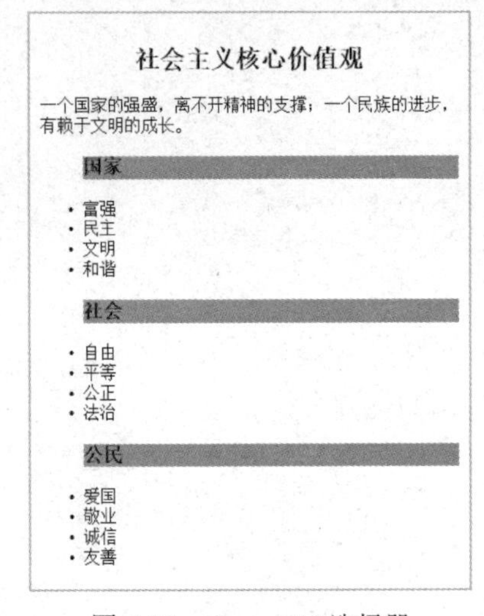

图 4-37　:first-child 选择器

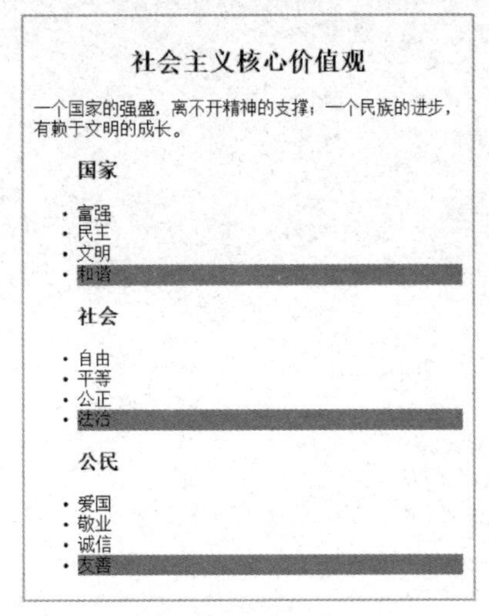

图 4-38　:last-child 选择器

（3）:only-child 选择器

:only-child 选择器用于匹配某个元素是否为其父元素中唯一的子元素。如为最后一个列表中的 li 元素添加背景颜色，具体代码如下。

```
<script src="jquery-1.10.2.js"></script>
<script type="text/javascript">
 $(function(){
   $("li:only-child").css("background-color","#FF6633");
    });
</script>
```

运行结果如图 4-39 所示，最后一个列表的 li 元素添加了背景颜色。

注意：如果父元素中的子元素只有一个，那么:first-child 选择器与:last-child 选择器匹配到的元素是同一个。

（4）:nth-child(n)选择器

:nth-child(n)选择器是参照 CSS 规范实现的，所以索引是从 1 开始计数的，而:eq(index)选择器的索引是从 0 开始计数的。:nth-child(n)选择器与:last-child(n)选择器的区别是，前者从第一个元素开始向后匹配，后者从最后一个元素开始向前匹配。

:nth-child()选择器的详解如下。

- :nth-child(even/odd)：可以选取所有父元素下的索引为偶(奇)数的元素。
- :nth-child(2)：可以选取所有父元素下的索引为 2 的元素。
- :nth-child(3n)：可以选取所有父元素下的索引为 3 的倍数的元素。
- :nth-child(3n + 1)：可以选取所有父元素下的索引为 $3n+1$ 的元素。

如选取页面中奇数项的列表元素，并为其添加背景颜色，具体代码如下。

```
<script src="jquery-1.10.2.js"></script>
<script type="text/javascript">
 $(function(){
    $("ul:nth-child(odd)").css("background-color","#FF6633");
     });
</script>
```

运行结果如图 4-40 所示，ul 父元素下的奇数列都被添加了背景颜色。

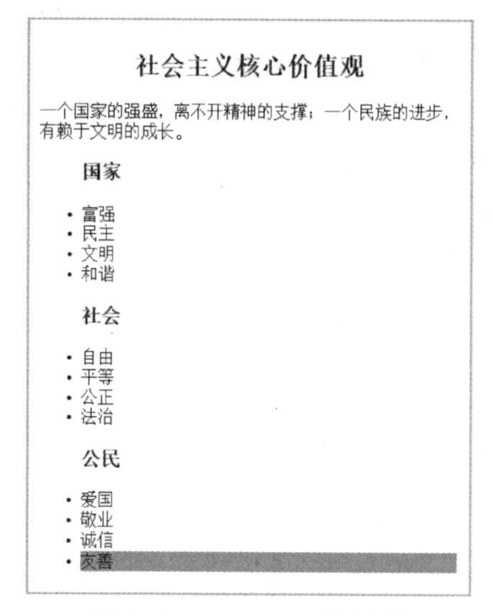

图 4-39 :only-child 选择器

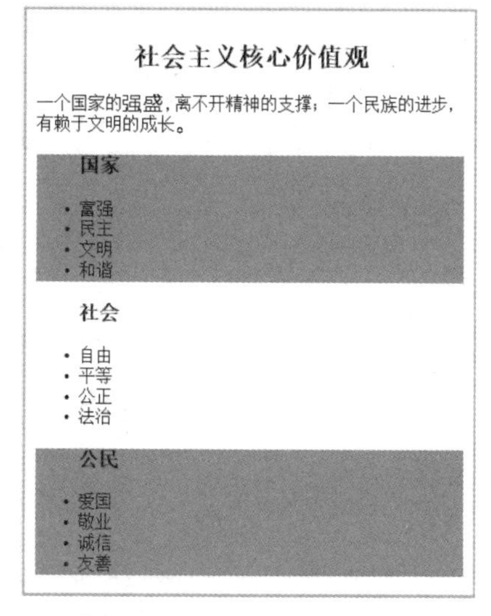

图 4-40 :nth-child(n)选择器

6）表单选择器

在 HTML 中，表单元素包括输入字段、按钮、文本区域等。表单选择器是一类 CSS 选择器，专门用于选择和样式化表单元素。这些选择器使得我们可以方便地选择表单中的特定元素，并对其应用样式。

4-7 常用的表单选择器

选择器	描述	返回
:input	用于选取所有的 input 元素、textarea 元素、select 元素和 button 元素	集合元素

续表

选择器	描述	返回
:text	用于选取所有的单行文本框	集合元素
:password	用于选取所有的密码框	集合元素
:radio	用于选取所有的单选按钮	集合元素
:checkbox	用于选取所有的复选框	集合元素
:submit	用于选取所有的提交按钮	集合元素
:image	用于选取所有的图像按钮	集合元素
:reset	用于选取所有的重置按钮	集合元素
:button	用于选取所有的按钮	集合元素
:file	用于选取所有的上传域	集合元素
:hidden	用于选取所有的不可见元素	集合元素

表单选择器的具体用法如例 4-20 所示。

【例 4-20】example4-20.html

1．添加 HTML 文档，具体代码如下。

```
<!DOCTYPE html>
<html>
  <head>
    <meta http-equiv="Content-Type" content="text/html; charset=utf-8" />
    <title>表单选择器</title>
  </head>

  <body>
    <form>
      姓名：<input type="text" name="姓名" />
      <br /><br />
      密码：<input type="password" name="密码" />
      <br /><br />
      性别：
      <input type="radio"  name="sex" value="男" />男
      <input type="radio"  name="sex" value="女" />女

      <br /><br />
      你的兴趣爱好有哪些？
      <input  type="checkbox" name="int" value="int1" />运动
      <input  type="checkbox" name="int" value="int1" />看书
      <input  type="checkbox" name="int" value="int1" />旅游
      <input  type="checkbox" name="int" value="int1" />听音乐
      <input  type="checkbox" name="int" value="int1" />画画
      <br /><br />
      <input type="reset" value="重置" />
      <input type="submit" value="提交" />
      <br /><br />
    </form>
  </body>
</html>
```

在 HTML 文档中创建了单行文本框、密码框、单选按钮、复选框、重置按钮和提交按钮，运行结果如图 4-41 所示。

图 4-41 未添加表单选择器

2．添加 jQuery 代码，为表单中的元素添加样式，具体代码如下。

1）:input 选择器

```
<script src="jquery-1.10.2.js"></script>
<script>
$(function(){
    $(":input").css('background-color','#99FF00');
            })
</script>
```

运行结果如图 4-42 所示。

2）:text 选择器

```
<script src="jquery-1.10.2.js"></script>
<script>
  $(function(){
    $(":text").css('background-color','#99FF00');
            })
</script>
```

运行结果如图 4-43 所示。

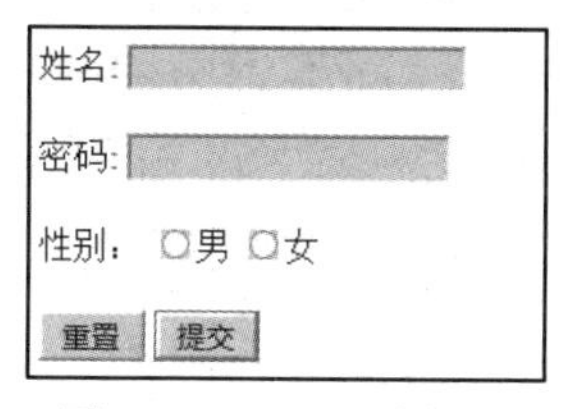

图 4-42 :input 选择器

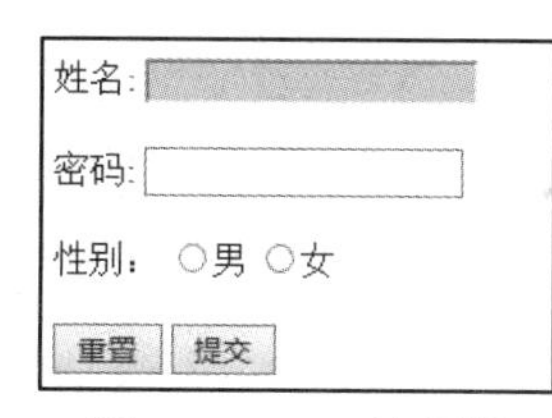

图 4-43 :text 选择器

3）:password 选择器

```
<script src="jquery-1.10.2.js"></script>
<script>
  $(function(){
    $(":password").css('background-color','#99FF00');
          })
</script>
```

运行结果如图 4-44 所示。

4）:radio 选择器

```
<script src="jquery-1.10.2.js"></script>
<script>
  $(function(){
    $(":radio").css('background-color','#99FF00');
            })
</script>
```

运行结果如图 4-45 所示。

图 4-44　:password 选择器

图 4-45　:radio 选择器

5）:reset 选择器

```
<script src="jquery-1.10.2.js"></script>
<script>
  $(function(){
    $(":reset").css('background-color','#99FF00');
              })
</script>
```

运行结果如图 4-46 所示。

6）:submit 选择器

```
<script src="jquery-1.10.2.js"></script>
<script>
  $(function(){
    $(":submit").css('background-color','#99FF00');
              })
</script>
```

运行结果如图 4-47 所示。

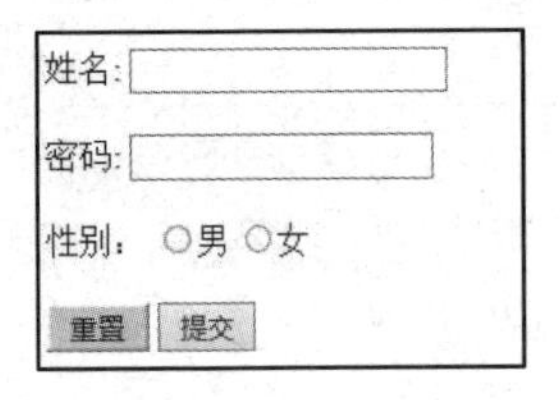

图 4-46　:reset 选择器

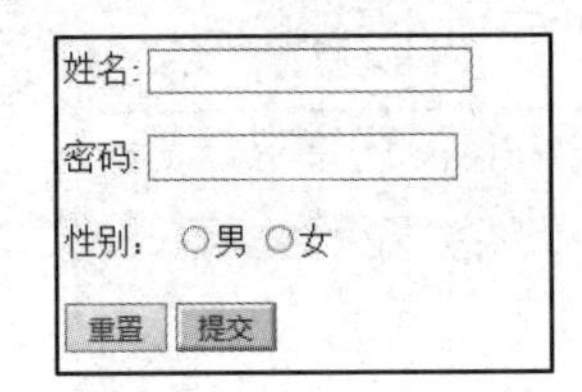

图 4-47　:submit 选择器

动手实践：动态导购菜单的制作

动手实践：动态导购菜单的制作

动态导购菜单在现代网购购物中应用地十分广泛，它能够快速定位用户寻找的对象。本案例将使用 jQuery 代码，实现一个动态商品切换的效果。

1．布局分析

HTML 基本布局如图 4-48 所示。

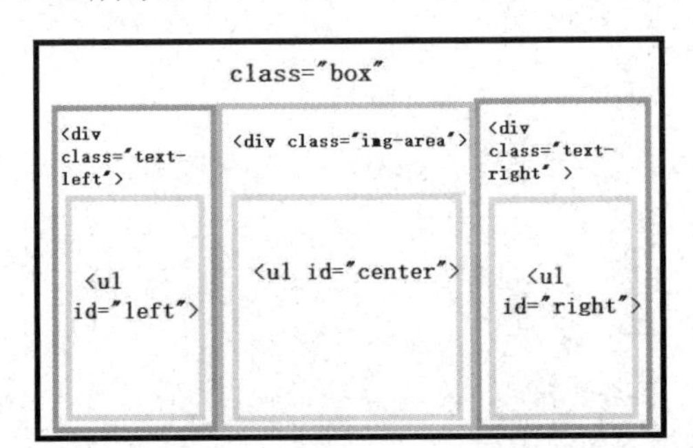

图 4-48　HTML 基本布局

2. 页面实现

（1）在 body 元素中添加 1 个 box 元素，随后在该元素中添加 3 个 div 元素，并在每个 div 元素中分别添加 1 个无序列表，具体代码如下。

```
<!DOCTYPE html>
<html>
  <head>
    <meta http-equiv="Content-Type" content="text/html; charset=utf-8" />
    <title>购物展示</title>
  </head>
  <body>
    <div class="box">
      <div class="text-left">
        <ul id="left">
          <li><a href="#">女装</a></li>
          <li><a href="#">男装</a></li>
          <li><a href="#">运动</a></li>
          <li><a href="#">箱包</a></li>
          <li><a href="#">玩具</a></li>
          <li><a href="#">家电</a></li>
          <li><a href="#">皮鞋</a></li>
          <li><a href="#">数码</a></li>
          <li><a href="#">美妆</a></li>
          <li><a href="#">珠宝</a></li>
          <li><a href="#">保健</a></li>
       </ul>
      </div>

      <div class="img-area">
        <ul id="center">
           <li><a href="#"><img src="imgs/女装.jpg" /></a></li>
           <li><a href="#"><img src="imgs/男装.jpg" /></a></li>
           <li><a href="#"><img src="imgs/运动.png" /></a></li>
           <li><a href="#"><img src="imgs/箱包.jpg" /></a></li>
           <li><a href="#"><img src="imgs/玩具.jpg" /></a></li>
           <li><a href="#"> <img src="imgs/家电.jpg" /></a></li>
           <li><a href="#"><img src="imgs/皮鞋.jpg" /></a></li>
           <li><a href="#"><img src="imgs/数码.jpg" /></a></li>
           <li><a href="#"><img src="imgs/美妆.jpg" /></a></li>
           <li><a href="#"> <img src="imgs/珠宝.jpg" /></a></li>
           <li><a href="#"><img src="imgs/保健.jpg" /></a></li>
           <li><a href="#"><img src="imgs/眼镜.jpg" /></a></li>
           <li><a href="#"><img src="imgs/手表.jpg" /></a></li>
           <li><a href="#"><img src="imgs/乐器.jpg" /></a></li>
           <li><a href="#"><img src="imgs/游戏.jpg" /></a></li>
           <li><a href="#"> <img src="imgs/动漫.jpg" /></a></li>
           <li><a href="#"> <img src="imgs/影视.jpg" /></a></li>
           <li><a href="#"><img src="imgs/美食.jpg" /></a></li>
            <li> <a href="#"><img src="imgs/鲜花.jpg" /></a></li>
           <li><a href="#"><img src="imgs/家居.jpg" /></a></li>
           <li><a href="#"><img src="imgs/学习.jpg" /></a></li>
           <li><a href="#"><img src="imgs/办公.jpg" /></a></li>
```

```
        </ul>
      </div>
      <div class="text-right" >
        <ul id="right">
         <li><a href="#">眼镜</a></li>
         <li><a href="#">手表</a></li>
        <li><a href="#">乐器</a></li>
        <li ><a href="#">游戏</a></li>
        <li><a href="#">动漫</a></li>
        <li ><a href="#">影视</a></li>
        <li ><a href="#">美食</a></li>
        <li><a href="#">鲜花</a></li>
        <li ><a href="#">家居</a></li>
        <li ><a href="#">学习</a></li>
        <li ><a href="#">办公</a></li>
       </ul>
      </div>
    </div>
  </body>
</html>
```

（2）新建 CSS 样式表并命名为 shopping，并将其链接在 HTML 文档中为元素添加样式，使 3 个 div 元素在同一水平线上显示。

将名称为 shopping 的样式表链接到 HTML 文档的 href 属性中。

```
<link type="text/css" rel="stylesheet" href="shopping.css" />
```

shopping 样式表中的具体代码如下。

```
body, p, ul, li{margin:0; padding:0;}
.box{width:470px;height:396px;  background-color:#FFFFFF;  border:  1px  solid
#F27B04; margin:30px auto;}
.text-left{width:100px; height:396px;  border-right:1px solid #F27B04;overflow:
hidden; float:left; }
.text-right{width:100px; height:396px;  border-left:1px solid #F27B04;overflow:
hidden; float:left; }
.img-area{
  width:268px;
  height:396px;
  overflow:hidden;
  float:left;
}
img{border:0;}
li{list-style:none;}
a{font-size:16px; text-decoration:none}
a:link,a:visited {color:#999;}
.text-left ul li,.text-right ul li
{width:100px;height:35px;text-align:center;line-height:35px;  border-bottom:1px
solid #F27B04;}
#left li:hover, #right li:hover {
    color: #fff;
    background-color:#FF3300;
}
```

运行结果如图 4-49 所示。

（3）引入 jQuery 库，添加 jQuery 代码，实现鼠标指针经过商品时的动态切换效果。首先在 HTML 文档中书写就绪函数$(function(){})，然后对左侧列表添加鼠标指针经过商品时的动态切换效果，具体代码如下。

```
<script src="jquery-1.10.2.js"></script>
<script>
$(function(){//就绪函数
    // 为左侧列表中的 li 元素添加鼠标指针进入的事件
    $("#left>li").mouseover(function(){
        // 获取当前 li 元素的索引
        var idx= $(this).index();
        // 在链接列表中，除与菜单索引相同的选项外，其他元素都被隐藏
        $("#center>li").eq(idx).siblings('li').hide();
        $("#center>li").eq(idx).show();
        });
        // 为右侧列表中的 li 元素添加鼠标指针进入的事件
    $("#right>li").mouseover(function(){
        // 由于左侧菜单有 11 个，所以右侧菜单的索引需要加 11
        var idx= $(this).index()+11;
        $("#center>li").eq(idx).siblings('li').hide();
        $("#center>li").eq(idx).show();
        });
    });
</script>
```

运行结果如图 4-50 所示，实现了鼠标指针经过商品时的动态切换效果，即当鼠标指针经过商品菜单时，该商品添加背景颜色且文本变成白色，两个列表中间显示对应的商品图片。

图 4-49 效果图

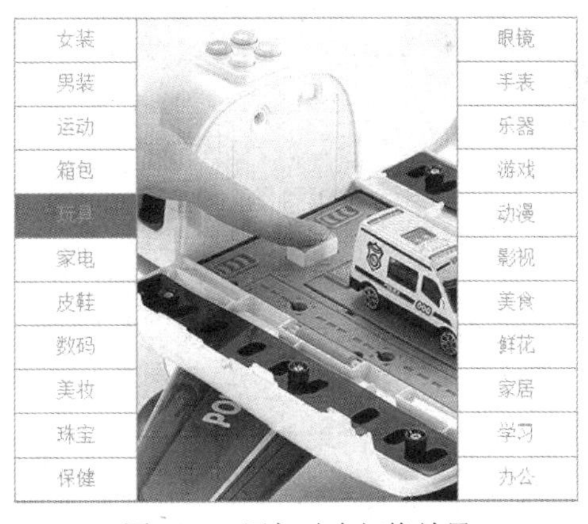

图 4-50 添加动态切换效果

任务 4.3 jQuery 动画效果

4.3.1 jQuery 基本动画效果

显示与隐藏是 jQuery 的基本动画效果，在实现时需要用到 show()方法和 hide()方法，其语法格式如下。

```
隐藏元素：$(selector).hide(speed,callback);
显示元素：$(selector).show(speed,callback);
```

其中，selector 选择器为要操作的对象；参数 speed 和 callback 均为可选参数，参数 speed 用于规定显示的速度，其取值可以为 slow、fast 或毫秒数等；参数 callback 用于规定显示完成后所执行函数的名称。

1. 隐藏效果的实现

hide()方法的具体用法如例 4-21 所示。设置一个按钮，当单击该按钮时，按钮下方的图片会隐藏起来，具体代码如下。

【例 4-21】 example4-21.html

```
<!DOCTYPE html>
<html>
  <head>
    <meta http-equiv="Content-Type" content="text/html; charset=utf-8" />
    <title>隐藏动画</title>
  <head>
    <script src="jquery-1.10.0.min.js"></script>
    <script type="text/javascript">
      $(document).ready(function(){
      $("#hide").click(function(){
      $("p").hide("2000");
         });

          });
    </script>
  </head>
  <body>
    <center>
      <button id="hide" type="button">隐藏</button>
      <p><img src="10.jpg"></p>
    </center>
  </body>
</html>
```

（1）在 body 元素中添加按钮并插入图片。

```
<body>
  <center>
    <button id="hide" type="button">隐藏</button>
    <p><img src="10.jpg"></p>
  </center>
</body>
```

（2）引入 jQuery 库，并在 HTML 文档中编写就绪函数。

```
<script src="jquery-1.10.0.min.js"></script>
<script type="text/javascript">
  $(document).ready(function(){

});
</script>
```

（3）使用 hide()方法实现图片的隐藏效果。

```
$("#hide").click(function(){
```

```
  $("p").hide("2000");
});
```

我们的目标是单击“隐藏”按钮使图片隐藏，因此我们要获取 id 属性值为 hide 的隐藏按钮，并为其添加 click 事件，代码为“$("#hide").click();”。响应 click 事件的目的是使图片在页面中消失，因此需要在 click()函数中输入响应事件的 hide()方法，这样隐藏效果就完成了。在 hide()方法中还可以添加参数，如 slow、fast 和毫秒数等，以增强动画效果。

运行结果如图 4-51 和图 4-52 所示。

图 4-51　隐藏前的原始效果

图 4-52　隐藏后的效果

在单击“隐藏”按钮后，图片隐藏。

2. 显示效果的实现

如何让隐藏的图片显示出来呢？这时就需要用到 show()方法了。在上述示例的基础上添加一个按钮，使用 show()方法实现图片的显示效果如例 4-22 所示。

【例 4-22】example4-22.html

```
<!DOCTYPE html>
<html>
  <head>
    <meta http-equiv="Content-Type" content="text/html; charset=utf-8" />
    <title>隐藏动画</title>
  <head>
    <script src="jquery-1.10.0.min.js"></script>
    <script type="text/javascript">
      $(document).ready(function(){
      $("#hide").click(function(){
      $("p").hide("2000");
           });
      $("#show").click(function(){
      $("p").show("slow");
            });
        });
    </script>
  </head>
  <body>
    <center>
      <button id="hide" type="button">隐藏</button>
      <button id="show" type="button">显示</button>
      <p><img src="10.jpg"></p>
    </center>
  </body>
</html>
```

当单击“隐藏”按钮时，图片就会隐藏；当单击“显示”按钮时，隐藏的图片就会被显示。通过上述示例，可以发现 show()方法的使用方法与 hide()方法的相同，其参数的可选内容也相同。

3．切换效果的实现

如何使用一个按钮实现隐藏与显示效果之间的切换呢？这时就需要使用 toggle()方法来切换状态了，其语法格式为“$(selector).toggle(speed,callback);”，其参数的可选内容与 hide()方法相同。

添加“切换”按钮，通过 toggle()方法实现只使用一个按钮就使图片在显示与隐藏效果之间切换，具体代码如例 4-23 所示。

【例 4-23】example4-23.html

```
<!DOCTYPE html >
<html>
  <head>
    <meta http-equiv="Content-Type" content="text/html; charset=utf-8" />
    <title>切换动画</title>
  <head>
    <script src="jquery-1.10.0.min.js"></script>
    <script type="text/javascript">
      $(document).ready(function(){
      $("button").click(function(){
      $("p").toggle("2000");
            });
          });
    </script>
  </head>
  <body>
    <center>
      <button type="button">切换</button>
      <p><img src="10.jpg"></p>
    </center>
  </body>
</html>
```

运行结果如图 4-53 和图 4-54 所示，只使用一个按钮就实现了图片在显示与隐藏效果之间的切换，简化了 jQuery 代码。

图 4-53　单击按钮图片显示

图 4-54　单击按钮图片隐藏

注意：页面中的图片可以替换为其他素材。

4.3.2 淡入淡出动画效果

在 jQuery 中，实现淡入淡出动画效果的方法主要有 fadeIn()、fadeOut()、fadeToggle()和 fadeTo()。这些方法的语法格式如下。

- $(selector).fadeIn(speed,callback);
- $(selector).fadeOut(speed,callback);
- $(selector).fadeToggle(speed,callback);
- $(selector).fadeTo(speed,opacity,callback);

其中，selector 选择器为要操作的对象，参数 speed 和 callback 均为可选参数，参数 opacity 为必选参数。

上述方法的具体用法如下。

1．淡入可见元素

在单击按钮时，3 个不同颜色的矩形以不同的参数淡入页面，具体代码如例 4-24 所示。

【例 4-24】 example4-24.html

（1）打开原始素材，设置 3 个大小相同、颜色不同的矩形，其中 CSS 样式表中的“display:none”代表素材目前是隐藏状态。

```
<body>
    <center>
        <p>以不同参数的方式淡入网页元素</p>
        <button>单击按钮，使矩形以不同的方式淡入</button>
        <br><br>
        <div id="div1" style="width:240px;height:150px;display:none; background-color:#F00;"></div>
        <br>
        <div id="div2" style="width:240px;height:150px;display:none; background-color:#3F0;"></div>
        <br>
        <div id="div3" style="width:240px;height:150px;display:none; background-color:#F0F;"></div>
    </center>
</body>
```

（2）引入 jQuery 库，在 HTML 文档中编写就绪函数，为按钮添加 click 事件。

```
<script src="jquery-1.10.0.min.js"></script>
<script type="text/javascript">
    $(document).ready(function(){
        $("button").click();
    });
</script>
```

（3）响应事件函数，同时设置 3 个矩形的不同淡入参数，将第 1 个矩形的参数设置为默认状态，第 2 个矩形的参数设置为“slow”，第 3 个矩形的参数设置为 3000 毫秒。

```
<script src="jquery-1.10.0.min.js"></script>
<script type="text/javascript">
    $(document).ready(function(){
        $("button").click(function(){
            $("#div1").fadeIn();
            $("#div2").fadeIn("slow");
            $("#div3").fadeIn(3000);
```

```
        });
     });
  </script>
```

运行结果如图 4-55 和图 4-56 所示。在单击按钮时，3 个不同颜色的矩形会以不同的方式慢慢显示。

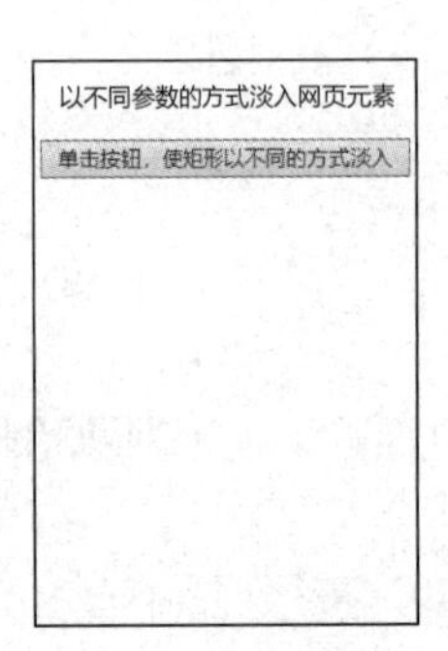

图 4-55　淡入前效果

图 4-56　淡入后效果

（4）设置淡入可见元素动画效果的具体代码如下。

```
  <!DOCTYPE html>
  <html>
    <head>
      <meta http-equiv="Content-Type" content="text/html; charset=utf-8" />
      <title>以不同的方式淡入元素</title>
      <script src="jquery-1.10.0.min.js"></script>
      <script type="text/javascript">
        $(document).ready(function(){
        $("button").click(function(){
        $("#div1").fadeIn();
        $("#div2").fadeIn("slow");
        $("#div3").fadeIn(3000);
           });
        });
      </script>
    </head>
    <body>
      <center>
      <p>以不同参数的方式淡入网页元素</p>
      <button>单击按钮，使矩形以不同的方式淡入</button>
      <br><br>
      <div  id="div1"  style="width:240px;height:150px;display:none;  background-
color: #F00;"></div>
      <br>
      <div  id="div2"  style="width:240px;height:150px;display:none;  background-
color: #3F0;"></div>
      <br>
      <div  id="div3"  style="width:240px;height:150px;display:none;  background-
color: #F0F;"></div>
      </center>
    </body>
   </html>
```

2．淡出可见元素

淡出可见元素的动画效果可以使用 fadeOut()方法实现。在单击按钮时，3 个不同颜色的矩形以不同的方式淡出页面，具体代码如例 4-25 所示。

【例 4-25】 example4-25.html

（1）打开原始素材，设置 3 个大小相同、颜色不同的矩形。

```
<body>
  <center>
    <p>以不同参数的方式淡出网页元素</p>
    <button>单击按钮，使矩形以不同的方式淡出</button>
    <br><br>
    <div  id="div1"  style="width:240px;height:150px;display:none;  background-color: #F00;"></div>
    <br>
    <div  id="div2"  style="width:240px;height:150px;display:none;  background-color: #3F0;"></div>
    <br>
    <div  id="div3"  style="width:240px;height:150px;display:none;  background-color: #F0F;"></div>
    </center>
</body>
```

（2）引入 jQuery 库，在 HTML 文档中编写就绪函数，为按钮添加 click 事件。

```
<script src="jquery-1.10.0.min.js"></script>
<script type="text/javascript">
$(document).ready(function(){
  $("button").click();
});
</script>
```

（3）响应事件函数同时设置 3 个矩形的不同淡出参数，将第 1 个矩形的参数设置为默认状态，第 2 个矩形的参数设置为“slow”，第 3 个矩形的参数设置为 3000 毫秒。

```
$("button").click(function(){
    $("#div1").fadeOut();
    $("#div2").fadeOut("slow");
    $("#div3").fadeOut(3000);
});
```

运行结果如图 4-57 和图 4-58 所示，在单击按钮时，3 个不同颜色的矩形会以不同的方式慢慢隐藏。

图 4-57　淡出前效果

图 4-58　淡出后效果

（4）设置淡出可见元素动画效果的具体代码如下。

```
<!DOCTYPE html>
<html>
  <head>
    <meta http-equiv="Content-Type" content="text/html; charset=utf-8" />
    <title>淡出元素</title>
    <script src="jquery-1.10.0.min.js"></script>
    <script type="text/javascript">
      $(document).ready(function(){
      $("button").click(function(){
      $("#div1").fadeOut();
      $("#div2").fadeOut("slow");
      $("#div3").fadeOut(3000);
          });
        });
    </script>
  </head>
  <body>
    <center>
      <p>以不同参数的方式淡出网页元素</p>
      <button>单击按钮，使矩形以不同的方式淡出</button>
      <br><br>
      <div id="div1" style="width:240px;height:150px; background-color:#F00;">
      </div>
      <br>
      <div id="div2" style="width:240px;height:150px; background-color:#3F0;">
      </div>
      <br>
      <div id="div3" style="width:240px;height:150px; background-color:#F0F;">
      </div>
    </center>
  </body>
</html>
```

3．切换淡入、淡出可见元素

切换淡入、淡出可见元素的动画效果可以使用 fadeToggle()方法实现。在单击按钮时，3 个矩形会以不同的方式在淡入与淡出动画效果之间进行切换。

这种动画效果的实现其实很简单，通过上面的学习不难发现，以上几个方法的使用方法都是一样的，现在只需要按照例 4-26 的代码修改例 4-25，将 fadeOut()方法统一替换为 fadeToggle()方法即可，具体代码如例 4-26 所示。

【例 4-26】 example4-26.html

```
<!DOCTYPE html>
<html>
  <head>
    <meta http-equiv="Content-Type" content="text/html; charset=utf-8" />
    <title>切换淡入、淡出可见元素</title>
    <script src="jquery-1.10.0.min.js"></script>
    <script type="text/javascript">
      $(document).ready(function(){
      $("button").click(function(){
      $("#div1").fadeToggle();
      $("#div2").fadeToggle("slow");
```

```
        $("#div3").fadeToggle(3000);
        });
      });
    </script>
  </head>
  <body>
    <center>
      <p>以不同参数的方式切换淡入、淡出可见元素</p>
      <button>单击按钮，使矩形以不同的方式淡入、淡出</button>
      <br><br>
      <div id="div1" style="width:240px;height:150px; background-color:#F00;">
      </div>
      <br>
      <div id="div2" style="width:240px;height:150px; background-color:#3F0;">
      </div>
      <br>
      <div id="div3" style="width:240px;height:150px; background-color:#F0F;">
      </div>
    </center>
  </body>
</html>
```

运行结果如图 4-59 和图 4-60 所示。在单击按钮时，3 个不同颜色的矩形以不同的方式在淡入与淡出动画效果之间进行切换。

图 4-59　切换淡出效果

图 4-60　切换淡入效果

4．淡入、淡出到指定值

淡入、淡出到指定值的动画效果可以使用 fadeTo()方法实现。在单击按钮时，3 个不同颜色的矩形会产生不同程度的透明效果。

在此，我们同样将 fadeToggle()方法统一替换为 fadeTo()方法，之后为每个矩形指定值，即设置第 1 个矩形 opacity 的参数值为 0.15，第 2 个矩形 opacity 的参数值为 0.4，第 3 个矩形 opacity 的参数值为 0.7，具体代码如例 4-27 所示。

【例 4-27】example4-27.html

```
<!DOCTYPE html>
```

```
<html>
  <head>
    <meta http-equiv="Content-Type" content="text/html; charset=utf-8" />
    <title>淡入淡出到指定值</title>
    <script src="jquery-1.10.0.min.js"></script>
    <script type="text/javascript">
      $(document).ready(function(){
      $("button").click(function(){
      $("#div1").fadeTo("slow",0.15);
      $("#div2").fadeTo("slow",0.4);
      $("#div3").fadeTo("slow",0.7);
          });
        });
    </script>
  </head>
  <body>
    <center>
      <p>可见元素淡入、淡出到指定值</p>
      <button>单击按钮，使可见元素淡入淡出到指定值</button>
      <br><br>
      <div id="div1" style="width:240px;height:150px; background-color:#F00;">
      </div>
      <br>
      <div id="div2" style="width:240px;height:150px; background-color:#3F0;">
      </div>
      <br>
      <div id="div3" style="width:240px;height:150px; background-color:#F0F;">
      </div>
    </center>
  </body>
</html>
```

运行结果如图 4-61 和图 4-62 所示。在单击按钮时，3 个矩形均淡出到指定值。

图 4-61　淡出到指定值原始状态

图 4-62　淡出到指定值效果

4.3.3 滑动效果

jQuery 动画效果中的滑动效果，主要是通过高度的变化动态切换元素的可见性。jQuery 中用于创建滑动效果的方法有：slideDown( )、slideUp( )和 slideToggle( )。这些方法的语法格式如下。

```
$(selector).slideDown(speed,callback);
$(selector).slideUp(speed,callback);
$(selector).slideToggle(speed,callback);
```

其中，selector 选择器为要操作的对象；参数 speed 和 callback 均为可选参数，参数 speed 用于规定显示的速度，其取值可以为 slow、fast 或毫秒数等；参数 callback 用于规定显示完成后所执行函数的名称。

1．滑动显示匹配的元素

使用 slideDown( )方法可以滑动显示匹配的元素。单击文本标题“关于努力”，页面中隐藏的元素就会以滑动的方式显示出来，具体代码如例 4-28 所示。

【例 4-28】 example4-28.html

（1）打开原始素材，其中“display:none;”代表元素目前被隐藏。

```
<!DOCTYPE html>
<html>
 <head>
  <meta http-equiv="Content-Type" content="text/html; charset=utf-8" />
  <title>滑动显示匹配的元素</title>
  <style type="text/css">
   div.panel,p.flip{margin:0px;padding:5px;text-align:center;
                    background-color:#F9C;border:solid 1px #FF9;}
   div.panel{height:300px;display:none;}
  </style>
 </head>
 <body>
  <div class="panel">
   <p>关于努力</p>
   <p>努力不是为了证明自己多优秀，</p>
   <p>而是在意外和不可控的因素来临时，</p>
   <p>那些平常所努力积淀的涵养和能力，</p>
   <p>可以成为抗衡一切风雨的底气。</p>
  </div>
  <p class="flip">关于努力</p>
 </body>
</html>
```

（2）引入 jQuery 库，在 HTML 文档中编写就绪函数，为 class 属性值为 flip 的元素添加 click 事件，具体代码如下。

```
<script src="jquery-1.10.0.min.js"></script>
<script type="text/javascript">
 $(document).ready(function(){
  $(".flip").click(function(){   });
  });
 </script>
```

（3）使用 slideDown( )方法响应 click 事件，具体代码如下。

```
$(".flip").click(function(){
```

```
    $(".panel").slideDown("slow");
  });
```

运行结果如图 4-63 和图 4-64 所示，滑动效果成功实现。

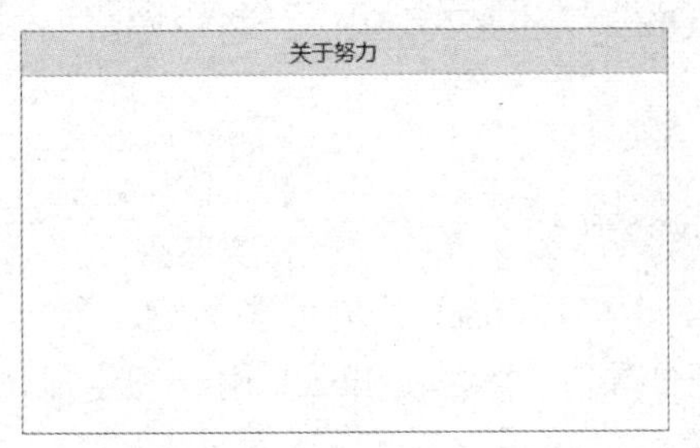

图 4-63　滑动显示前效果

关于努力
努力不是为了证明自己多优秀，
而是在意外和不可控的因素来临时，
那些平常所努力积淀的涵养和能力，
可以成为抗衡一切风雨的底气。
关于努力

图 4-64　滑动显示后效果

2．滑动隐藏匹配的元素

使用 slideUp( )方法可以向上减少元素显示的高度，滑动隐藏匹配的元素。在例 4-28 的基础上使用 sildeUp( )方法，使显示的元素隐藏，具体代码如例 4-29 所示。

【例 4-29】example4-29.html

```
<!DOCTYPE html>
<html>
  <head>
    <meta http-equiv="Content-Type" content="text/html; charset=utf-8" />
    <title>滑动隐藏匹配的元素</title>
    <script src="jquery-1.10.0.min.js"></script>
    <script type="text/javascript">
      $(document).ready(function(){
      $(".flip").click(function(){
      $(".panel").slideUp("slow");
              });
           });
    </script>
    <style type="text/css">
      div.panel,p.flip{
        margin:0px;
        padding:5px;
        text-align:center;
        background-color:#F9C;
        border:solid 1px #FF9;
        }
    div.panel{height:300px;}
    </style>
  </head>

  <body>
    <div class="panel">
      <p>关于努力</p>
      <p>努力不是为了证明自己多优秀，</p>
      <p>而是在意外和不可控的因素来临时，</p>
      <p>那些平常所努力积淀的涵养和能力，</p>
      <p>可以成为抗衡一切风雨的底气。</p>
    </div>
```

```
    <p class="flip">关于努力</p>
  </body>
</html>
```

运行结果如图 4-65 和图 4-66 所示，slideDown()方法和 slideUp()方法配合使用，可以使元素在显示与隐藏之间切换。

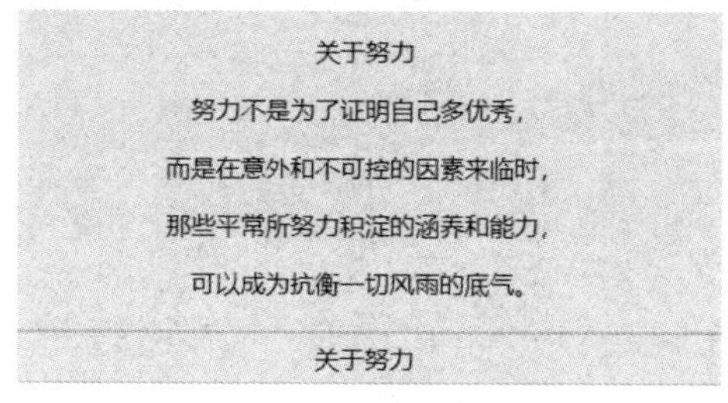

图 4-65 滑动隐藏前效果

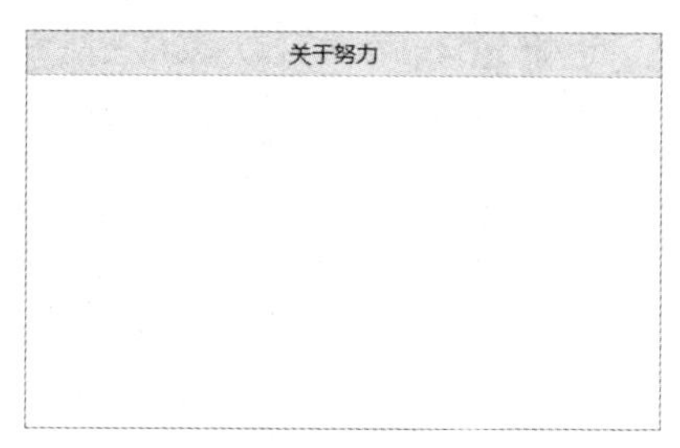

图 4-66 滑动隐藏后效果

3. 动态切换可见元素

使用 slideToggle()方法可以实现通过元素显示高度的变化动态切换元素的可见性。也就是说，只需要使用 slideToggle()方法，就可以实现 slideDown()方法和 slideUp()方法配合使用的效果。通过元素显示高度的变化动态切换元素的可见性，具体代码如例 4-30 所示。

【例 4-30】example4-30.html

```
<!DOCTYPE html>
<html>
  <head>
    <meta http-equiv="Content-Type" content="text/html; charset=utf-8" />
    <title>动态切换可见元素</title>
    <script src="jquery-1.10.0.min.js"></script>
    <script type="text/javascript">
      $(document).ready(function(){
      $(".flip").click(function(){
      $(".panel").slideToggle("slow");
            });
        });
    </script>
    <style type="text/css">
      div.panel,p.flip
          {
            margin:0px;
            padding:5px;
            text-align:center;
            background-color:#F9C;
            border:solid 1px #FF9;
        }
      div.panel
        {
          height:300px;
          display:none;
          }
    </style>
```

```
  </head>
  <body>
    <div class="panel">
      <p>关于努力</p>
      <p>努力不是为了证明自己多优秀，</p>
      <p>而是在意外和不可控的因素来临时，</p>
      <p>那些平常所努力积淀的涵养和能力，</p>
      <p>可以成为抗衡一切风雨的底气。</p>
    </div>
    <p class="flip">关于努力</p>
  </body>
</html>
```

运行结果如图 4-67 和图 4-68 所示，使用 slideToggle()方法实现了网页元素在显示与隐藏之间自由切换的效果。

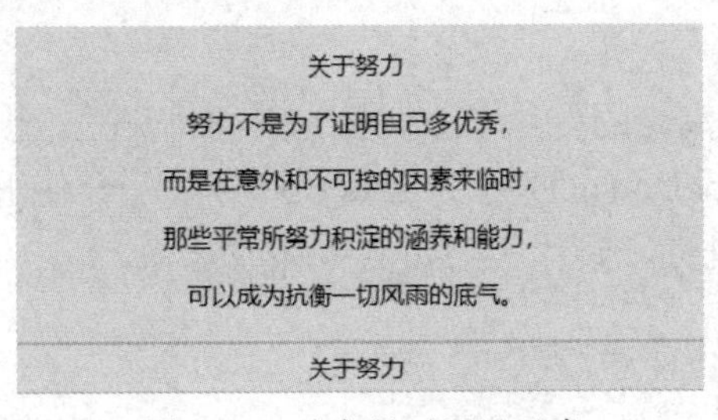

图 4-67　动态显示可见元素

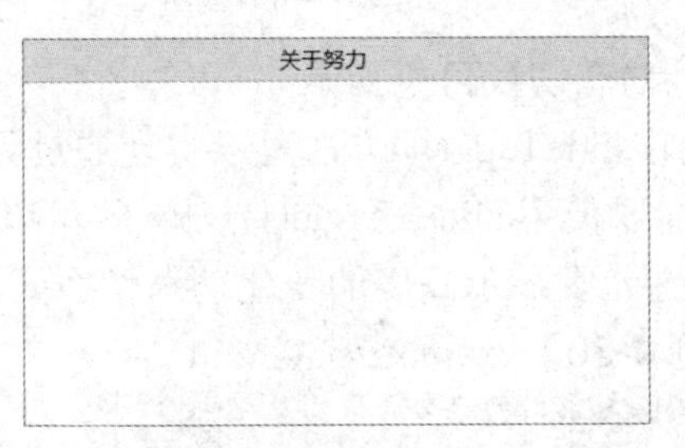

图 4-68　动态隐藏可见元素

4.3.4　自定义动画

jQuery 能够在页面上实现绚丽的动画效果。前文中所涉及的基本动画效果从不同的方面使元素动了起来。但很多情况下，基本动画效果无法满足用户需求，如果想要添加更多的动画效果，就需要采用更高级的自定义动画。自定义动画不仅可以为网页增添许多亮点，还可以在基本动画的基础上与 CSS 样式搭配使用，进一步简化 JavaScript 的操作。

有时程序预设的效果并不能满足我们的需求，想要摆脱预设程序的束缚就需要创建自定义动画。在 jQuery 中，我们使用 animate()方法来创建自定义动画，其语法格式如下。

```
$(selector).animate({params},speed,callback);
```

在 animate()方法中有 3 个参数选项，其含义如下。

- params：必选参数，是一个包含样式、属性和值的映射，比如，{property1:"value1", property2:"value2",…}。
- speed：速度参数，是一个可选参数。
- callback：在动画完成时执行的函数，也是一个可选参数。

1．自定义简单动画

自定义简单动画的方法如例 4-31 所示。

【例 4-31】 example4-31.html

（1）在 HTML 文档中有一个 id 属性值为 panel 的 div 元素，当该元素被单击后，会在页面上横向飘动。基本布局的代码如下。

```
<!DOCTYPE html>
<html>
```

```
  <head>
    <meta http-equiv="Content-Type" content="text/html; charset=utf-8" />
    <title>自定义简单动画</title>
    <style>
      #panel{ width:150px;
              height:150px;
              background-color:#F9C;
              position:relative;}
    </style>
  </head>
  <body>
    <div id="panel"></div>
  </body>
</html>
```

（2）引入 jQuery 库，为 id 属性值为 panel 的元素创建一个 click 事件。

```
<script src="jquery-1.10.2.js"></script>
<script>
  $(function (){$("#panel").click(); });
</script>
```

（3）创建自定义动画，使元素在 3 秒（3000 毫秒）内向右移动 300px。

```
$(function () {
$("#panel").click(function () {
$(this).animate({ left: "300px" }, 3000); }); });
```

运行结果如图 4-69 和图 4-70 所示，当单击 div 元素时，该元素会慢慢向右移动，但只能移动一次。要想持续移动，需要创建累加、累减动画效果。

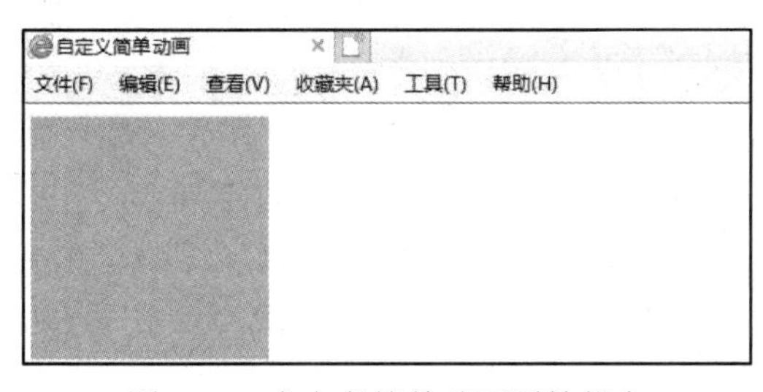

图 4-69　自定义简单动画原始状态

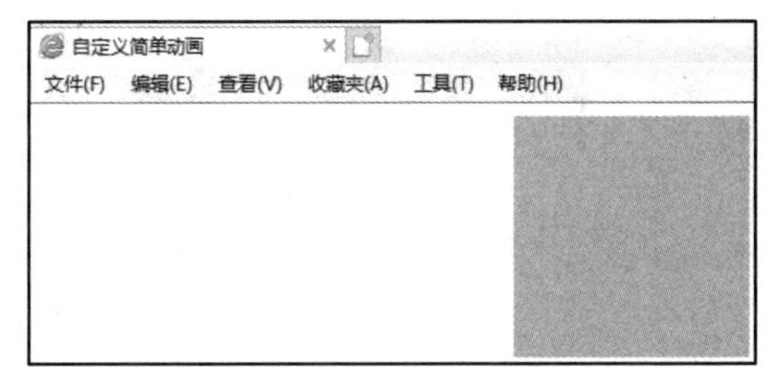

图 4-70　自定义简单动画

注意： *在使用 animate()方法之前，为了能够影响该元素的 top、left、bottom 和 right 样式，必须先把元素的 position 样式设置为相对定位或绝对定位，即 relative 或 absolute。*

2．累加、累减动画

在上述代码中，设置了{left: "300px"}作为动画参数。如果在 300px 之前加上“+=”或“-=”，则表示在当前位置累加或累减，如例 4-32 所示。

【例 4-32】 example4-32.html

```
$(function () {
$("#panel").click(function () {
$(this).animate({left: "+=300px"  }, 3000); }); });
```

运行结果如图 4-71 和图 4-72 所示，单击一次 div 元素，该元素就向右移动一次，如果持续单击，则该元素会以每次 300px 的距离向右移动。

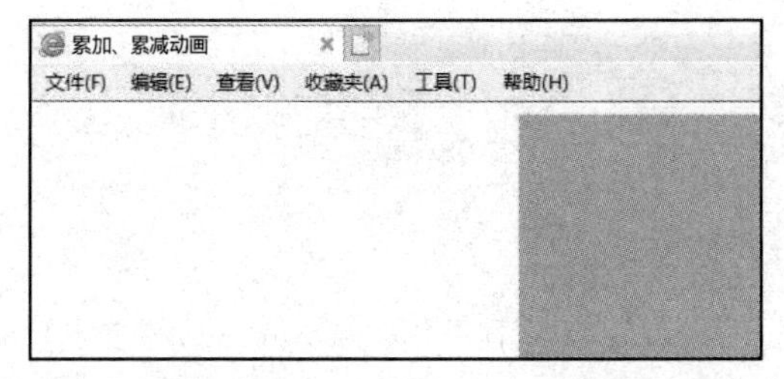

图 4-71　div 元素移动一次的效果

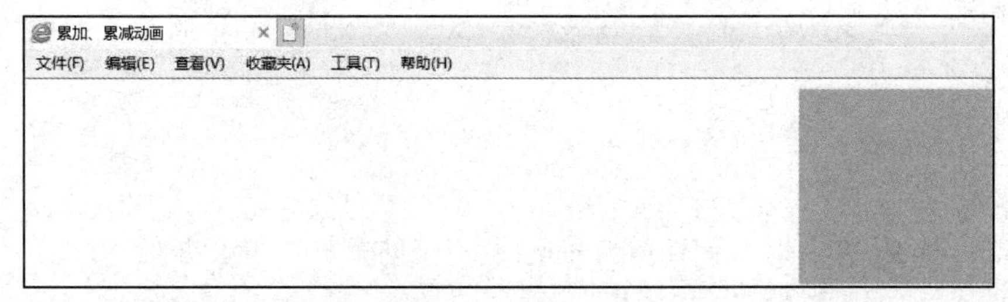

图 4-72　div 元素移动两次的效果

3. 多重动画效果

多重动画是指对同一个目标添加多个动画效果。

1）按顺序执行多个动画

按顺序执行多个动画是指按照顺序编写相应代码。要想将 id 属性值为 panel 的 div 元素向右移动，且宽度、高度均有所变化，需要在上述代码的基础上再添加一个 animate 动画，具体代码如例 4-33 所示。

【例 4-33】 example4-33.html

```
<script src="jquery-1.10.2.js"></script>
<script>
$(function (){
    $("#panel").click(function (){
        $(this).animate({left:"+=300px"},3000);
        $(this).animate({width:'+=200px',height:'+=200px'},3000);
    });
});
</script>
```

运行结果如图 4-73 和图 4-74 所示，div 元素先向右移动，然后其宽度和高度开始增加。

注意： 因为 animate()方法是对同一个 jQuery 对象进行操作的，所以上述代码中的 animate()方法还可以改为链式写法，具体代码如下。

```
$(this).animate({left:"+=300px"},3000).animate({height:"+=200px",width:"+=200px"},
3000);
```

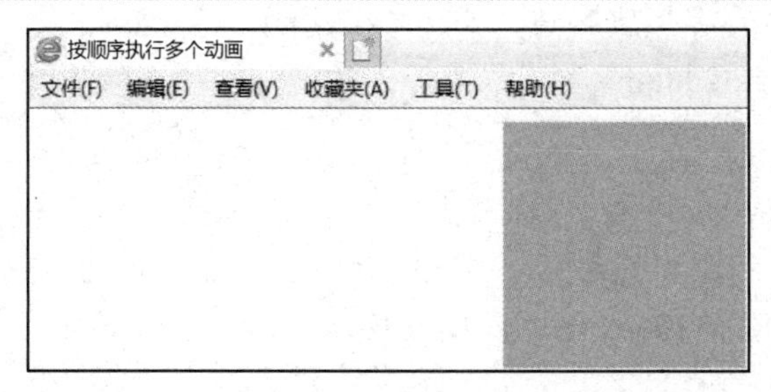

图 4-73　div 元素向右移动

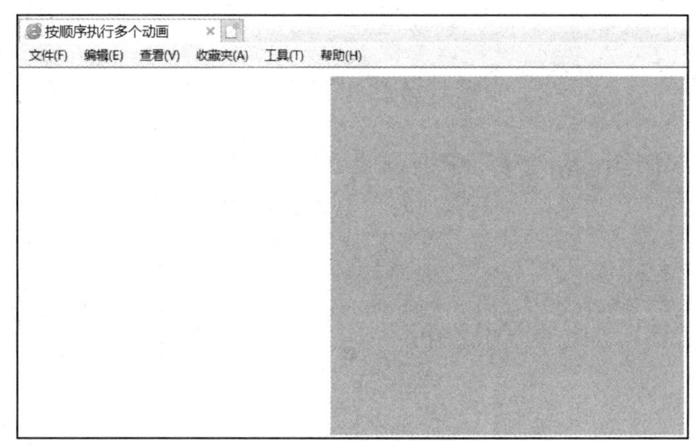

图 4-74 div 元素的宽度和高度增加

2）同时执行多个动画

如果需要同时执行多个动画，如在元素向右移动的同时，增大元素的宽度和高度，则可以使用 animate()方法编写代码，具体代码如例 4-34 所示。

【例 4-34】example4-34.html

```
$(function () {$("#panel").click(function (){
 $(this).animate({left:"+=300px",height:"+=200px",width:"+=200px"},3000);});});
```

运行结果如图 4-75 和图 4-76 所示，div 元素在向右移动的同时宽度和高度增大。

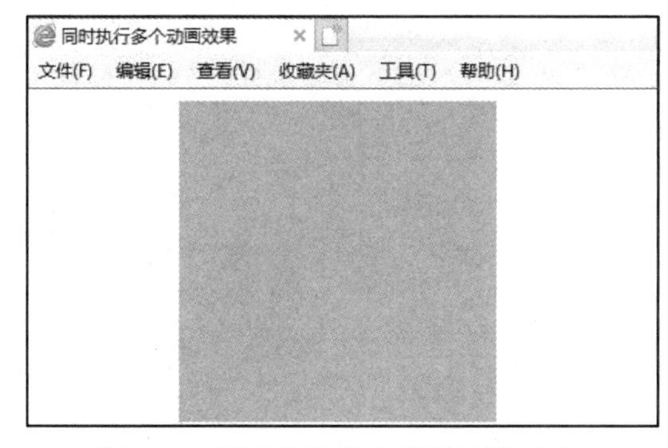

图 4-75 同时执行多个动画效果（1）

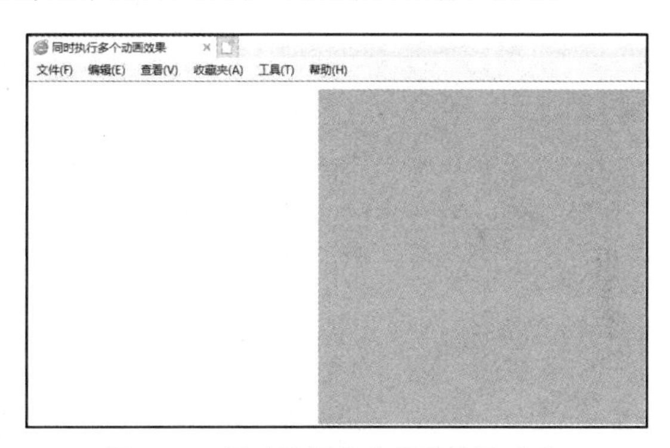

图 4-76 同时执行多个动画效果（2）

4．综合动画

根据以上内容的学习，我们可以使用自定义动画创建出更为复杂的动画效果，即综合动画效果。在单击 div 元素后，首先降低该元素的透明度，然后在元素向右移动的同时增加它的高度，并将其不透明度从 50%增加到 100%，接着使该元素从上向下移动，同时增加它的宽度，最后将该元素以淡出的方式隐藏，具体代码如例 4-35 所示。

【例 4-35】example4-35.html

```
<!DOCTYPE html>
<html>
  <head>
    <meta http-equiv="Content-Type" content="text/html; charset=utf-8" />
    <title>综合动画效果</title>
    <style>
      #panel{ width:150px;
              height:150px;
```

```
                background-color:#F9C;
                position:relative;
            }
        </style>
       <script src="jquery-1.10.2.js"></script>
       <script>
         $(function (){
         $("#panel").css("opacity", "0.5");    //设置半透明效果
         $("#panel").click(function (){        //设置 click 事件
                   $(this).animate({left: "300px", height: "200px", opacity: "1" },
3000).animate({top: "200px", width: "200px"},   3000).fadeOut("slow");
                   });
                      });
       </script>
     </head>
     <body>
       <div id="panel"></div>
     </body>
   </html>
```

运行结果如图 4-77 和图 4-78 所示，动画效果一步步完成。为同一元素应用多重动画效果时，可以通过链式方法对这些效果进行排列。

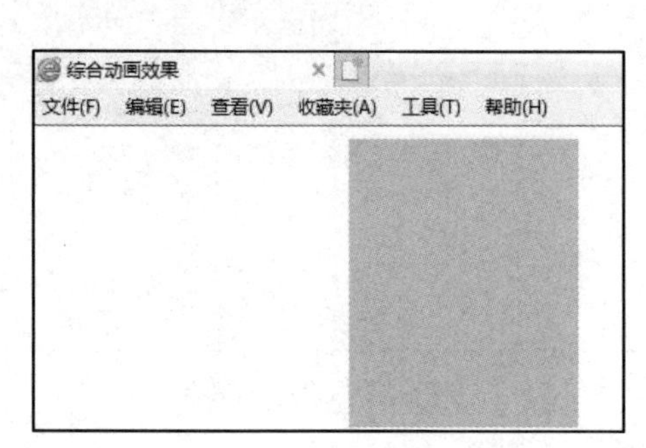

图 4-77　综合动画效果（1）

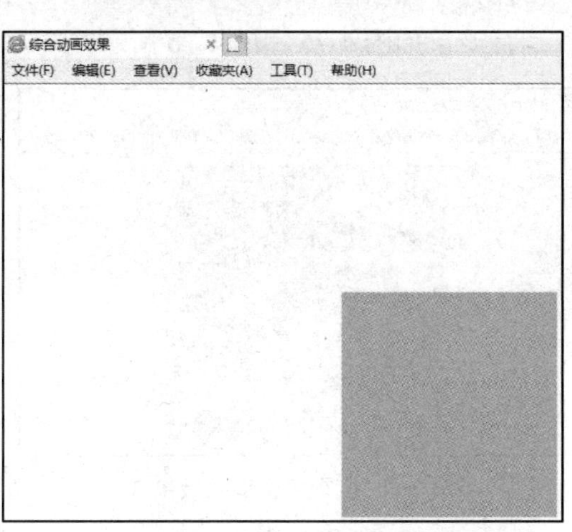

图 4-78　综合动画效果（2）

通过以上示例，不难发现，使用 animate()方法也可以使元素呈现动画效果，且 animate()方法灵活性更强，可以实现更加精致、新颖的动画效果。

动手实践：图片轮播效果的实现

动手实践：图片轮播效果的实现

图片轮播的动画效果如图 4-79 所示。在网上经常能够看到的图片轮播效果，大多是通过 JavaScript 实现的，在此我们需要通过 jQuery 实现相同的动画效果。每经过 4 秒，图片就会自动切换一次，也可以自行单击数字使图片切换，当前显示图片所对应数字的背景颜色为红色。图片切换，对应的数字和背景颜色的位置也会随之切换，具体实现步骤如下。

图 4-79 图片轮播效果

1. 布局分析

首先创建一个 id 属性值为 banner 的 div 层，然后在 div 层中创建一个 id 属性值为 banner_bg 的 div 层作为背景条，并在该 div 层中创建一个项目列表放置数字，最后创建一个 id 属性值为 banner_list 的 div 层放置图片，具体代码如下。基本结构分析如图 4-80 所示，基本结构运行结果如图 4-81 所示。

```
<body>
    <div id="banner">
        <div id="banner_bg"></div>
        <ul>
            <li class="on">1</li>
            <li>2</li>
            <li>3</li>
            <li>4</li>
        </ul>
       <div id="banner_list">
          <a href="#" target="_blank"><img  src="img/picture1.jpg" /></a>
          <a href="#" target="_blank"><img  src="img/picture2.jpg" /></a>
          <a href="#" target="_blank"><img  src="img/picture3.jpg" /></a>
          <a href="#" target="_blank"><img  src="img/picture4.jpg" /></a>
        </div>
    </div>
</body>
```

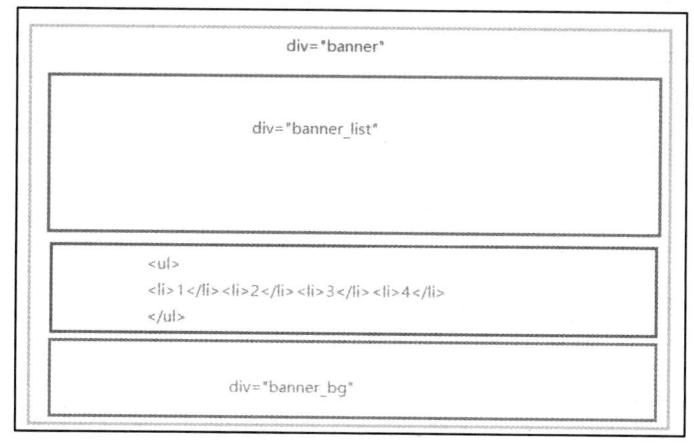

图 4-80 基本结构分析

图 4-81　基本结构运行结果

2. 页面实现

（1）添加 CSS 样式，完成基本布局修饰，具体代码如下。

```
<style type="text/css">
    *{ margin:0 auto;}
    #banner {position:relative; width:478px; height:286px; border:1px solid #666;
overflow:hidden;}
    #banner_list img {border:0px;}
    #banner_bg  {position:absolute;  bottom:0;background-color:#000;height:30px;
filter: Alpha(Opacity=30);opacity:0.3;z-index:1000;cursor:pointer; width:478px; }
    #banner_text {position:absolute;width:120px;z-index:1002; right:3px; bottom:
3px;}
    #banner ul {position:absolute;list-style-type:none;filter: Alpha(Opacity=80);
opacity:0.8; border:1px solid #fff;z-index:1002;
            margin:0; padding:0; bottom:3px; right:5px;}
    #banner ul li { padding:0px 8px;float:left;display:block;color:#FFF;border:
#e5eaff 1px solid;background:#6f4f67;cursor:pointer}
    #banner ul li.on { background:#900}
    #banner_list a{position:absolute;}
</style>
```

（2）引入 jQuery 库，在 HTML 文档中编写就绪函数，在编写函数之前，需要声明几个变量，具体代码如下。

```
<script type="text/javascript" src="jquery-1.10.2.js"></script>
<script type="text/javascript">
    var t = n = 0, count;
    $(document).ready(function(){
        });
</script>
```

（3）获取所有超链接的长度并赋值给变量 count，具体代码如下。

```
$(document).ready(function(){
    count=$("#banner_list a").length;
})
```

（4）设置默认显示第一张图片和第一个子节点，同时将其他子节点隐藏，具体代码如下。

```
$(document).ready(function(){
    count=$("#banner_list a").length;
     $("#banner_list a:not(:first-child)").hide();
})
```

（5）获取 li 元素内的值（1、2、3、4），创建 click()事件，在单击数字时显示对应的图片，具体代码如下。

```
$(document).ready(function(){
      count=$("#banner_list a").length;
      $("#banner_list a:not(:first-child)").hide();
      $("#banner li").click(function() {
           var i = $(this).text() - 1;
           //获取 li 元素内的值（1、2、3、4），由于 eq()方法内的值是从 0 开始的，所以需要将获取的
数字减 1
           n = i;
           if (i >= count) return; //如果超出 count 的值，就返回
})
           });
```

（6）设置图片之间切换显示时的动画效果，即一张图片淡出的同时另一张图片淡入。图片切换，对应的数字和背景颜色的位置也会随之切换。

```
$(document).ready(function(){
      count=$("#banner_list a").length;
      $("#banner_list a:not(:first-child)").hide();
      $("#banner li").click(function() {
      var i = $(this).text() - 1;
      //获取 li 元素内的值（1、2、3、4），由于 eq()方法内的值是从 0 开始的，所以需要将获取的数字
减 1
           n = i;
      if (i >= count) return; //如果超出 count 的值，就返回
      $("#banner_list   a").filter(":visible").fadeOut(1000).parent().children().
eq(i).fadeIn(1000);
      document.getElementById("banner").style.background=""; //获取背景颜色
      $(this).toggleClass("on"); //切换显示当前列表的样式
      $(this).siblings().removeAttr("class");//移除除了当前节点的其他节点
      })
});
```

（7）图片的播放有两种情况：一种是当鼠标指针未经过时，图片每隔 4 秒自动切换；另一种是当鼠标指针经过时，图片停止自动播放。

```
t = setInterval("showAuto()", 4000);
$("#banner").hover(function(){clearInterval(t)},  //当鼠标指针经过时，图片停止自动播放，
function(){t = setInterval("showAuto()", 4000);});// 图片自动播放
8.   function showAuto()  {
      n = n >=(count - 1) ? 0 : ++n;
$("#banner li").eq(n).trigger('click');  //在自动播放时，如果触发了 click 事件，就会执行
click()函数中的内容
      }
```

在单击数字时，相应的图片就会出现。在鼠标指针移开后，图片会在当前状态下自动按照顺序播放，具体代码如下。

```
<script type="text/javascript" src="jquery-1.10.2.js"></script>
<script type="text/javascript">
```

```
    var t = n = 0, count;
    $(document).ready(function(){
          count=$("#banner_list a").length;
       $("#banner_list a:not(:first-child)").hide();
       $("#banner li").click(function() {
          var i = $(this).text() - 1;        n = i;
          if (i >= count) return;
    $("#banner_list a").filter(":visible").fadeOut(500).parent().children().eq(i).
fadeIn(1000);
          document.getElementById("banner").style.background="";
          $(this).toggleClass("on");
          $(this).siblings().removeAttr("class");
       });

       t = setInterval("showAuto()", 4000);
  $("#banner").hover(function(){clearInterval(t)},function(){t    =    setInterval
("showAuto()", 4000);});
  8.  function showAuto()  {
       n = n >=(count - 1) ? 0 : ++n;
  $("#banner li").eq(n).trigger('click');
   </script>
```

运行代码，成功实现了如图 4-79 所示的效果。

任务 4.4　jQuery 事件机制

什么是事件？页面对不同访问者的响应就叫事件。通过 jQuery 事件处理机制可以创建自定义的行为（如改变样式、显示效果、提交等），使网页内容更加丰富。jQuery 对 JavaScript 操作 DOM 事件进行了封装，有效地简化了 JavaScript 的代码，形成了优秀的事件处理机制，其中包括事件函数和常用事件函数。

4.4.1　事件函数

在 jQuery 中，事件函数一般与事件名称相同。例如，click 事件对应的事件函数就是 click() 函数。

在页面中指定一个单击事件：

```
$("p").click();
```

随后定义触发事件的时间，这可以通过一个事件函数实现：

```
$("p").click(function(){
// 动作触发后执行的代码
});
```

4.4.2　常用事件函数

jQuery 中的常用事件函数如表 4-7 所示。

表 4-7 jQuery 中常用的事件函数

类别	事件函数	描述
鼠标事件	click()	触发或将函数绑定到指定元素的 click 事件（单击鼠标按键）上
	dbclick()	触发或将函数绑定到指定元素的 dbclick 事件（双击鼠标按键）上
	mousedown()	触发或将函数绑定到指定元素的 mousedown 事件（鼠标按键被按下）上
	mouseup()	触发或将函数绑定到指定元素的 mouseup 事件（鼠标按键被释放弹起）上
	mouseenter()	触发或将函数绑定到指定元素的 mouseenter 事件（鼠标指针进入目标）上
	mouseleave()	触发或将函数绑定到指定元素的 mouseleave 事件（鼠标指针离开目标）上
	mouseover()	触发或将函数绑定到指定元素的 mouseover 事件（鼠标指针移动到目标或其子元素上）上
	mouseout()	触发或将函数绑定到指定元素的 mouseout 事件（鼠标指针移出目标或任何子元素）上
	mousemove()	触发或将函数绑定到指定元素的 mousemove 事件（鼠标指针在目标上方移动）上
键盘事件	keydown()	触发或将函数绑定到指定元素的 keydown 事件上
	keypress()	触发或将函数绑定到指定元素的 keypress 事件上
	keyup()	触发或将函数绑定到指定元素的 keyup 事件上
焦点事件	focus()	触发或将函数绑定到指定元素的 focus 事件上
	blur()	触发或将函数绑定到指定元素的 blur 事件上
绑定与解绑事件	on()	在选定的元素上绑定一个或多个事件处理函数
	bind()	向匹配元素添加一个或多个事件处理器
	delegate()	向匹配元素的当前或未来的子元素添加一个或多个事件处理器
	off()	从匹配元素中移除一个事件处理函数
	unbind()	从匹配元素中移除一个被添加的事件处理器
	undelegate()	从当前或未来的匹配元素中移除一个被添加的事件处理器
触发事件	trigger()	所有匹配元素的指定事件
	triggerHandler()	第一个匹配元素的指定事件
其他常用事件	change()	触发或将函数绑定到指定元素的 change 事件上
	die()	移除所有通过 live() 函数添加的事件处理程序
	error()	触发或将函数绑定到指定元素的 error 事件上
	live()	为当前或未来的匹配元素添加一个或多个事件处理器
	load()	触发或将函数绑定到指定元素的 load 事件上
	one()	向匹配元素添加事件处理器，每个元素只能触发一次该处理器
	ready()	文档就绪事件（当 HTML 文档就绪时被触发）
	resize()	触发或将函数绑定到指定元素的 resize 事件上
	scroll()	触发或将函数绑定到指定元素的 scroll 事件上
	select()	触发或将函数绑定到指定元素的 select 事件上
	submit()	触发或将函数绑定到指定元素的 submit 事件上
	toggle()	绑定两个或多个事件处理器函数，当发生轮流的 click 事件时被触发

1．鼠标事件

鼠标事件是指用户在单击鼠标或移动鼠标指针时触发的事件，如上述表格所示，mouseover

事件和 mouseout 事件、mouseenter 事件和 mouseleave 事件都可以实现鼠标指针的移入和移出。区别在于鼠标指针移入或移出目标元素的子元素时，mouseover 事件和 mouseout 事件也会被触发。

记录 mouseout 事件和 mouseleave 事件被触发的次数，具体代码如例 4-36 所示。

【例 4-36】 example4-36.html

```
<!DOCTYPE html>
<html>
  <head>
    <meta charset="UTF-8">
    <title>mouseout 事件和 mouseleave 事件被触发的次数</title>
    <style>
        div {
            background-color:#CCFF00;
            margin:50px auto;
            padding: 20px;

            width: 500px;
            height:200px;}
        p {
            background-color:#FF99CC;
            margin: 50px;
            padding: 20px;}
    </style>
    <script src="jquery-1.12.4.js"></script>
  </head>
  <body>
    <div>
      <p>
        mouseout 事件被触发<span id="mOut">0</span>次</br>
        mouseleave 事件被触发<span id="mLeave">0</span>次
      </p>
    </div>
    <script>
        var x = 0;
        var y = 0;
        $('div').mouseout(function() {
            $('#mOut').text(x += 1);
        });
        $('div').mouseleave(function() {
            $('#mLeave').text(y += 1);
        });
    </script>
  </body>
</html>
```

在上述代码中，变量 x 用于记录 mouseout 事件被触发的次数，变量 y 用于记录 mouseleave 事件被触发的次数。每触发一次事件，对应的变量值就会加 1，随后通过 text()方法将其添加到 span 元素的文本中。

运行结果如图 4-82、图 4-83 和图 4-84 所示。

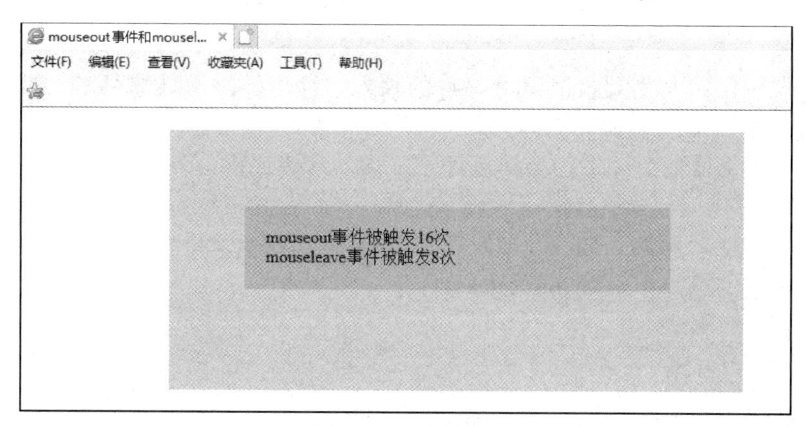

图 4-82 原始状态

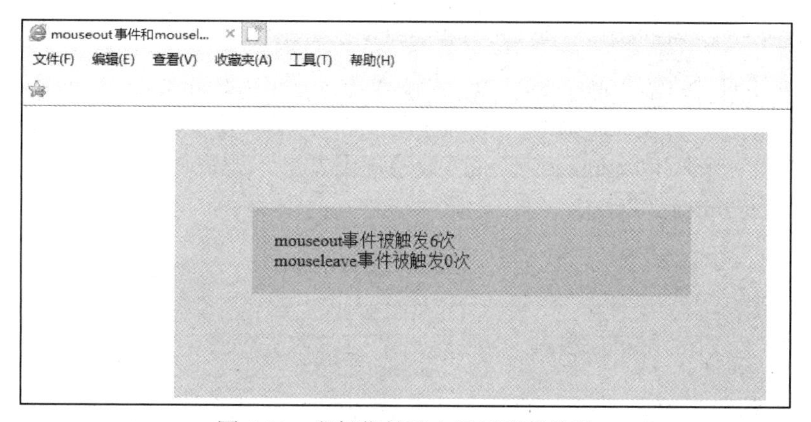

图 4-83 鼠标指针移出子元素的次数

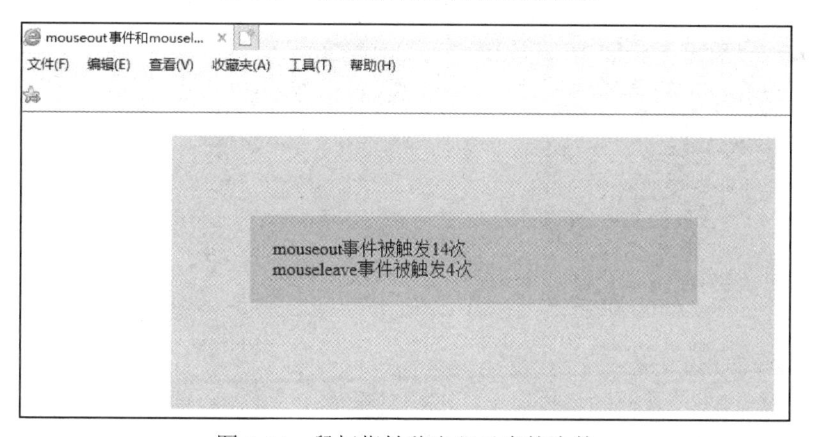

图 4-84 鼠标指针移出父元素的次数

外层区域是鼠标绑定的 div 元素，中间区域是其子元素。图 4-82 所示为原始状态；在图 4-83 中，mouseout 事件被记录了 6 次，mouseleave 事件被记录了 0 次，说明鼠标指针在 div 元素区域内移动了 6 次，但未离开过该区域；在图 4-84 中，mouseout 事件被记录了 14 次，mouseleave 事件被记录了 4 次，说明鼠标指针离开了 div 元素区域 4 次。从上图中还可以看出，鼠标指针移出当前元素及其任意子元素时，都会触发 mouseout 事件，而 mouseleave 事件只有在鼠标指针移出当前元素时才会触发。

知识加油站：

在项目开发中，经常需要检测鼠标指针的移入、移出，除上述事件外，我们还可以使用hover()方法来实现。

hover()方法用于模拟鼠标指针悬停事件，其语法格式如下。

```
$(selector).hover();
```

当鼠标指针移动到元素上时，会触发指定的第一个函数 mouseenter()；当鼠标指针移出元素时，会触发指定的第二个函数 mouseleave()。

例如：

```
$("#btn").hover( function(){
  alert("欢迎光临!"); },
 function(){ alert("欢迎下次再来！");
} );
```

2．键盘事件

常用的键盘事件有 keydown、keypress 和 keyup。完整的按键过程应该分为两个步骤，按键被按下和按键被松开并复位，在这个过程中触发了 keydown 事件和 keyup 事件。

keydown()、keyup()和 keypress()事件函数的使用方法，如例 4-37 所示。

【例 4-37】 example4-37.html

```
<!DOCTYPE html>
<html>
  <head>
    <meta http-equiv="Content-Type" content="text/html; charset=gb2312" />
    <script src="jquery-1.12.4.js"></script>
    <script type="text/javascript">
      var i= 0;
      $(document).ready(function(){
      $("input").keydown(function(){
      $("input").css("background-color"," yellow ");
          });
      $("input").keyup(function(){
      $("input").css("background-color"," red ");
         });
      $("input").keypress(function(){
      $("span").text(i+=1);
          });
        });

    </script>
  </head>
  <body>
    <h3>当发生 keydown 事件和 keyup 事件时，文本框会改变颜色。
      <br>keypress 事件会记录键盘被按下的次数
    </h3>
请输入内容： <input type="text" />
    <p>Keypresses:<span>0</span></p>
  </body>
</html>
```

运行结果如图 4-85 和图 4-86 所示，按下键盘时文本框的背景颜色为黄色，松开键盘时文本框的背景颜色为红色，同时 keypress 事件记录键盘被按下的次数。

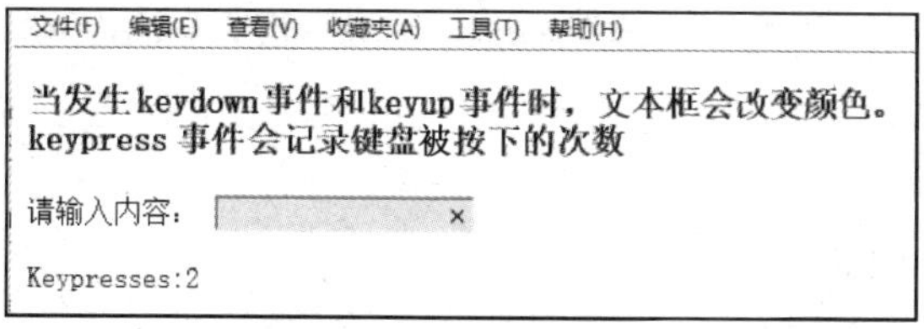

文件(F) 编辑(E) 查看(V) 收藏夹(A) 工具(T) 帮助(H)

当发生keydown事件和keyup事件时，文本框会改变颜色。keypress 事件会记录键盘被按下的次数

请输入内容：

Keypresses:2

图 4-85 按下键盘时文本框的背景颜色为黄色

文件(F) 编辑(E) 查看(V) 收藏夹(A) 工具(T) 帮助(H)

当发生keydown事件和keyup事件时，文本框会改变颜色。keypress 事件会记录键盘被按下的次数

请输入内容：

Keypresses:2

图 4-86 松开键盘时文本框的背景颜色为红色

3．焦点事件

焦点事件包括获取焦点 foucs 事件和失去焦点 blur 事件，焦点事件的事件函数的具体用法如例 4-38 所示。

【例 4-38】example4-38.html

```
<!DOCTYPE html>
<html>
  <head>
    <meta http-equiv="Content-Type" content="text/html; charset=gb2312" />
    <script src="jquery-1.12.4.js"></script>
    <script type="text/javascript">
     $(document).ready(function(){
       $("input").focus(function(){
         $("input").css("background-color"," yellow ");
           });
       $("input").blur(function(){
         $("input").css("background-color"," red ");
        });
      });
    </script>
  </head>
  <body>
请输入内容： <input type="text" />
  </body>
</html>
```

运行结果如图 4-87 和图 4-88 所示，当鼠标指针移入文本框时，文本框就获取了焦点，其背景颜色为黄色；当鼠标指针移出文本框外时，文本框就失去了焦点，其背景颜色为红色。

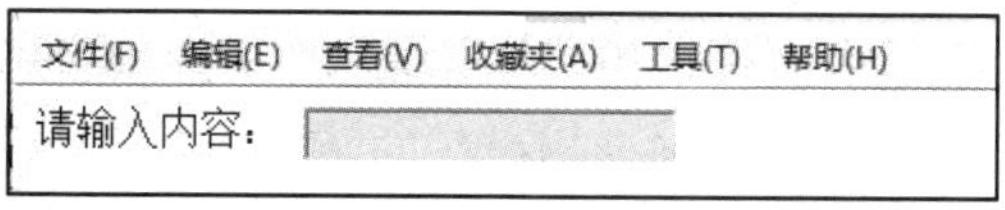

文件(F) 编辑(E) 查看(V) 收藏夹(A) 工具(T) 帮助(H)

请输入内容：

图 4-87 获取焦点时文本框的背景颜色为黄色

文件(F) 编辑(E) 查看(V) 收藏夹(A) 工具(T) 帮助(H)

请输入内容：

图 4-88 失去焦点时文本框的背景颜色为红色

4．改变事件

当元素的值发生变化时，我们可以使用 change 事件。该事件仅适用于 input、textarea、select 等元素，change()事件函数的具体用法如例 4-39 所示。

【例 4-39】example4-39.html

```
<!DOCTYPE html>
<html>
  <head>
    <meta http-equiv="Content-Type" content="text/html; charset=gb2312" />
    <script src="jquery-1.12.4.js"></script>
    <script type="text/javascript">
      $(document).ready(function(){
      $(".field").change(function(){
      $(this).css("background-color","#FF6600");
         });
      });
    </script>
  </head>
  <body>
    请输入教工号: <input class="field" type="text" />
    <p>课程名称:
    <select class="field" name="courses">
      <option value="网页制作">网页制作</option>
      <option value="信息技术">信息技术</option>
      <option value="网络安全">网络安全</option>
      <option value="移动开发">移动开发</option>
    </select>
    </p>
  </body>
</html>
```

运行结果如图 4-89 和图 4-90 所示，当默认状态发生变化时，文本框和下拉菜单的背景颜色也随之发生变化。

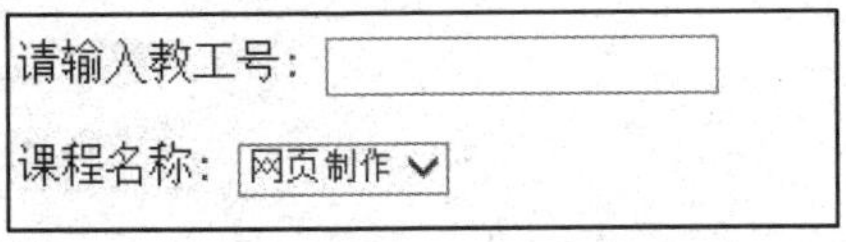

请输入教工号：
课程名称：网页制作

图 4-89　文本框和下拉菜单背景颜色的原始状态

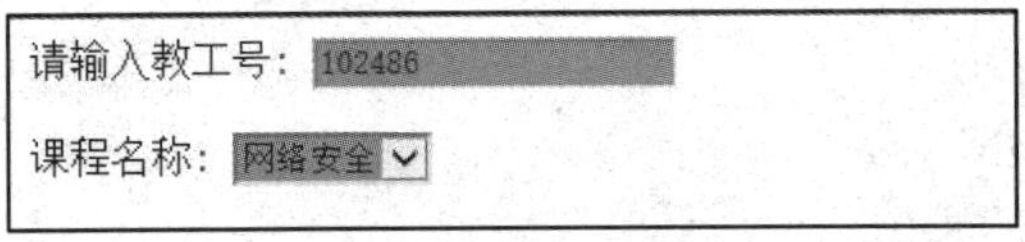

请输入教工号：102486
课程名称：网络安全

图 4-90　文本框和下拉菜单背景颜色发生变化

5．绑定与解绑事件

在 jQuery 中，常用的绑定事件函数有 on()、bind()和 delegate()，在绑定事件后，可以使用 off()、unbind()和 undelegate()等事件函数解除绑定。

使用事件函数 on()绑定事件，不仅适用于当前元素，还适用于动态添加的元素。该函数不仅可以绑定多个事件，还可以使多个事件使用相同的函数，甚至可以进行事件委托，其语法格式如下。

```
$(selector).on(event, childSelector, data, function);
```

其中参数的具体作用如表 4-8 所示。

表 4-8 参数的具体作用

参数	描述
event	必选参数。事件类型，如 click、change、mouseover 等
childSelector	可选参数。绑定事件的一个或多个子元素
data	可选参数。传入事件处理函数的数据，可以通过“事件对象.data”获取参数值
function	必选参数。事件被触发后执行的事件处理函数

下面通过示例来介绍绑定事件的具体用法。

1）简单绑定事件

在 HTML 文档中添加一个按钮，当单击该按钮时会弹出“您好”的问候语，如例 4-40 所示。因此，需要为 id 属性值为 btn 的按钮绑定 click 事件。这种方式是一个对象绑定一个事件，即简单绑定事件。

【例 4-40】 example4-40.html

```
<!DOCTYPE html>
<html>
  <head>
    <meta http-equiv="Content-Type" content="text/html; charset=utf-8" />
    <title>绑定与解绑事件</title>
    <script src="jquery-1.12.4.js"></script>
    <script>
      $(function(){$("#btn").click(function(){
          alert("您好");
          });})
    </script>
  </head>

  <body>
    <input type="button" id="btn"  value="请绑定我" />
  </body>
</html>
```

运行结果如图 4-91 所示。

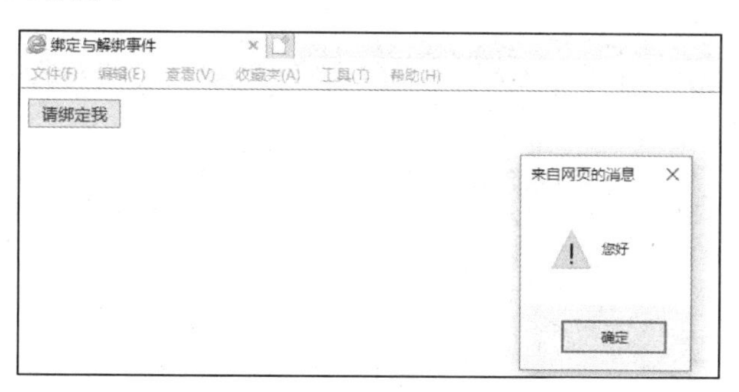

图 4-91 简单绑定事件

2）多个事件使用相同的事件处理函数

当触发多个事件时，我们可以使用 on()事件函数一次为多个事件绑定相同的事件处理函数，修改例 4-40 的绑定代码如例 4-41 所示，使其鼠标指针移入和移出按钮时，都会弹出“您好”问候语。

【例 4-41】example4-41.html

```
$(function(){$("#btn").on('mouseover mouseout',function(){
    alert("您好");});})
```

运行结果如图 4-92 所示。

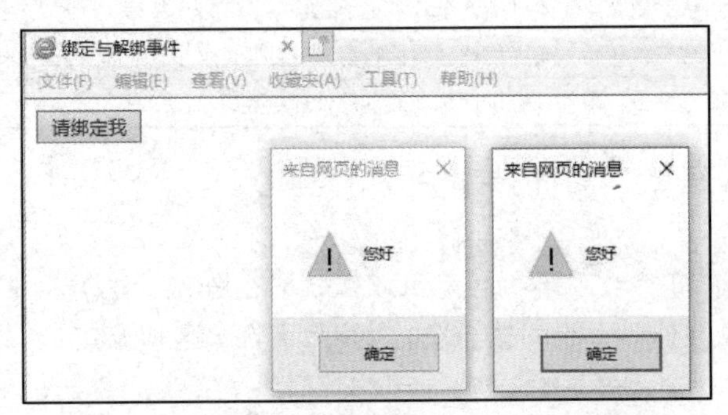

图 4-92　多个事件使用相同的事件处理函数

3）绑定多个事件

使用 on()事件函数也可以一次为指定元素绑定多个事件，修改例 4-40 的绑定代码如例 4-42 所示，为按钮绑定 mouseover 和 mouseout 事件，即当鼠标指针移入按钮时，会弹出“您好”问候语；当鼠标指针移出按钮时，会弹出“谢谢你来过”问候语。

【例 4-42】example4-42.html

```
<!DOCTYPE html>
<html>
<head>
<meta http-equiv="Content-Type" content="text/html; charset=utf-8" />
<title>绑定与解绑事件</title>
<script src="jquery-1.12.4.js"></script>
<script>
  $(function(){
    $("#btn").on({
        mouseover: function(){
            alert("您好");
        },
        mouseout: function(){
            alert("谢谢你来过");
        }
    });
  })
</script>
</head>

<body>
<input type="button" id="btn"  value="请绑定我" />
</body>
</html>
```

运行结果如图 4-93 所示。

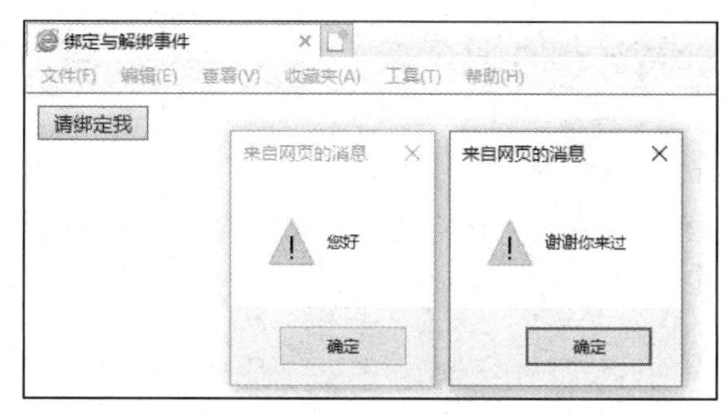

图 4-93　绑定多个事件

4）事件委托

设置 on()事件函数的可选参数 childSelector，将子元素的事件委托给父元素进行监控，每当子元素的事件被触发时，就会执行相应的事件处理函数。修改例 4-40 的绑定代码如例 4-43 所示，首先在 body 元素中添加一个 div 元素作为父元素。

【例 4-43】example4-43.html

```
<body>
  <input type="button" id="btn"  value="请绑定我" /><br />
  <div id="div1"></div>
</body>
```

然后对 id 属性值为 btn 的按钮进行 click 事件绑定。当单击按钮时，会添加一个 p 元素，接着把添加的 p 元素委托给父元素 div，使新添加的 p 元素在被单击时会增加一个背景颜色，具体代码如下。

```
$(function(){
    $("#btn").on('click',function(){
        $("#div1").Append($('<p>这是一个段落</p>'));
        });
        $("#div1").on('click','p',function(){
        $(this).css('backgroundColor','red')
        });})
```

运行代码，在浏览器中单击按钮会增加一个段落，如图 4-94 所示，若持续单击该按钮，则持续增加段落。单击新增段落，会为其添加一个背景颜色，如图 4-95 所示。

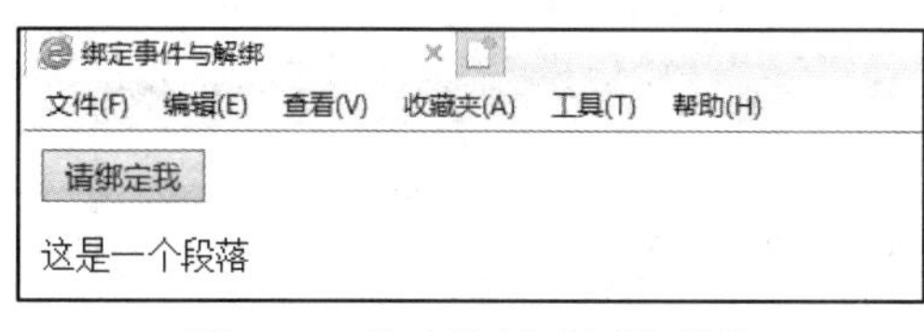

图 4-94　单击按钮时新增段落

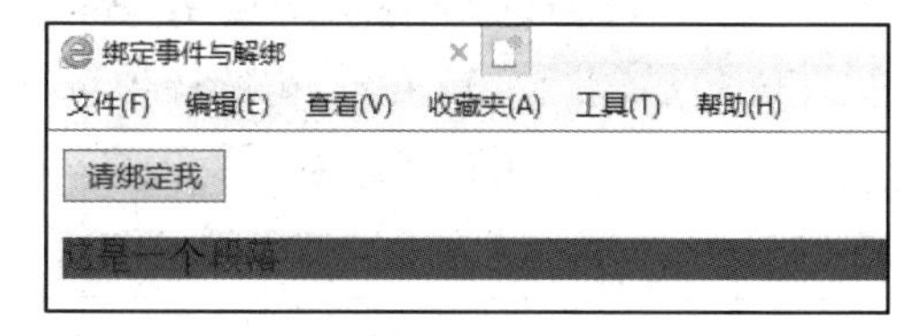

图 4-95　单击段落添加背景颜色

5）事件解绑

在不需要使用元素绑定的事件时，可以使用 jQuery 提供的事件函数进行事件解绑。下面使用 off()事件函数在例 4-43 的基础上进行事件解绑，首先在 body 元素中添加一个解绑按钮，具体代码如例 4-44 所示。

【例 4-44】example4-44

```
<body>
  <input type="button" id="btn"  value="请绑定我" />
  <input type="button" id="btn2"  value="请解绑我" />
```

```
    <br />
    <div id="div1"></div>
</body>
```

然后解除绑定的事件，具体代码如下。当单击 id 属性值为 btn2 的按钮时，会解除 id 属性值为 btn 的按钮的绑定事件。在单击“请绑定我”按钮时，会新增段落，单击段落可以为其添加背景颜色，但在单击了“请解绑我”按钮后，再单击“请绑定我”按钮，就不会再产生新段落了，如图 4-96 所示。

```
$(function(){
    $("#btn").on('click',function(){
    $("#div1").Append($('<p>这是一个段落</p>'));
    });
    $("#div1").on('click','p',function(){
    $(this).css('backgroundColor','red')
    });
    $("#btn2").click(function(){$("#btn").off('click')});
})
```

如果不再为段落添加背景颜色，就需要解除其所在父元素的绑定事件，具体代码如下。此时，单击“请解绑我”按钮后，再单击“请绑定我”按钮，仍然会产生新段落，但新段落不会再添加背景颜色，如图 4-97 所示。

```
$(function(){
    $("#btn").on('click',function(){
    $("#div1").Append($('<p>这是一个段落</p>'));
    });
    $("#div1").on('click','p',function(){
    $(this).css('backgroundColor','red')
    });
    $("#btn2").click(function(){$("#div1").off('click')});
})
```

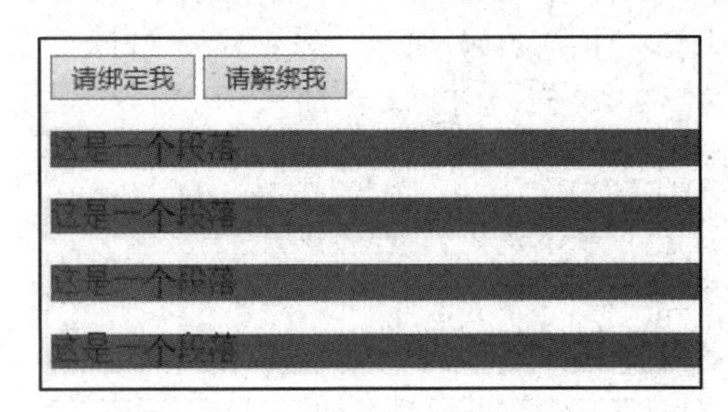

图 4-96　解绑后不再产生新段落

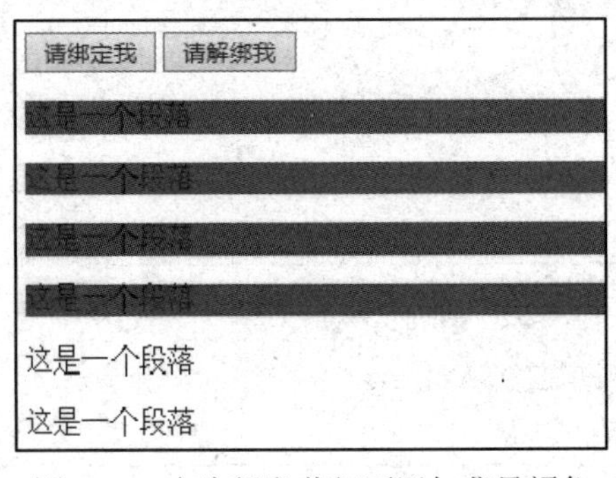

图 4-97　产生新段落但不添加背景颜色

动手实践：动态添加和删除学生信息

动手实践：动态添加和删除学生信息

在本次实践中，我们将使用所学的 jQuery 事件机制，制作一个可以实现动态添加和删除学生信息的表格。

1．布局分析

表格页面主要由两部分构成：主界面和“添加信息”对话框。

主界面主要是由一个按钮和一个表格构成，主界面的默认效果和 HTML 结构如图 4-98 和图 4-99 所示。

添加信息

姓名	学号	籍贯	操作
王小丽	181302001	浙江宁波	删除
张正	181302002	山东烟台	删除
王风苹	181302003	浙江杭州	删除
赵杰杰	181302004	江苏扬州	删除

图 4-98　主界面的默认效果

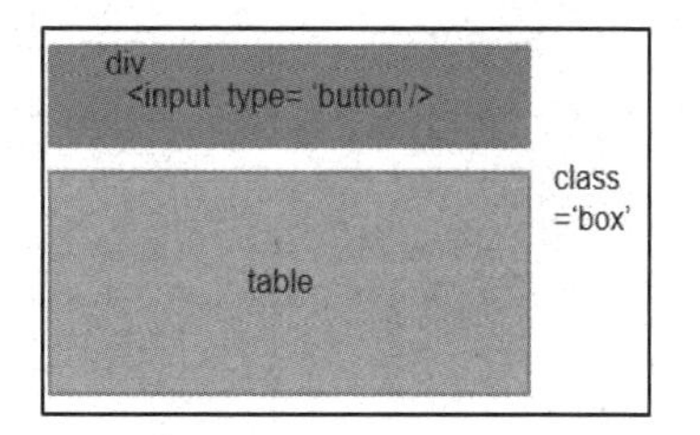

图 4-99　主界面 HTML 结构

在主界面中定义一个 class 属性值为 box 的容器，其中包含一个 div 层和一个 table 表格。div 层用于放置按钮，table 表格用于放置学生的姓名、学号和籍贯，还有可以进行的操作。

“添加信息”对话框由一个 class 属性值为 form-add 的容器盛满，该容器内包含 5 个同级的 div 层。其中，class 属性值为 form-add-title 的 div 层用于定义标题区域，class 属性值为 form-add-item 的 div 层用于定义输入框区域，class 属性值为 form-submit 的 div 层用于定义按钮区域。“添加信息”对话框的默认效果和 HTML 结构如图 4-100 和图 4-101 所示。

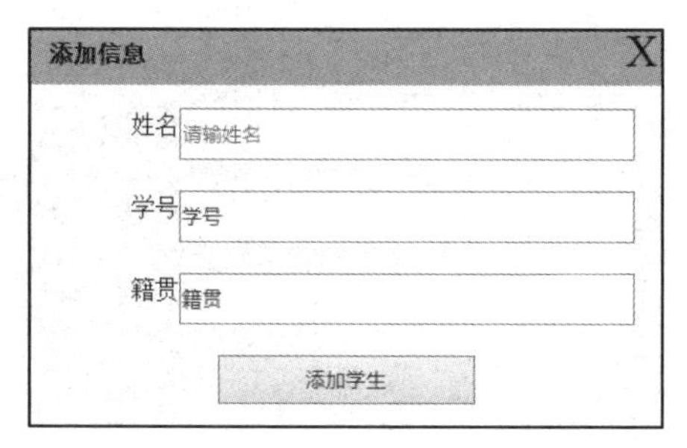

图 4-100　“添加信息”对话框的默认效果

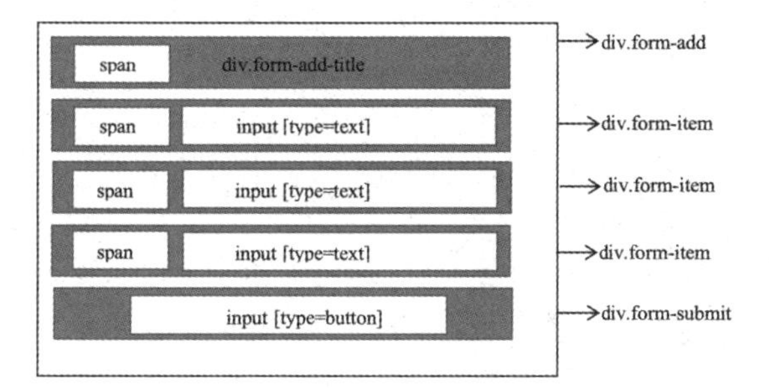

图 4-101　“添加信息”对话框 HTML 结构

2. 效果分析

本案例主要实现 4 个 click 事件，一是，在单击“添加数据”按钮时，弹出“添加信息”对话框；二是，在单击“添加信息”对话框右上角的关闭按钮时，对话框关闭；三是，在单击“添加学生”按钮时，将信息添加到 table 表格中且自动关闭对话框；四是，在单击表格中的“删除”超链接时，能够将其所在行整行删除。

3. 实现步骤

表格的详细制作方法，请扫描案例开始位置的二维码查看。

（1）HTML 基本布局，具体代码如下。

```
<body>
  <div class="box">
    <div>
      <input type="button" value="添加信息" id="btnAddData"  class="btnAdd" />
    </div>
    <table>
      <thead>
        <tr>
          <th>姓名</th>
```

```
        <th>学号</th>
        <th>籍贯</th>
        <th>操作</th>
      </tr>
    </thead>
    <tbody id="tb">
    <tr>
      <td>王小丽</td>
      <td>181302001</td>
      <td>浙江宁波</td>
      <td><a href="javascript:" class="del">删除</a></td>
    </tr>
    <tr>
      <td>张正</td>
      <td>181302002</td>
      <td>山东烟台</td>
      <td><a href="javascript:" class="del">删除</a></td>
    </tr>
    <tr>
      <td>王风苹</td>
      <td>181302003</td>
      <td>浙江杭州</td>
      <td><a href="javascript:" class="del">删除</a></td>
    </tr>
    <tr>
      <td>赵杰杰</td>
      <td>181302004</td>
      <td>江苏扬州</td>
      <td><a href="javascript:" class="del">删除</a></td>
    </tr>
    </tbody>
  </table>
</div>

  <div id="formAdd" class="form-add">
    <div class="form-add-title">
      <span>添加信息</span>
      <div id="shutFormAdd">X</div>
    </div>
    <div class="form-item">
      <label class="lb" for="txtName">姓名</label>
      <input type="text" class="txt" id="txtName"  placeholder="请输姓名" />
      </div>
      <div class="form-item">
        <label class="lb" for="txtNum">学号</label>
        <input type="text" class="txt" id="txtNum" value="学号"  />
      </div>
      <div class="form-item">
        <label class="lb" for="txtNative">籍贯</label>
        <input type="text" class="txt" id="txtNative" value="籍贯"  />
      </div>
      <div class="form-submit" id="btnAdd">
```

```
        <input type="button" value="添加学生" />
      </div>
    </div>
  </body>
```

（2）CSS 样式，具体代码如下。

```
*{ padding:0;
   margin:0;}
.box{ width:410px; margin:30px  auto 0;}
table{ border:1px solid #c0c0c0;
       border-spacing:0;
       border-collapse:collapse;
       width:100%;}
th,td{ border:1px solid #d0d0d0;
         color:#404040;
       padding:10px;}
th{ background-color:#09c;
   font:bold 16px "黑体"; color:#fff;}
td{ font:14px "黑体"; text-align:center;}
td a.del{ text-decoration:none;}
a.del:hover{ text-decoration:underline;}
tbody tr{ background-color:#f0f0f0;}
tbody tr:hover{ background-color:#faf;}
.btnAdd{  width:110px;  height:30px;  font-size:17px;  font-weight:bold;  margin-
bottom:10px;}
.form-item{  height:100%;  position:relative;  padding-left:100px;  padding-right:
20px; margin-bottom:20px; line-height:25px;}
.form-item >.lb{ position:absolute; left:0; top:0; display:block; width:100px;
text-align:right;}
.form-item >.txt{ width:300px; height:32px;}
.form-add{  position:fixed;  top:40%;  left:50%;  margin-left:-200px;  padding-
bottom:15px; background-color:#FFC; display:none;}//隐藏对话框
.form-add-title{  background-color:#999;  border-width:1px  1px  0  1px;  border-
bottom:0; margin-bottom:15px; position:relative}
.form-add-title span{  width:auto; height:18px; font-size:16px; font-family:"黑体
"; font-weight:bold; color:#000;
                         text-indent:12px;  padding:8px  0  10px;  margin-right:10px;
display:block; overflow:hidden; text-align:left;}
.form-add-title  div{  width:16px;  height:20px;  position:absolute;  right:10px;
top:6px; font-size:30px;
                         line-height:16px; cursor:pointer;}
.form-submit{ text-align:center;}
.form-submit input{ width:170px; height:32px;}
```

（3）添加 jQuery 事件，具体代码如下。

```
<script src="jquery-1.12.4.js"></script>
<script>
//单击“添加信息”按钮，显示“添加信息”对话框
$("#btnAddData").click(function(){
   $("#formAdd").css('display','block');
   })
//单击对话框右上角的关闭按钮，关闭对话框
$("#shutFormAdd").click(function(){
```

```
        $("#formAdd").css('display','none');
            });
    //添加学生信息
    $("#btnAdd").click(function(){
        var name= $("#txtName").val();          //获取学生的姓名
        var number = $("#txtNum").val();        //获取学生的学号
        var native = $("#txtNative").val();     //获取学生的籍贯
    //创建行，并将新建的行添加到id属性值为tb的表格中
        $('<tr><td>'+'</td><td>'+'</td><td>'+'</td><td><a  href="javascript:"  class=
"del">删除'+'</a></td></tr>').AppendTo($('#tb'));
    //添加完成后自动隐藏对话框
         $("#btnAdd").css('display','none');
    //清除表单中的信息
         $("#txtName").val('');
         $("#txtNum").val('');
         $("#txtNative").val('');
              })
      //将tb表格中的del类进行事件委托
        $("#tb").on('click','.del',function(){
       //在单击“删除”超链接时，删除所在的行
            $(this).parent().parent().remove();
            });
        </script>
```

疑难解惑

mouseover 事件和 mouseenter 事件的区别是什么？

在 jQuery 中，mouseover 事件和 mouseenter 事件都在鼠标指针进入元素时被触发，但是它们有所不同。如果元素内置子元素，则无论鼠标指针穿过被选中元素还是其子元素，都会触发 mouseover 事件；而只有在鼠标指针穿过被选中元素时，才会触发 mouseenter 事件，其子元素不会触发 mouseenter 事件，否则 IE 浏览器会经常出现闪烁的情况。在没有子元素时，mouseover 事件和 mouseenter 事件的结果一致。

小结

本项目首先介绍了 jQuery 的概念和引入方式，然后讲解了 jQuery 中基本选择器、层次选择器、过滤选择器等选择器的语法格式和具体用法，接着介绍了 jQuery 动画效果，最后围绕 jQuery 的事件机制介绍了 jQuery 的常用事件及事件函数。

课后习题

一、填空题

1．通过“$("div").______("color", "red");”可以修改所有 div 元素的文本颜色。

2．jQuery 中的__________选择器用于获取指定 id 的元素。

3．$("ul li:first-child")选择器将选择所有 ul 元素中的______元素。

4．jQuery 中的__________方法可以实现事件解绑。

5．jQuery 中的____________方法可以创建自定义动画。

6．在 jQuery 中，显示隐藏的元素可以使用___________方法实现。

7．click()是 jQuery 中用于处理______事件的函数。

二、判断题

1．:first 选择器用于获取第一个元素。（　　）

2．使用 text()方法获取的元素内容包含 HTML 标签。（　　）

3．:input 选择器仅能获取表单中的 input 元素。（　　）

4．jQuery 中的 hover()方法可同时处理鼠标指针的移入和移出。（　　）

5．jQuery 是一款对 JavaScript 进行封装的函数库。（　　）

6．大括号“{}”可用于在 JavaScript 中创建对象。（　　）

7．Chrome 开发者工具提供了 Web 开发工具和调试工具。（　　）

8．jQuery 是一个常用的 JavaScript 库，但不属于轻量级。（　　）

三、选择题

1．下列选项中，关于 jQuery 的说法错误的是（　　）。

A．jQuery 是一个轻量级的脚本库

B．jQuery 不支持 CSS1～CSS3 定义的属性和选择器

C．jQuery 语法简洁易懂，学习速度快

D．jQuery 插件丰富，可以通过插件扩展更多功能

2．下列选项中，可以通过标签名获取元素的是（　　）。

A．$('#btn')　　B．$('.btn')　　C．$('button')　　D．$('*')

3．下列选项中，关于 jQuery 事件操作的说法正确的是（　　）。

A．jQuery 的页面加载事件和 JavaScript 的页面加载事件完全相同

B．on()方法不仅可以实现事件注册，还可以实现事件委托

C．trigger()方法和 triggerHandler()方法都不会执行元素的默认行为

D．off()方法不传入参数时，表示解除元素上的事件委托

4．下列选项中，可以根据文本内容匹配到相应元素的是（　　）。

A．text()　　B．contains()　　C．input()　　D．attr()

5．下列选项中，可以用来追加到指定元素的末尾的方法是（　　）。

A．insertAfter()　　B．Append()　　C．AppendTo()　　D．after()

6．下列选项中，不属于 jQuery 选择器的是（　　）。

A．元素选择器　　B．属性过滤选择器

C．CSS 选择器　　D．复合选择器

7．下列选项中，（　　）方法可以将元素切换为可见状态。

A．show()　　B．hide()　　C．toggle()　　D．slideToggle()

8．jQuery 中 fadeTo()方法的语法格式如下，描述正确的是（　　）。

```
$(selector).fadeTo(speed, opacity, callback);
```

A．参数 speed 的取值可以是 slow 或 normal

B．参数 callback 规定的函数会在所有元素的动画效果执行完成后再执行

C．参数 opacity 的取值范围是 1～100

D．fadeTo()方法的动画效果会在淡入和淡出之间切换

四、简答题

1．简述 JavaScript 中的 window.onload 和 jQuery 中的$(document).ready()的区别。

2．列举 jQuery 中常用的实现动画效果的方法。

Web 案例提高篇

项目 5

在线时钟的实现

能力目标

在实现 Web 前端中的在线时钟功能时，可以结合思政元素体现人类对时间的珍惜、对生命的尊重，以及对社会的关注。时钟的精准运行与时间的有限性相呼应，侧面提醒人类时间的宝贵，激发人类对生命的敬畏。通过简洁的 UI 设计和简单的交互方式，传递人类对简约美学的追求，勾连人类对可持续发展的思考。时钟不仅仅是查看时间的工具，更是连接个体活动与社会运行的纽带。因此，在实现在线时钟的过程中巧妙结合思政元素，不仅可以提供实用的功能，还可以通过设计元素传递人类对时间、生命和社会的态度。

在线时钟的实现

知识目标

- 掌握 HTML 和 CSS3 的基本语法和规范，了解如何使用 HTML 和 CSS3 创建并管理网页元素及其样式。
- 掌握 JavaScript 的基本语法和规范，了解如何使用 JavaScript 编写脚本并处理 DOM 元素。
- 掌握时间处理的基本概念和方法，了解如何使用 JavaScript 中的 Date 对象获取和处理时间。
- 掌握前端框架的基本概念和使用方法，了解如何使用前端框架构建和管理 Web 应用程序。

技能目标

- 能够使用 HTML 和 CSS3 创建并管理网页结构及其样式，包括网页元素的布局、颜色、字体等。
- 能够使用 JavaScript 编写脚本并处理 DOM 元素，包括获取和更新网页内容、处理用户的交互行为等。
- 能够使用 Date 对象获取和处理时间，包括获取当前时间、计算时间差、格式化时间等。

素养目标

- 使学生具备团队合作精神和沟通能力，与其他开发人员和设计师紧密合作，共同完成项目。
- 使学生具备自主学习和解决问题的能力，不断学习新技术，掌握新工具的使用方法。
- 使学生具备精益求精的学习态度，提高代码质量，注重代码的规范性、可读性和可维护性。
- 使学生具备创新思维和解决问题的能力，针对不同的需求和挑战提出有效的解决方案。

本项目主要使用 JavaScript 结合 CSS 定位制作一个在线时钟，预览效果如图 5-1 所示。

图 5-1 在线时钟

本项目实现的功能有：

（1）根据当前系统的时间，将显示时间精确到秒。

（2）模拟正常时钟指针的转动效果，秒针每一秒钟走一个小格，分针每一分钟走一个小格。

（3）时针同样模拟时钟时针的转动效果，每经过一分钟时针的角度就会发生一些细微的变化，而不是直接从 6 点变为 7 点。

5.1 设计思路

本项目的实现只要抓住以下几个关键点，就会变得非常简单。如果没能把握住这些关键点，那么很难形成一条清晰的思路。

表盘是一张固定的背景图片，直接在网上下载自己喜欢的图片即可。3 个指针分别是 3 个 div 元素，通过设置类似指针的背景图片或 div 元素的背景颜色模拟即可。指针的转动效果可以通过设置 CSS 中 Transform 变形属性值为 rotate 来完成，也可以通过设置指针的旋转基点在左侧或下侧来完成，还可以设置为一个打通的 div 元素，只为该元素的一半设置背景颜色或背景图片即可，使用这种方式模拟，不需要修改指针的旋转基点（即默认在 div 元素的正中心旋转）。

只要想明白了以上几个关键点，制作在线时针就会很容易。其实，在线时钟的核心元素只有 4 个，1 个表盘，3 个指针，并且建议对 3 个指针使用绝对定位（position: absolute）。它的一个前提是父容器不能是默认值 static，所以需要将表盘的父容器设置为 position: relative，且不设置任何偏移量。

另外，关于指针的旋转角度，1 个表盘有 60 个刻度，每个小时之间有 5 个小格子，1 个圆是 360°，所以每分钟要旋转 6°，每小时要旋转 30°。我们可以先通过秒钟的定时器来获取当前的秒钟数，让该数据乘以 6，进而得到当前秒针需要旋转的角度，再获取当前的分钟数，完成让分针每经过一分钟旋转 6°的效果，同时让时针每经过一分钟旋转 0.5°。但是，需要注意，我们的角度是以假设 12 点是 0°为前提的，所以在实现布局时，3 个指针都应该是指向 12 点的竖向布局。

5.2 具体实现

（1）首先完成表盘和指针的页面布局，具体代码如下。

```
<!DOCTYPE html>
<html>
  <head>
    <meta charset="UTF-8">
    <title>在线时钟</title>
    <style>
          #face{width: 600px;
                height: 600px;
                margin: 20px auto;
                background: url(img/clock.jpg) no-repeat;
                position: relative;}
          #second{ width: 4px;
                   height: 188px;
                  background-color: #FC5753;
                  position: absolute;
                  left: 248px;
                  top: 60px;
                  /* 设置指针的旋转基点为下方中间位置 */
                  transform-origin:bottom center;}
          #minute{ width: 10px;
                         height: 173px;
                         background-color: #0e2218;
                         position: absolute;
                         left: 246px;
                         top: 85px;
                         transform-origin: bottom center;}
         #hour{width: 15px;
                 height: 148px;
                background-color: #5948ff;
                position: absolute;
                left: 243px;
                top: 110px;
                transform-origin: bottom center;}
          #center{ width: 30px;
                   height: 30px;
                   background-color: black;
                   position: absolute;
```

```
                left:235px;
                top: 240px;
                border-radius: 50%;}
        </style>
    </head>
    <body>
      <div id="face">
      <div id="hour"></div>    <!-- 时针 -->
       <div id="minute"></div> <!-- 分针 -->
       <div id="second"></div> <!-- 秒针 -->
       <div id="center"></div> <!-- 中心的小圆点 -->
      </div>
    </body>
  </html>
```

基本布局如图 5-2 所示，3 个指针都是指向 12 点方向的竖向布局。

（2）实现定时器代码，完成指针的转动效果。在 head 元素中的 style 样式表后嵌入 script 元素，并在该元素中写入 JavaScipt 代码，具体代码如下。

```
  <script>
        setInterval(function(){
        var time = new Date();
        var second = time.getSeconds();
        var minute = time.getMinutes();
        var hour = time.getHours();
        var hourDeg = hour%12*30+minute*0.5;
        document.getElementById('second').style.transform = "rotate("+second*6+"deg)";
        document.getElementById('minute').style.transform                           =
"rotate("+minute*6+"deg)";
        document.getElementById('hour').style.transform = "rotate("+hourDeg+"deg)";
        },1000);
  </script>
```

运行结果如图 5-3 所示（指针指向随系统时间而定）。上述代码的实现部分相对简单，所以此处不再赘述。只是希望学生在完成对该项目的演练后，能够对表面上看似没有思路的问题多加思考，对复杂的问题多加分析，并通过不断的积累，找到更加简洁、高效的实现方法。

图 5-2　基本布局

图 5-3　指针转动

项目 6

Web 前端中在线学习功能的实现

能力目标

在设计与实现 Web 前端中的在线学习功能时，可以结合思政元素体现人类对教育的重视、对知识的普及，以及对社会责任的践行。通过简洁、友好的用户界面，以及便捷的在线视频学习的方式，体现人类对教育平等的重视与对学习资源的普及。在视频播放页面中，加入了红色经典故事，以增加学生的爱国情怀和民族自豪感，培养其爱国主义精神、坚韧不拔的意志、积极向上的人生态度，以及团结协作的意识等。Web 页面的整体设计应注重用户体验，通过简洁的界面和简单的功能设计，使在线学习平台成为促进个体成长和社会进步的工具。这样的设计不仅可以增强学生的学习体验，还可以通过思政元素传递人类对教育的使命感与对社会责任的积极响应。

Web 前端中在线学习功能的实现

知识目标

- 掌握 HTML 和 CSS3 的基本语法和规范，了解如何使用 HTML 和 CSS3 创建并管理网页元素及其样式。
- 掌握 JavaScript 的基本语法和规范，了解如何使用 JavaScript 编写脚本并处理 DOM 元素。
- 掌握视频播放技术，包括 HTML5 中的<video>标签、JavaScript 中的 Media API 等。

技能目标

- 能够使用 HTML 和 CSS3 创建并管理网页元素及其样式，包括网页元素的布局、颜色、字体等。
- 能够使用 JavaScript 编写脚本并处理 DOM 元素，包括获取和更新网页内容、处理用户的交互行为等。
- 能够使用<video>标签和 JavaScript 中的 Media API 实现视频的播放，控制播放进度。

素养目标

- 使学生具备自主学习和解决问题的能力，不断学习新技术，掌握新工具的使用方法。
- 使学生具备精益求精的态度，提高代码质量，注重代码的规范性、可读性和可维护性。
- 使学生具备创新思维和解决问题的能力，针对不同的需求和挑战提出有效的解决方案。

在线开放课程大规模的出现，改变了人们的学习方式。借助网络学习平台，人们可以随时随地开展学习，在线免费观看自己需要或感兴趣的课程。本项目就 Web 前端中的在线学习功能进行设计与实现，预览效果如图 6-1 所示。

通过对本项目的实现，希望学生能够达成以下目标。

（1）掌握<video>标签的使用方法。

（2）能够对<video>标签中的属性样式进行操作。

（3）增强爱国意识与责任担当意识。

（4）树立牢固的艰苦奋斗思想。

（5）坚定“不忘初心，砥砺前行”的理想信念。

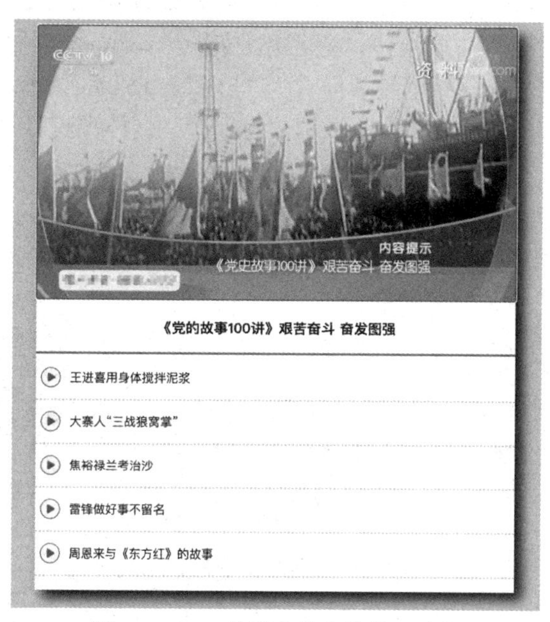

图 6-1　Web 前端中的在线学习功能

6.1　功能介绍

设计一个基于 HTML5 视频技术的在线视频播放页面，其中需要包含视频播放窗口和课程目录列表。视频播放窗口含有相关控件，可以由用户单击切换显示全屏效果，此外，用户可以随时暂停视频和将进度条拖动到指定时间继续播放。课程目录列表用于显示当前的课程大纲，用户单击列表中的不同选项可以跳转到相应的课程视频进行播放。

6.2 布局分析

首先我们可以使用<div>标签进行整体布局，使用<video>标签制作视频播放窗口，使用<ul>标签和<li>标签制作课程目录列表，然后搭配 CSS 样式完成整体的页面设计，最后通过 JavaScript 函数实现课程视频的跳转。

6.3 具体实现

1. HTML 基本框架

首先使用<div>标签创建一个盒子，作为存放整个页面内容的容器，并将其命名为 content。然后在盒子内部放置一个<video>标签，用于视频播放，并将其命名为 videoPlay。在设置标签名时，要遵守命名规则，争取做到见名知意。随后链入视频文件，设置视频播放界面的宽度和播放方式。

下面设置课程目录列表：首先在盒子中添加一个<ul>标签，然后在<ul>标签中添加一个<li>标签，标题是包括在列表中的，所以我们要在第一个<li>标签中添加<h3>标签，并输入标题文本，为标题添加一个水平线，并设置其 3D 样式。接着添加第二个<li>标签，在该标签中添加<img>标签并链入图片样式的播放按钮，随后添加一个<span>标签并输入文本信息用作小标题，为小标题添加一个水平线，并设置其样式为“border: 1px dashed #FFBB66;”。剩余部分与以上操作方法相同，所以复制代码，修改文本信息即可，这样课程目录列表就完成了。预览效果如图 6-2 所示，HTML 基本框架成功实现。

```
    <div id="content">
            <video  src="video/story.mp4"  id="videoPlay"  width="640"  controls=
"autoplay"></video>
            <ul>
                <li>
                    <h3>《党的故事 100 讲》艰苦奋斗 奋发图强</h3>
                </li>
                <hr style=" height:3px;border:none;border-top:3px ridge orangered;" />
                <li onClick="playCourse(357)">
                    <img src="img/play.png" />
                    <span>王进喜用身体搅拌泥浆</span>
                </li>
                <hr style="border: 1px dashed #FFBB66;" />
                <li onClick="playCourse(540)">
                    <img src="img/play.png" />
                    <span>大寨人“三战狼窝掌”</span>
                </li>
                <hr style="border: 1px dashed #FFBB66;" />
                <li onClick="playCourse(1053)">
                    <img src="img/play.png" />
                    <span>焦裕禄兰考治沙</span>
                </li>
                <hr style="border: 1px dashed #FFBB66;" />
                <li onClick="playCourse(1296)">
                    <img src="img/play.png" />
                    <span>雷锋做好事不留名</span>
```

```
            </li>
            <hr style="border: 1px dashed #FFBB66;" />
            <li onClick="playCourse(1662)">
                <img src="img/play.png" />
                <span>周恩来与《东方红》的故事</span>
            </li>
            <hr style="border: 1px dashed #FFBB66;" />
        </ul>
    </div>
```

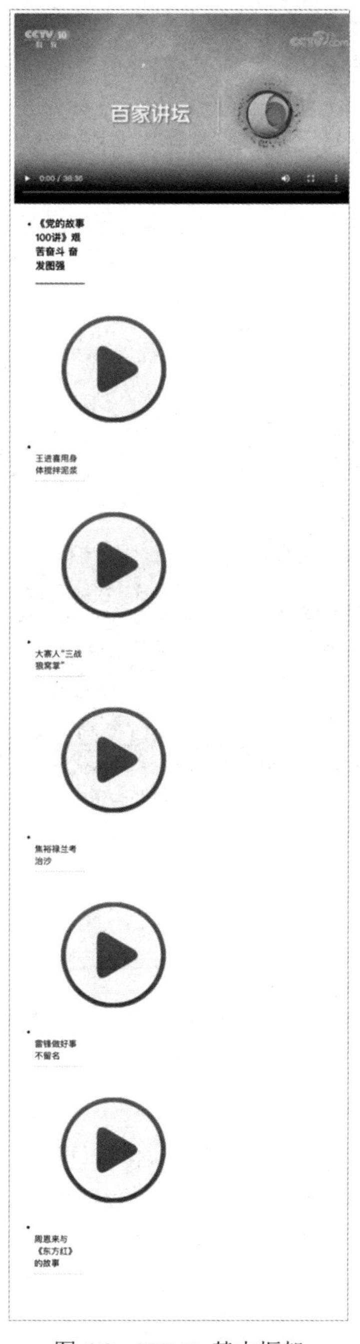

图 6-2　HTML 基本框架

2. CSS 样式

新建 CSS 文件，将其命名为 study 并保存，返回 HTML 文档，使用<link>标签将 study 文件链入文档。

```
<head>
    <meta charset="utf-8" />
    <title>在线学习</title>
    <link rel="stylesheet" href="css/study.css" />
</head>
```

在 study 文件中添加 CSS 样式表，首先对页面进行整体修饰，为其添加背景颜色，设置对齐方式为居中对齐。然后设置 id 属性值为 content 的盒子的样式，将标题的样式设置为居中对齐，并为<li>标签下的<span>标签设置行高。接着设置鼠标指针悬浮于课程目录列表时的样式，改变字体颜色。最后设置<img>标签中的图标样式。添加 CSS 样式后的预览效果如图 6-3 所示。

```
body{ background-color: silver;
    text-align: center;}
#content{width: 640px; background-color: white;
     margin: 0 auto; text-align: left;
     box-shadow: 10px 10px 15px black;}
ul{ list-style: none; padding: 10px; margin: -10px;}
h3{ text-align: center;}
li span{ line-height: 40px; height: 40px; padding: 0;}
li:hover{ color: blueviolet;}
img{ vertical-align: bottom; width: 40px; height: 40px;}
```

图 6-3　添加 CSS 样式

3. 视频时间的跳转

添加 JavaScript 函数以实现视频时间的跳转。返回 HTML 文档，为课程目录列表添加 onClick 事件。首先在<li>标签中添加 onClick 事件并设置为 playCourse(time)，其中参数 time 可以替换为需要跳转到的具体时间（单位：秒），根据视频片段将秒数依次设置为 357、540、1053、1296 和 1662。然后添加<script>标签，并在其中编写函数代码。在<script>标签中首先获取 video 对象，声明变量后，将获取的变量名为 videoPlay 的元素赋值给该对象，随后编写跳转播放时间函数 function playCourse(time){}，具体代码如下。

```
<script>
        //获取 video 对象
        var videoPlay = document.getElementById('videoPlay');
        function playCourse(time){
            //重置当前播放时间
            videoPlay.currentTime = time;
            //继续播放视频
            videoPlay.play();
        }
    </script>
</body>
```

最终效果如图 6-4 所示，用户可以随意切换视频。至此，Web 前端中在线学习功能的实现已经全部完成。

完成对本任务的演练后，希望同学们可以综合使用 div 布局、<video>标签，以及 JavaScript 函数，实现在线视频播放的效果，并举一反三，设计出不同风格的在线视频播放页面。

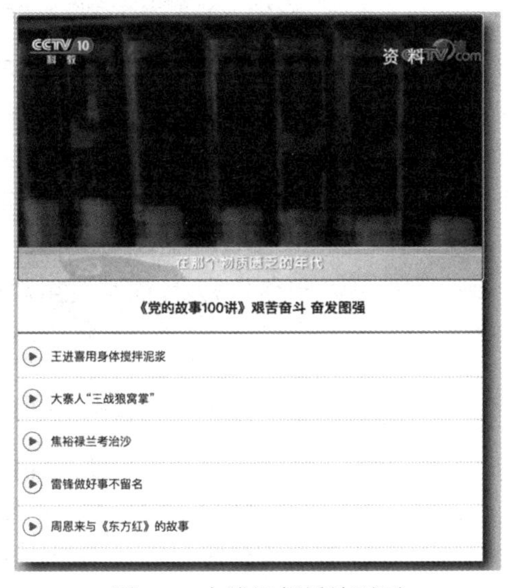

图 6-4　在线视频播放页面

项目 7

“四季”标签切换效果的实现

能力目标

在 Web 前端中实现“四季”标签的切换效果时，可以通过融入描述季节的古诗，体现人类对文学艺术的尊重、对传统文化的传承，以及对自然环境的喜爱。每个标签下都展示了一首描绘季节的古诗，使用户通过诗意的文字感受四季之美。切换效果以动画的形式展示了四季的变迁，传递了人类对自然环境的关爱。Web 页面的整体设计应注重用户体验，通过清晰的标签导航和生动的切换效果，使用户在赏诗的同时感受四季的韵律，增强其对自然与文学的热爱。这样的标签切换效果不仅表现了感官上的美，更通过精美的设计传达了人类对传统文化和自然之美的热爱，与思政元素相互映衬，相得益彰，能够引发用户对自然和文学的深刻思考。

“四季”标签切换效果的实现

知识目标

- 掌握 DOM 的基本概念和原理，了解节点和样式的基本操作方法。
- 了解如何使用 JavaScript 对 DOM 进行操作，包括节点的查询、设置、删除等。
- 了解 CSS3 的基本语法和规则，包括选择器、样式规则、伪类等。
- 了解如何使用 JavaScript 操作 DOM 中的样式，包括样式的读取和修改等。

技能目标

- 能够使用 JavaScript 查询和获取 DOM 中的节点，并对其进行设置和修改。
- 能够使用 JavaScript 和 CSS3 创建并管理网页结构及其样式，包括布局、颜色、字体等。
- 能够根据设计图或需求文档，实现符合要求的网页效果。
- 能够编写符合规范的代码，包括缩进、注释、命名等。
- 能够使用调试工具，解决代码中出现的错误和问题。

素养目标

- 使学生具有良好的学习能力和理解能力，不断学习新技术，掌握新工具的使用方法。

- 使学生具有高度的责任心和严谨的工作态度，对待工作认真负责。
- 使学生具有良好的沟通和协作能力，与团队成员进行有效的沟通，协同合作。
- 使学生具有创新思维和解决问题的能力，针对不同的问题提出有效的解决方案。
- 使学生具有强烈的民族自豪感和文化自信，尊重和传承中华民族的优秀传统文化。

标签在 Web 页面中应用广泛，可以作为页面菜单使用，也可以作为导航栏使用，还可以作为特效使用。无论采用何种方式，都可以增强页面的动感。下面我们来实现“四季”标签切换效果，每一个季节对应一首诗。当鼠标指针经过标题栏时，会呈现对应季节的古诗。预览效果如图 7-1 所示。

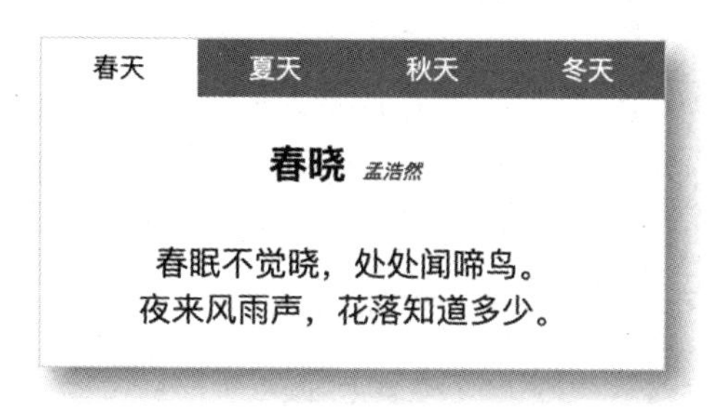

图 7-1 “四季”标签切换效果

7.1 布局分析

我们需要实现的是一个采用名片样式的标签切换效果，可以使用<div>标签进行整体布局，其中的标题和内容同样可以使用<div>标签实现。下面分别对标题和内容部分进行设计，4 个标签和对应的 4 块内容都可以使用<div>标签实现。每首古诗都由标题和文本组成，可以通过标题标签和段落标签实现。作者和标题在同一行中，可以通过在标题标签中添加行内标签实现。4 个部分的实现方式都是一样的，因此，我们只需要实现一个部分，然后复制代码并修改文本信息即可。先搭配 CSS 样式完成整个页面的设计效果，再通过 JavaScript 函数实现页面间的切换效果。

7.2 具体实现

1. HTML 基本框架

首先使用<div>标签进行整体布局，设置其 class 属性值为 tab-box。然后在其中添加一个 class 属性值为 tab-head 的<div>标签，在该标签中再添加 4 个<div>标签，并将其 class 属性值均设置为 tab-head-div。这里需要将这 4 个标签中的第 1 个设置为默认效果，所以在该标签的 class 属性值中添加了一个别名 current。

标题部分创建完成后下面开始创建内容部分。在名为 tab-box 的<div>标签中再添加一个<div>标签，设置其 class 属性值为 tab-content，在其中添加一个<div>标签设置其 class 属性值为 tab-content-div，放置古诗，并在该标签中添加一个<h3>标签放置古诗的题目。因为作者信息和题目是在同一行中的，所以使用行内标签<span>添加作者的名字。之后使用<p>标签添加古诗的文本。其他 3 个标签中的内容与这部分相同，因此，复制代码修改文本信息即可。同样地，将这 4 个放置内容的<div>标签中的第 1 个设置为默认效果，在其 class 属性值中添加一个别名 current。具体代码如下。

```
<div class="tab-box">
    <div class="tab-head">
        <div class="tab-head-div current">春天</div>
        <div class="tab-head-div">夏天</div>
        <div class="tab-head-div">秋天</div>
        <div class="tab-head-div">冬天</div>
    </div>
    <div class="tab-content">
        <div class="tab-content-div current">
            <h3>春晓<span>孟浩然</span></h3>
            <p>春眠不觉晓，处处闻啼鸟。<br>
                夜来风雨声，花落知道多少。
            </p>
        </div>
        <div class="tab-content-div">
            <h3>小池<span>杨万里</span></h3>
            <p>泉眼无声惜细流，树荫照水爱晴柔。<br>
                小荷才露尖尖角，早有蜻蜓立上头。
            </p>
        </div>
        <div class="tab-content-div">
            <h3>山行<span>杜牧</span></h3>
            <p>远上寒山石径斜，白云生处有人家。<br>
                停车坐爱枫林晚，霜叶红于二月花。
            </p>
        </div>
        <div class="tab-content-div">
            <h3>梅花<span>王安石</span></h3>
            <p>墙角数枝梅，凌寒独自开。<br>
                遥知不是雪，为有暗香来。
            </p>
        </div>
    </div>
</div>
```

HTML 基本框架已经成功实现，效果如图 7-2 所示。

2. CSS 样式

在 head 元素中添加<style>标签，随后在<style>标签中添加样式。首先对页面的整体样式进行设置，然后为 class 属性值为 tab-box 的<div>标签添加样式，以及设置 4 个标题栏的整体高度，最后设置每个标题栏的统一样式、水平浮动、背景色、对齐方式、行高，以及字体颜色。

下面为主题内容添加样式。首先设置其外边距、对齐方式和字体大小。然后设置古诗中作者的样式，即 span 的样式。接着先将内容部分隐藏，即在.tab-content-div 中设置“display:none;”。最后设置默认效果，即为名为 tab-head 的标签下的 current 与名为 tab-content 的标签下的 current 添加 CSS 样式效果，如图 7-3 所示。

春天
夏天
秋天
冬天

春晓孟浩然

春眠不觉晓，处处闻啼鸟。
夜来风雨声，花落知道多少。

小池杨万里

泉眼无声惜细流，树荫照水爱晴柔。
小荷才露尖尖角，早有蜻蜓立上头。

山行杜牧

远上寒山石径斜，白云生处有人家。
停车坐爱枫林晚，霜叶红于二月花。

梅花王安石

墙角数枝梅，凌寒独自开。
遥知不是雪，为有暗香来。

图 7-2　HTML 基本框架

```
<style>
    body{ margin: 0; padding: 0;}
    .tab-box{ width: 380px; border:1px solid #ccc; margin: 50px auto;
                      box-shadow: 10px 10px 15px gray;  }
    .tab-head{ height: 35px;}
    .tab-head-div{ width: 95px; height: 35px; float: left;
                   background-color: blueviolet; text-align: center;
                   line-height: 35px; color: white;}
    .tab-content-div{ margin: 20px 10px; text-align: center;
                      font-size: 20px; display: none;}
    span{ display: inline-block; font-size: 12px; color: #333;
                 font-style: italic; padding: 10px;}
    .tab-head .current{ background-color: white; color: #000000;}
    .tab-content .current{ display: block;}
</style>
```

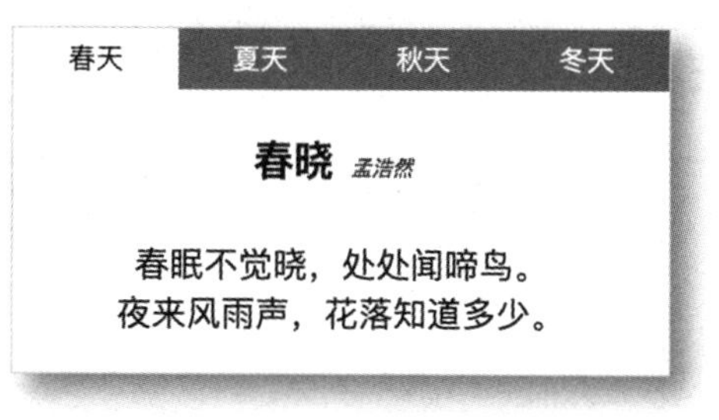

图 7-3　添加 CSS 样式效果

3．书写 JavaScript 函数

在 body 元素中的<div>标签后添加<script>标签，并声明变量 tabs，获取所有 class 属性值为 tab-head-div 的内容；声明变量 contents，获取所有 class 属性值为 tab-content-div 的内容。遍历所有标签，在 for 循环语句中为每个标签添加鼠标事件，即在 for 循环语句的循环体中添加事件处理函数，在该函数中遍历标签对应的所有显示内容。当鼠标指针移入标签时，使用

classList.add()方法添加<div>标签中别名为 current 的内容，否则使用 classList.remove()方法移除别名为 current 的内容。

函数编写完成，最终效果如图 7-4 所示。页面显示的内容可以在 4 个季节之间随意切换，具体代码如下。

```
<script>
    var tabs =document.getElementsByClassName('tab-head-div');
    var contents = document.getElementsByClassName('tab-content-div');
        for(var i=0;i<tabs.length;++i){
            tabs[i].onmouseover=function(){
                for( var i=0; i<contents.length; ++i){
                    if(tabs[i]==this){
                        tabs[i].classList.add('current');
                        contents[i].classList.add('current');
                    }else{
                        tabs[i].classList.remove('current');
                        contents[i].classList.remove('current');
                    }
                }
            };
        }
    </script>
```

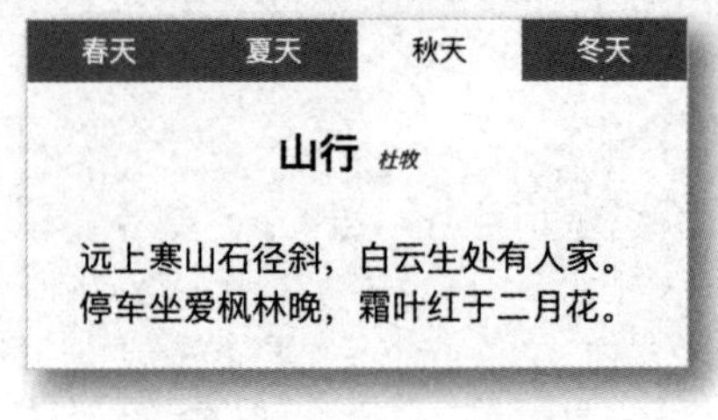

图 7-4　显示内容随意切换

项目 8

多级动画菜单的实现

能力目标

在多级动画菜单的展开和收回过程中，可以通过生动的过渡效果呈现知识层级的递进关系，以激发学生对知识的好奇心。页面的整体设计应注重用户体验，直观的菜单结构和友好的动画效果更能促进学生对不同学科的探索，培养学生对跨学科学习的兴趣。多级动画菜单不仅提供了良好的交互体验，更是通过页面的布局设计体现了不同层次知识的有机结合，以及人类对多学科知识乃至整个知识体系的平等重视。

多级动画菜单的实现

知识目标

- 掌握 HTML 和 CSS3 的基本语法和规范，了解如何使用 HTML 和 CSS3 创建并管理多级动画菜单的结构及其样式。
- 掌握 JavaScript 的基本语法和规范，了解如何使用 JavaScript 编写脚本实现多级动画菜单的交互效果。
- 掌握 CSS3 的动画和过渡效果，了解如何使用 CSS3 的动画和过渡效果创建平滑的多级菜单切换动画。

技能目标

- 能够使用 HTML 和 CSS3 创建并管理多级菜单的基本结构及其样式，包括菜单项的布局、颜色、字体等。
- 能够使用 JavaScript 编写脚本，通过事件监听器和回调函数处理用户的交互行为，如单击菜单项或展开子菜单等。
- 能够使用 CSS3 的动画和过渡效果创建平滑的多级菜单切换动画，例如，淡入、淡出效果、滑动效果等。

素养目标

- 使学生具备自主学习和解决问题的能力，不断学习新技术，掌握新工具的使用方法。

- 使学生具备精益求精的态度，提高代码质量，注重代码的规范性、可读性和可维护性。
- 使学生具备创新思维和解决问题的能力，针对不同的需求和挑战提出有效的解决方案。

我们在网络上浏览网页时经常用到导航菜单，且多级菜单的应用较为广泛。当鼠标指针经过导航菜单区域时，隐藏的菜单向下展开，显示其动态效果。

8.1 布局分析

在此，我们实现的是一个多级动画菜单。在初始状态下，页面只显示一个标题，如图 8-1 所示。当用户将鼠标指针悬停在标题上时，下面隐藏的菜单会展开，其中包括 4 个子菜单块，如图 8-2 所示。当鼠标指针悬停在任何一个子菜单上时，相应子菜单的标题都会添加背景颜色，以突显当前选择。当用户移开鼠标指针时，展开的菜单会恢复到默认状态，重新收缩。页面布局如图 8-3 所示，页面整体布局在一个 div 元素中，它包含两个主要部分：标题部分（id="menu"）和隐藏的菜单部分（class="submenu"）。隐藏的菜单部分又包含 4 个子菜单块。这种设计使得用户可以通过交互来探索和选择不同的菜单项，增强用户体验的互动性。

图 8-1　默认效果

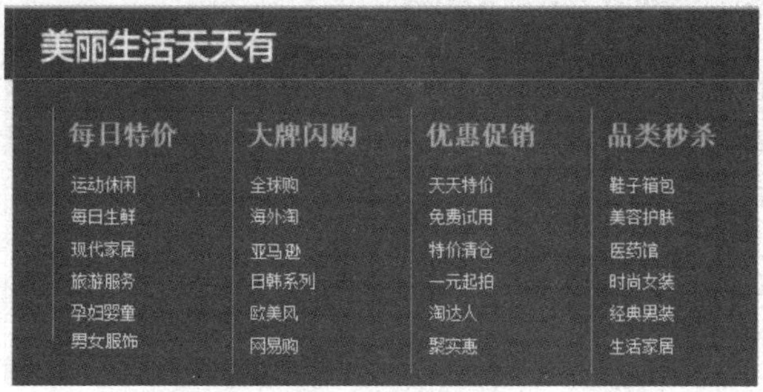

图 8-2　展开效果

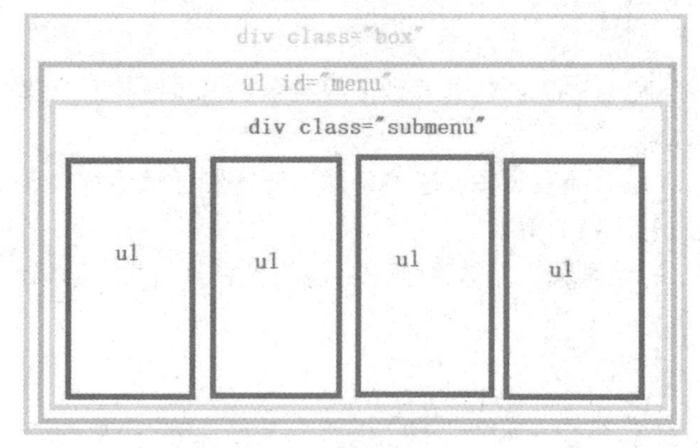

图 8-3　页面布局

8.2 具体实现

（1）HTML 基本布局的具体代码如下。

```
<!DOCTYPE html>
<html>
  <head>
    <title>多级动画菜单</title>
    <meta http-equiv="Content-Type" content="text/html; charset=UTF-8"/>
  </head>
  <body>
    <div class="box">
      <ul id="menu" class="menu">
        <li>
          <span>美丽生活天天有</span><!-- Increases to 510px in width-->

    <div class="submenu">
      <ul>
        <li class="head">每日特价</li>
        <li><a href="#">运动休闲</a></li>
        <li><a href="#">每日生鲜</a></li>
        <li><a href="#">现代家居</a></li>
        <li><a href="#">旅游服务</a></li>
        <li><a href="#">孕妇婴童</a></li>
        <li><a href="#">男女服饰</a></li>
      </ul>
      <ul>
        <li class="head">大牌闪购</li>
        <li><a href="#">全球购</a></li>
        <li><a href="#">海外淘</a></li>
        <li><a href="#">亚马逊</a></li>
        <li><a href="#">日韩系列</a></li>
        <li><a href="#">欧美风</a></li>
        <li><a href="#">网易购</a></li>
      </ul>
<ul>
        <li class="head">优惠促销</li>
        <li><a href="#">天天特价</a></li>
        <li><a href="#">免费试用</a></li>
        <li><a href="#">特价清仓</a></li>
        <li><a href="#">一元起拍</a></li>
        <li><a href="#">淘达人</a></li>
        <li><a href="#t">聚实惠</a></li>
      </ul>
      <ul>
        <li class="head">品类秒杀</li>
        <li><a href="#">鞋子箱包</a></li>
        <li><a href="#">美容护肤</a></li>
        <li><a href="#">医药馆</a></li>
        <li><a href="#">时尚女装</a></li>
        <li><a href="#">经典男装</a></li>
        <li><a href="#t">生活家居</a></li>
```

```
      </ul>
    </div>
        </li>
      </ul>
    </div>
  </body>
</html>
```

HTML 基本框架如图 8-4 所示。

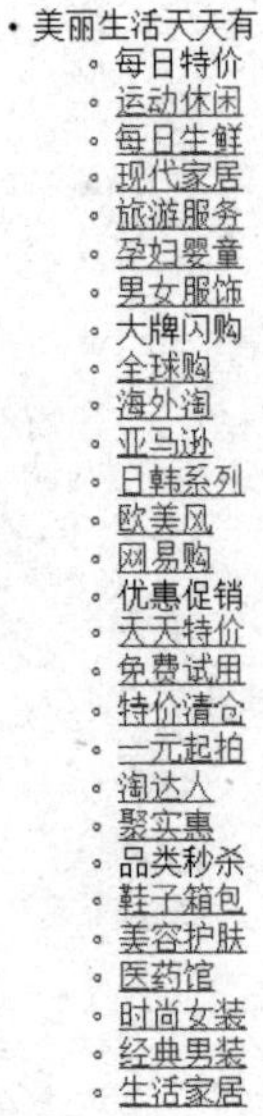

- 美丽生活天天有
  - 每日特价
  - 运动休闲
  - 每日生鲜
  - 现代家居
  - 旅游服务
  - 孕妇婴童
  - 男女服饰
  - 大牌闪购
  - 全球购
  - 海外淘
  - 亚马逊
  - 日韩系列
  - 欧美风
  - 网易购
  - 优惠促销
  - 天天特价
  - 免费试用
  - 特价清仓
  - 一元起拍
  - 淘达人
  - 聚实惠
  - 品类秒杀
  - 鞋子箱包
  - 美容护肤
  - 医药馆
  - 时尚女装
  - 经典男装
  - 生活家居

图 8-4　HTML 基本框架

2. CSS 样式

CSS 样式的具体代码如下

```
<style>
    *{
        padding:0;
        margin:0;
    }
    body{
        background:#CCC;
        font-family:"黑体";
        overflow-x:hidden;
    }

.box{
margin-top:129px;
height:460px;
width:100%;
position:relative;
background:#fff  no-repeat 380px 180px;
-moz-box-shadow:0px 0px 10px #aaa;
-webkit-box-shadow:0px 0px 10px #aaa;
-box-shadow:0px 0px 10px #aaa;
}
```

```
ul.menu{
margin:0px;
padding:0;
display:block;
height:50px;
background-color:#F00;
list-style:none;
font-family:"Trebuchet MS", sans-serif;
border-top:1px solid #EF593B;
border-bottom:1px solid #EF593B;
border-left:10px solid #F00;
-moz-box-shadow:0px 3px 4px #591E12;
-webkit-box-shadow:0px 3px 4px #591E12;
-box-shadow:0px 3px 4px #591E12;
}
ul.menu a{
text-decoration:none;
}
ul.menu > li{
float:left;
position:relative;
}
ul.menu > li > span{
float:left;
color:#fff;
font-size:25px;
background-color:#F00;
height:50px;
line-height:50px;
cursor:default;
padding:0px 20px;
text-shadow:0px 0px 1px #fff;
border-right:1px solid #DF7B61;
border-left:1px solid #C44D37;

}
ul.menu .submenu{
position:absolute;
top:50px;
width:550px;
display:none;
opacity:0.95;
left:0px;
font-size:18px;
background:#F00;
border-top:1px solid #EF593B;
-moz-box-shadow:0px 3px 4px #591E12 inset;
-webkit-box-shadow:0px 3px 4px #591E12 inset;
-box-shadow:0px 3px 4px #591E12 inset;
}

ul.menu ul{
list-style:none;
```

```
float:left;
border-left:1px solid #DF7B61;
margin:20px 0px 10px 30px;
padding:10px;
}
li.head{
font-family: Georgia, serif;
font-size: 20px;
font-weight:bolder;
color:#FFB39F;
text-shadow:0px 0px 1px #B03E23;
padding:0px 0px 10px 0px;
}
ul.menu ul li a{
font-family: Arial, serif;
font-size:12px;
line-height:20px;
color:#fff;
padding:1px 3px;
}
ul.menu ul li a:hover{
-moz-box-shadow:0px 0px 2px #333;
-webkit-box-shadow:0px 0px 2px #333;
box-shadow:0px 0px 2px #333;
background:#FFC
color:#003;
font-size:16px;
}
</style>
```

添加 CSS 样式后的效果如图 8-5 和图 8-6 所示，多级动画菜单效果被显示。在 ul.menu .submenu 中设置“display:none;”子菜单会被隐藏。

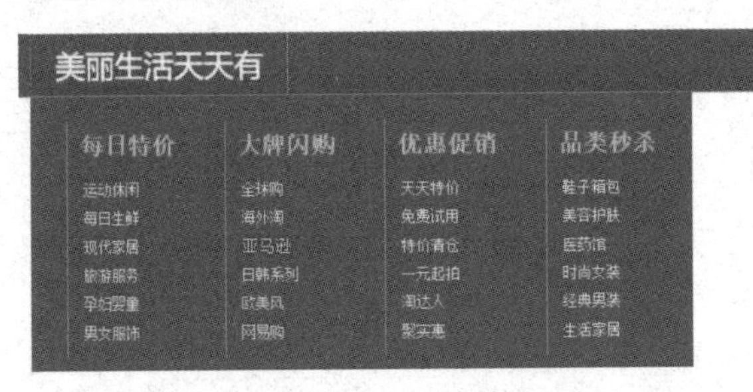

图 8-5　添加 CSS 样式后的效果（1）

图 8-6　添加 CSS 样式后的效果（2）

3. 添加 jQuery 代码

添加 jQuery 代码，实现动态效果，具体代码如下。

```
<script type="text/javascript" src="jquery.min.js"></script>
<script type="text/javascript">
$(function() {

var $menu = $('#menu');
```

```
$menu.children('li').each(function(){
var $this = $(this);
var $span = $this.children('span');
$span.data('width',$span.width());
$this.bind('mouseenter',function(){
$menu.find('.submenu').stop(true,true).hide();
$span.stop().animate({'width':'510px'},300,function(){
$this.find('.submenu').slideDown(300);
});
}).bind('mouseleave',function(){
$this.find('.submenu').stop(true,true).hide();
$span.stop().animate({'width':$span.data('width')+'px'},300);
});
});
});
</script>
```

最终结果如图 8-7 所示，多级动画菜单成功实现。当鼠标指针移入“美丽生活天天有”时，下面的子菜单会被展开；当鼠标指针移出时，子菜单会被隐藏。当鼠标指针悬停在子菜单上时，子菜单项字体变大且添加背景颜色；当鼠标指针移出时，子菜单恢复原状。

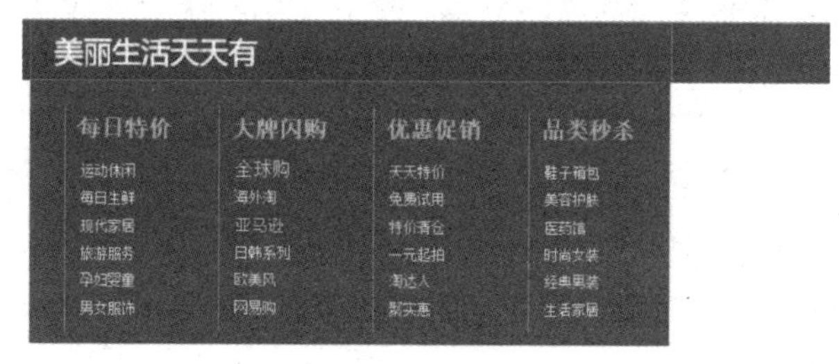

图 8-7 子菜单被展开

项目 9

动态选项卡的实现

能力目标

动态选项卡的实现，使用户可以切换不同的选项。在选项卡的内容呈现方面，可以融入多元主题，引导用户探索不同领域的知识，促进跨学科的交流。在页面的整体设计方面，应注重用户体验，通过清晰的选项结构和生动的切换效果，为用户提供良好的交互体验，并且通过页面设计传达了人们对多元文化的包容态度，以及对不同观点的尊重，培养学生理解与尊重社会环境多样性的意识。

动态选项卡的实现

知识目标

- 掌握 HTML 和 CSS3 的基本语法和规范，了解如何使用 HTML 和 CSS3 创建并管理选项卡的结构及其样式。
- 掌握 JavaScript 的基本语法和规范，了解如何使用 JavaScript 编写脚本实现选项卡的交互效果。
- 掌握 W3C 标准，了解各大主流浏览器的兼容性。

技能目标

- 能够使用 HTML 和 CSS3 创建并管理选项卡的基本结构及其样式，包括选项卡的布局、颜色、字体等。
- 能够使用 JavaScript 编写脚本，通过事件监听器和回调函数处理用户的交互行为，如单击选项卡以切换显示内容。
- 能够使用 CSS3 创建平滑的选项卡切换动画，例如，淡入、淡出动画效果、滑动效果等。
- 能够使用 W3C 标准，确保选项卡在不同浏览器上都能良好显示。

素养目标

- 使学生具备自主学习和解决问题的能力，不断学习新技术，掌握新工具的使用方法。
- 使学生具备精益求精的态度，提高代码质量，注重代码的规范性、可读性和可维护性。

- 使学生具备创新思维和解决问题的能力，针对不同的需求和挑战提出有效的解决方案。

动态选项卡是网页设计中常用的设计元素之一，特别是在设计空间有限的页面中。这种设计元素，能够帮助我们更加有效地利用有限的网页空间。在本项目中，我们将一起学习制作选项卡菜单的方法，同时向选项卡菜单添加动画效果，进一步增强选项卡菜单的趣味性。

9.1　布局分析

我们要设计的选项卡菜单具有如下动态效果：当鼠标指针移入相应的选项卡的导航菜单时，导航菜单上的文字向右移，同时文字左侧出现图标。之后单击鼠标左键，选项卡中的内容将会更改为与导航菜单相关的内容。或者按下 Tab 键，使某个导航菜单获得焦点，该导航菜单上的文字向右移，之后按下 Enter 键，该导航菜单左侧出现图标，同时选项卡中的内容更改为与导航菜单相关的内容。预览效果如图 9-1 所示。

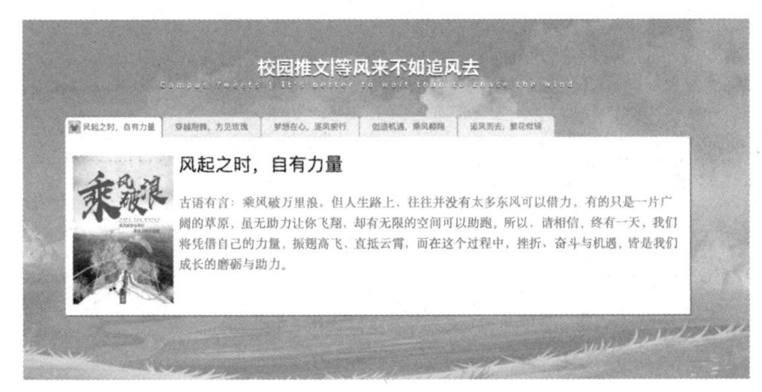

图 9-1　预览效果

整个选项卡菜单由两部分组成，一部分是选项卡的导航菜单，另一部分是与各个选项卡对应的详细内容。使用 nav 元素设置选项卡菜单的导航条，使用 div 元素设置详细内容区域。使用 jQuery 动画效果，实现菜单的自由切换。

9.2　HTML 基本结构

新建文档 index.html，在 body 元素中插入一个 id="page-wrap"的<div>标签，首先在<div>标签中添加<h1>标签，为网页添加大标题。然后在<h1>标签中添加<span>标签，表示网页中的小标题，这也为后面使用 CSS 样式控制网页样式提供了方便。

```
<div id="page-wrap">
<h1>校园推文|等风来不如追风去<span> Campus Tweets | It's better to wait than to chase the wind</span></h1>
</div>
```

接着，创建一个 id="tab_design"的<div>标签，在其中添加一个 class="blind"的<a>标签，使其在网页中隐藏；之后设置该标签的 href 属性值为#contents，为视障人士指定链接网页，视障人士可以通过屏幕阅读器了解网页内容。

```
<div id="tab_design">
    <a class="blind" href="#contents">跳过选项卡菜单</a>
</div>
```

在页面布局分析中，我们使用 class="tab_menu clearfix"的<nav>标签设置了选项卡菜单的导航条，该导航条中共包含 5 个选项卡，我们使用一个<ul>标签来填充内容，在<ul>标签中使用 5 个<li>标签分别表示各个选项卡。在每个选项卡中，使用<a>标签来指定链接目标，在<a>标签中再添加<img>标签与文本。<img>标签中的 alt 属性用于设置图片不显示时的提示文本。后面会添加链接文本，为了避免重复，此处我们不设置 alt 属性值。

```
<nav class="tab_menu clearfix">
        <ul>
            <li>
                <a href="#clock">
                    <img  src="include/images/pic1.png"  width="25px"  height=
"25px" alt="" />风起之时，自有力量
                </a>
            </li>
            <li>
                <a href="#weather">
                    <img  src="include/images/pic2.png"   width="25px"  height=
"25px alt="" />穿越荆棘，方见玫瑰
                </a>
            </li>
            <li>
                <a href="#calender">
                    <img  src="include/images/pic3.png"   width="25px"  height=
"25px alt="" />梦想在心，逐风前行
                </a>
            </li>
            <li>
                <a href="#chart">
                    <img  src="include/images/pic4.png"   width="25px"  height=
"25px alt="" />创造机遇，乘风翱翔
                </a>
            </li>
            <li>
                <a href="#chat">
                    <img  src="include/images/pic5.png"  width="25px"  height=
"25px alt="" />追风而去，繁花似锦
                </a>
            </li>
        </ul>
    </nav>
```

接下来，使用一个 class="tab_contents"的<div>标签设置详细内容区域。在该标签中添加一个<ul>标签，并在<ul>标签中添加 5 个<li>标签用作 5 个区域。在每个<li>标签中分别添加图片、标题与段落标签。

```
<div class="tab_contents">
        <ul>
            <li id="clock">
                <img src="include/images/pic1-1.png" alt="" width="200" height=
"290" />
```

```
                    <h3>风起之时，自有力量</h3>
                    <p>古语有言：乘风破万里浪。但人生路上，往往并没有太多东风可以借力。有的只是
一片广阔的草原，虽无助力让你飞翔，
                    却有无限的空间可以助跑。所以，请相信，终有一天，我们将凭借自己的力量，振翅高
飞，直抵云霄。而在这个过程中，
                    挫折、奋斗与机遇，皆是我们成长的磨砺与助力。</p>
                </li>
                <li id="weather">
                    <img src="include/images/pic2-2.png" alt="" width="200" height=
"290" />
                    <h3>穿越荆棘，方见玫瑰</h3>
                    <p>生活不止有玫瑰的芬芳，更有荆棘的刺痛。想要摘到玫瑰，就必须要穿越那一片荆
棘，逆风飞翔，才是我们的姿态。
                    历经风暴，方能成就更加坚韧的青春，每一次迎难而上，都是对自我的超越，每一次挑
战，都会让我们遇见更好的自己。</p>
                </li>
                <li id="calender">
                    <img    src="include/images/pic3-3.png"    alt=""    width="200"
height="290" />
                    <h3>梦想在心，逐风前行</h3>
                    <p>梦想，是人生的指南针，它或许会因外界的影响而有所偏移，但只要我们坚守初心，
始终保持对梦想的热爱与追求，
                    便能找到前进的方向。追风赶月莫停留，平芜尽处是春山，人生价值的实现不能拘泥于
某一种形式。只要敢于面对、
                    敢于追逐，人生的舞台便会因我们的存在而熠熠生辉。</p>
                </li>
                <li id="chart">
                    <img src="include/images/pic4-4.png" alt="" width="200" height=
"290" />
                    <h3>创造机遇，乘风翱翔</h3>
                    <p>机遇，从不青睐那些坐享其成的人，等待机遇，不如努力创造。磨砺自己的本领，
准备好乘风的翅膀，才能在机会来临
                    之时乘风而起，追上那阵令人向往的风；弱者等待时机，强者创造时机。我们不应像守
株待兔的农民那样，寄希望于运气的
                    降临，而应积极进取，主动寻找，用我们的双手去创造属于我们的机遇。</p>
                </li>
                <li id="chat">
                    <img src="include/images/pic5-5.png" alt="" width="200" height=
"290" />
                    <h3>追风而去，繁花似锦</h3>
                    <p>等风来，不如追风去，与其被动地等待风的到来，不如勇敢追逐风的脚步。鲜衣怒
马少年时，不负韶华行且知，只要心中有梦，
                    有对美好生活的向往与追求，便能追逐出属于自己的繁花似锦的未来。</p>
                </li>
            </ul>
        </div>
```

网页框架的基本代码已经完成，完整代码如下所示，预览效果如图 9-2 所示。

```
<!DOCTYPE html>
<html lang="zh" class="no-js modern">
  <head>
    <meta charset="utf-8" />
    <title>校园推文：追风者</title>
    <meta http-equiv="X-UA-Compatible" content="IE=edge, chrome=1" />
    <link   href="http://api.mobi***.co.kr/webfonts/css/?fontface=NanumGothicWeb"
```

```
rel= "stylesheet" />
       <link rel="stylesheet" href="include/css/style.css" />
       <link rel="stylesheet" href="include/css/tabs.css" />
       <script src="include/js/libs/modernizr.min.js"></script>
       <script src="include/js/libs/jquery.min.js"></script>
       <script src="include/js/jquery.tabs.js"></script>
       <script src="include/js/tab_design.js"></script>

     </head>
     <body>

       <div id="page-wrap">
         <h1>校园推文|等风来不如追风去<span> Campus Tweets | It's better to wait than to
chase the wind</span></h1>
         <h2 class="blind"><a href="#"></a></h2>
         <div id="tab_design">
          <a class="blind" href="#contents">跳过选项卡菜单</a>
           <nav class="tab_menu clearfix">
              <ul>
                  <li>
                      <a href="#clock">
                          <img  src="include/images/pic1.png"  width="25px"  height=
"25px" alt="" />风起之时，自有力量
                      </a>
                  </li>
                  <li>
                      <a href="#weather">
                          <img  src="include/images/pic2.png"   width="25px"  height=
"25px alt="" />穿越荆棘，方见玫瑰
                      </a>
                  </li>
                  <li>
                      <a href="#calender">
                          <img  src="include/images/pic3.png"    width="25px"  height=
"25px alt="" />梦想在心，逐风前行
                      </a>
                  </li>
                  <li>
                      <a href="#chart">
                          <img  src="include/images/pic4.png"    width="25px"  height=
"25px alt="" />创造机遇，乘风翱翔
                      </a>
                  </li>
                  <li>
                      <a href="#chat">
                          <img  src="include/images/pic5.png"   width="25px"  height=
"25px alt="" />追风而去，繁花似锦
                      </a>
                  </li>
              </ul>
         </nav><!-- e: .tab_menu -->
         <div class="tab_contents">
              <ul>
                  <li id="clock">
```

```
                    <img src="include/images/pic1-1.png" alt="" width="200" height=
"290" />
                    <h3>风起之时，自有力量</h3>
                    <p>古语有言：乘风破万里浪。但人生路上，往往并没有太多东风可以借力。有的只是
一片广阔的草原，虽无助力让你飞翔，
                    却有无限的空间可以助跑。所以，请相信，终有一天，我们将凭借自己的力量，振翅高
飞，直抵云霄。而在这个过程中，
                    挫折、奋斗与机遇，皆是我们成长的磨砺与助力。</p>
                </li>
                <li id="weather">
                    <img src="include/images/pic2-2.png" alt="" width="200" height=
"290" />
                    <h3>穿越荆棘，方见玫瑰</h3>
                    <p>生活不止有玫瑰的芬芳，更有荆棘的刺痛。想要摘到玫瑰，就必须要穿越那一片荆
棘，逆风飞翔，才是我们的姿态。
                    历经风暴，方能成就更加坚韧的青春，每一次迎难而上，都是对自我的超越，每一次挑
战，都会让我们遇见更好的自己。</p>
                </li>
                <li id="calender">
                    <img src="include/images/pic3-3.png" alt="" width="200" height=
"290" />
                    <h3>梦想在心，逐风前行</h3>
                    <p>梦想，是人生的指南针，它或许会因外界的影响而有所偏移，但只要我们坚守初心，
始终保持对梦想的热爱与追求，
                    便能找到前进的方向。追风赶月莫停留，平芜尽处是春山，人生价值的实现不能拘泥于
某一种形式。只要敢于面对、
                    敢于追逐，人生的舞台便会因我们的存在而熠熠生辉。</p>
                </li>
                <li id="chart">
                    <img src="include/images/pic4-4.png" alt="" width="200" height=
"290" />
                    <h3>创造机遇，乘风翱翔</h3>
                    <p>机遇，从不青睐那些坐享其成的人，等待机遇，不如努力创造。磨砺自己的本领，
准备好乘风的翅膀，才能在机会来临
                    之时乘风而起，追上那阵令人向往的风；弱者等待时机，强者创造时机。我们不应像守
株待兔的农民那样，寄希望于运气的
                    降临，而应积极进取，主动寻找，用我们的双手去创造属于我们的机遇。</p>
                </li>
                <li id="chat">
                    <img src="include/images/pic5-5.png" alt="" width="200" height=
"290" />
                    <h3>追风而去，繁花似锦</h3>
                    <p>等风来，不如追风去，与其被动地等待风的到来，不如勇敢追逐风的脚步。鲜衣怒
马少年时，不负韶华行且知，只要心中有梦，
                    有对美好生活的向往与追求，便能追逐出属于自己的繁花似锦的未来。</p>
                </li>
            </ul>
          </div>
        </div>
        <div>
      </div>
    </div>

    </body>
  </html>
```

校园推文|等风来不如追风去 Campus Tweets | It's better to wait than to chase the wind

跳过选项卡菜单

- 风起之时，自有力量
- 穿越荆棘，方见玫瑰
- 梦想在心，逐风前行
- 创造机遇，乘风翱翔
- 追风而去，繁花似锦

风起之时，自有力量

古语有言：乘风破万里浪。但人生路上，往往并没有太多东风可以借力。有的只是一片广阔的草原，虽无助力让你飞翔， 却有无限的空间可以助跑。所以，请相信，终有一天，我们将凭借自己的力量，振翅高飞，直抵云霄。而在这个过程中， 挫折、奋斗与机遇，皆是我们成长的磨砺与助力。

穿越荆棘，方见玫瑰

生活不止有玫瑰的芬芳，更有荆棘的刺痛。想要摘到玫瑰，就必须要穿越那一片荆棘，逆风飞翔，才是我们的姿态。 历经风暴，方能成就更加坚韧的青春，每一次迎难而上，都是对自我的超越，每一次挑战，都会让我们遇见更好的自己。

梦想在心，逐风前行

梦想，是人生的指南针，它或许会因外界的影响而有所偏移，但只要我们坚守初心，始终保持对梦想的热爱与追求， 便能找到前进的方向。追风赶月莫停留，平芜尽处是春山，人生价值的实现不能拘泥于某一种形式。只要敢于面对、 敢于追逐，人生的舞台便会因我们的存在而熠熠生辉。

创造机遇，乘风翱翔

机遇，从不青睐那些坐享其成的人，等待机遇，不如努力创造。磨砺自己的本领，准备好乘风的翅膀，才能在机会来临 之时乘风而起，追上那阵令人向往的风；弱者等待时机，强者创造时机。我们不应像守株待兔的农民那样，寄希望于运气的 降临，而应积极进取，主动寻找，用我们的双手去创造属于我们的机遇。

追风而去，繁花似锦

等风来，不如追风去，与其被动地等待风的到来，不如勇敢追逐风的脚步。鲜衣怒马少年时，不负韶华行且知，只要心中有梦，有对美好生活的向往与追求，便能追逐出属于自己的繁花似锦的未来。

图 9-2　HTML 基本框架

9.3 添加CSS样式

1. 基本样式

首先，设置整个选项卡区域与标题的指定样式。在CSS文件夹中新建style.css文件，并将文件链接在index.html文档的head标签中，具体代码如下。

```
: .no-js #tab_design {
    overflow: hidden;
    padding: 2em;
    background: #fff;
    color: #333;
}
.no-js #tab_design li {
    float: left;
    margin-right: 20px;
    margin-top: 20px;
}
.no-js #tab_design a {
    color: #333;
}
.no-js #tab_design img {
    vertical-align: bottom;
}


.clearfix:after {
  content: "";
  display: block;
  clear: both;
}
.ie6 .clearfix {
  height: 1px;
}
.ie7 .clearfix {
  min-height: 1px;
}
.blind {
  visibility: hidden;
  position: absolute;
  top: -10000px;
  height: 1px;
  width: 1px;
}
```

CSS样式添加完成后，效果如图9-3所示。

然后，设置选项卡中的标题及段落样式，在CSS文件夹中新建reset.css文件，并通过“@import "reset.css";”将CSS文件引入style.css文件，即在style.css文件中添加代码“@import "reset.css";@charset "utf-8";”，之后在reset.css文件中编写代码，具体代码如下。

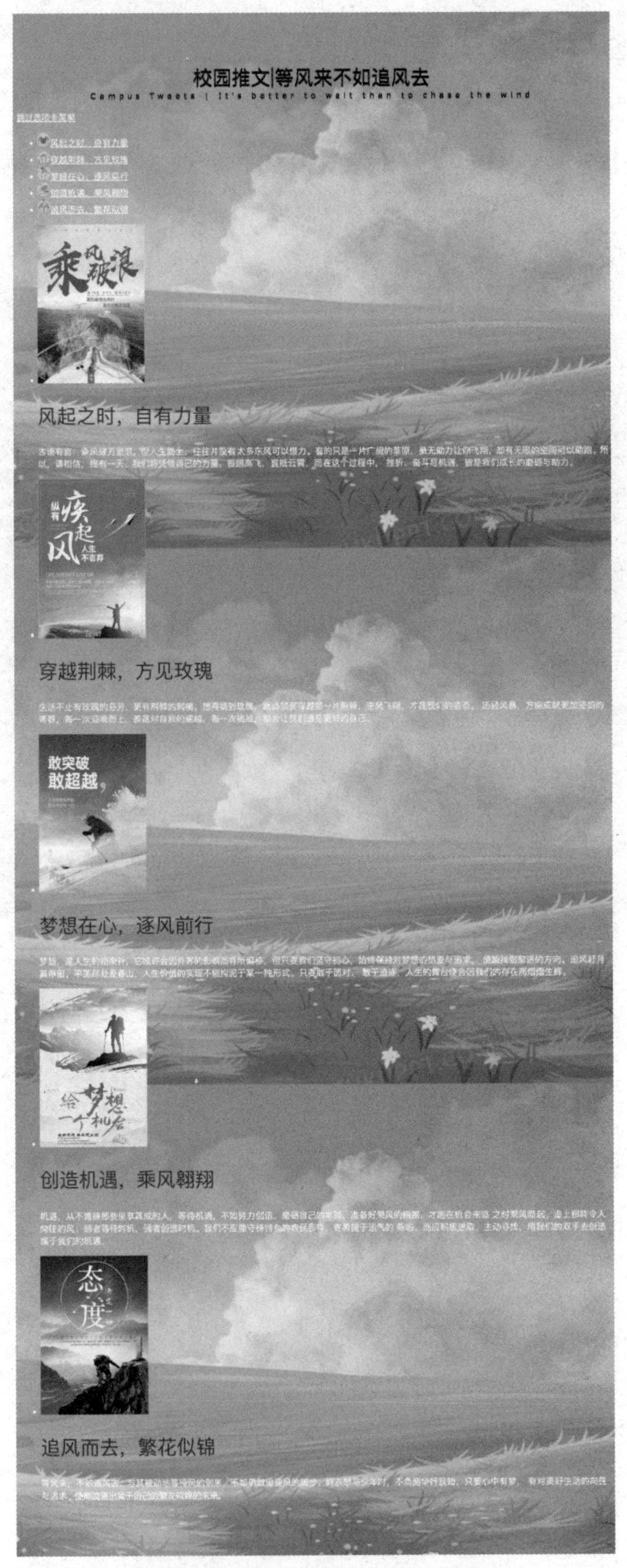

图 9-3　添加 CSS 样式后的效果

```
html, body, div, span,h1, h2, h3, p,a, img, ul, li {
    margin: 0;
    outline: 0;
    border: 0;
    padding: 0;
    font-size: 100%;
    vertical-align: baseline;
    background: transparent;
}
body {
    font: 12px/1.5 "Helvetica Neue", Helvetica, Verdana, Arial, Sans-Serief;
    color: #323232;
}
ul { list-style: none; }
/* 设置标题字体大小 */
h1, h2, h3{ font-weight: normal; color: #111; }
h1 {
    font-size: 36px;
    line-height: 1;
    margin-bottom: 0.5em;
}
h2 {
    font-size: 24px;
    margin-bottom: 0.75em;
}
h3 {
    font-size: 36px;
    color: #333;
    line-height: 1;
    margin-bottom: 1em;
}
h1 img, h2 img, h3 img{
  margin: 0;
}
/* 设置标题、段落上下间距 */
p { margin: 0 0 1.5em; font-size: 20px; line-height: 38px; }
/* 重定义超链的基本样式 */
a:link, a:visited {
    text-decoration: none;
    color: #5c5c5c;
}
a:hover, a:active {
    color: #3a3a3a;
}
/* 设置包含 img 属性的<a>标签的边框与边距 */
a img {
    border: 0;
    padding: 0;
}
```

运行代码，选项卡的样式效果如图 9-4 所示。

图 9-4　选项卡的样式效果

2．导航菜单样式

在 CSS 文件夹中新建一个 tabs.css 文件，在该文件中编写选项卡菜单的样式控制代码。在 class="tab_menu"的 nav 元素中包含 ul 元素、li 元素、a 元素和 img 元素。下面我们将按照 li 元素、a 元素和 img 元素的顺序编写样式代码，具体代码如下。

```
.tabs .tab_menu li {       //选择.tabs 内部的.tab_menu li
  position: relative;      //设置相对定位
```

```
    float: left;              //设置左浮动
    margin-right: 2px;        //设置右外边距为2px，作为导航菜单的间距
  }
  .tabs .tab_menu li a {      //选择.tab内部的.tab_menu li的a元素
    display: block;           //将a元素转换成块元素
    padding: 0.5em 1.5em;     //设置上下内边距为0.5em,左右内边距为1.5em
    background: #e5e9ea;      //设置背景颜色
    color: #607291;                           //设置字体颜色
    font-size: 16px;                          //设置字体大小
    border-radius: 7px 7px 0 0;               //设置圆角效果
  -webkit-border-radius: 7px 7px 0 0;         //设置不同的浏览器样式
    -khtml-border-radius: 7px 7px 0 0;
    -moz-border-radius: 7px 7px 0 0;
    transition: all 0.2s;                     //调用transition()函数
    -webkit-transition: all 0.2s;
    -moz-transition: all 0.2s;
    -o-transition: all 0.2s;
    -ms-transition: all 0.2s;
  }
  .tabs .tab_menu li:hover a,                 //设置鼠标指针经过的效果
  .tabs .tab_menu li a:focus,                 //设置鼠标指针聚焦效果
  .tabs .tab_menu li.active a {               //设置鼠标按下的效果
    padding-left: 2.2em;                      //设置左边距
    padding-right: 0.8em;                     //设置右边距
    background: #f9f9f9;                      //设置背景颜色
    box-shadow: 1px -1px 2px #5c5c5c;         //设置盒子阴影效果
  -webkit-box-shadow: 1px -1px 2px #5c5c5c;
    -moz-box-shadow: 1px -1px 2px #5c5c5c;
  }
  .tabs .tab_menu li img {       //选择.tabs与.tab_menu li内部的img元素
    opacity: 0;                  //设置不透明度为0，在鼠标指针移入元素导航菜单之前隐藏图标
    position: absolute;          //设置绝对定位
    top: 7px;                    //从基准元素开始向下移动7px
    left: 16px;                  //从基准元素开始向右移动16px
    transition: all 0.2s;        //调用transition()函数
    -webkit-transition: all 0.2s;
    -moz-transition: all 0.2s;
    -o-transition: all 0.2s;
    -ms-transition: all 0.2s;
  }
  .tabs .tab_menu li:hover img,      //将鼠标指针移动到.tab内的.tab_menu的li元素中
  .tabs .tab_menu li.active img {    //选择带有active类的img元素
    opacity: 1;      //设置不透明度为1，在将鼠标指针移入导航菜单之前显示图标
    left: 6px;       //设置向左移动6px，当鼠标指针移入导航菜单时，图标向左移动形成动画
  }
```

至此，导航菜单的样式控制代码已经编写完成，接下来开始为详细内容区域编写样式代码。选择tab_contents后，为其内部的li元素、img元素等编写样式代码。首先是详细内容区域样式控制不支持JavaScript脚本的情形，具体代码如下。

```
  .tabs .tab_contents {                       //选择.tabs内部的.tab_contents
    position: relative;                       //设置相对定位，以采用绝对定位的li元素为基准
    min-height: 144px;                        //设置最小高度为144px
```

```
    padding: 2em;                          //设置内容区域的内部空白
    color: #607291;                        //设置内容区域的字体颜色
    background: #f9f9f9;                   //设置详细内容区域的背景颜色
    box-shadow: 2px 2px 2px #5c5c5c;      //设置阴影效果
    -webkit-box-shadow: 2px 2px 2px #5c5c5c;
    -moz-box-shadow: 2px 2px 2px #5c5c5c;
    height:200px;                          //设置详细内容区域的高度为 200px
  }
  .ie6 .tabs .tab_contents {    height: 144px;}       //IE6 浏览器的高度为 144px
  .tabs .tab_contents li {                 //选择.tabs 内部的.tab_contents li
    min-height: 144px;                     //与.tab_contents 的最小高度保持一致
    margin-bottom: 20px;                   //设置外边距为 20px
    border-bottom: 1px solid #ededed;     //设置元素下边框样式
    background: #f9f9f9;                   //设置详细内容区域的背景颜色
  }
  .tabs .tab_contents img {       //选择.tabs 内部的.tab_contents img
    float: left;                  //设置为左浮动
    margin-right: 10px;           //设置右外边距为 10px，它是图片与文本的间隔
  }
```

然后是详细内容区域样式控制支持 JavaScript 脚本的情形，添加如下代码。

```
  .js .tabs .tab_contents li {   //当支持 JavaScript 脚本时选择.tab_contents 内部的 li 元素
    position: absolute;           //设置为绝对定位（基准元素.tab_contents）
    top: 35px;                    //从基准元素开始向下移动 35px
    left: 15px;                   //从基准元素开始向左移动 15px
    width:95%;       //在设置了绝对定位后，由于设置了 top 和 left，所以将内容宽度设置为 95%
    margin-bottom: 0;             //如果不单独设置宽度，则区域就像凸出来一样
    border-bottom: 0;             //在不支持 JavaScript 脚本时，删除区分空间
  }
  .js .tabs .tab_contents li.active {
  //在不支持 JavaScript 时，删除区分边框，选择带有 active 类的<li>标签
    z-index: 10;
    //设置堆叠顺序为 10，使其位于其他内容的前面（根据不同情况设置不同数值）
     }
```

至此，导航菜单的样式控制代码就编写完成了。保存代码，预览效果，当单击导航菜单时，对应选项卡的详细内容会优先显示出来，如图 9-5 所示。

图 9-5　显示选项卡对应的详细内容

9.4　编写 jQuery 代码

首先，在 js 文件夹中新建一个 tab_design.js 文件，在其中编写如下代码。

```
jQuery(function($) {                //执行 jQuery Ready()语句
    $('#tab_design').tabs({         //将 tabs()插件设置到 id="tab_design"的<div>标签上
        start_index: 2,             //通过插件选项，设置初次显示的选项卡的顺序
        random: true,               //设置 random 选项为 true 时，随机选定初次显示的选项卡
        transition_time: 200        //单击导航菜单，当内容改变时，设置动画切换的速度，单位为毫秒
    });
```

然后，新建一个 jquery.tabs.js 文件，在插件模板中为 options 对象设置初始值，具体代码如下。

```
options = $.extend({  //jQuery.extend()方法，将两个 options 对象合并为一个 options 对象
        start_index: 1,  //设置 start_index 选项的初始值为 1（最先激活的选项卡）
        random: false,   //设置 random 选项的初始值为 false（关闭随机设置）
        transitions_time: 400     //设置 transitions_time 选项的初始值为 400 毫秒
    }, options);                  //将 options 对象中的内容合并到{}中
```

设置好插件选项后，在 return this.each(function(){...})内部编写插件设置对象的处理代码。首先，引用插件设置对象检测是否支持 CSS3 的 opacity 与 transition 属性。因为有些浏览器并不支持 opacity 与 transition 属性，在编写代码时，需要先检测浏览器是否支持它们，具体代码如下。

```
var $this = $(this),
support_features = !Modernizr.opacity || !Modernizr.csstransitions;
```

在 return this.each(function(){...})中，this 是指 DOM 元素。为了在 return 语句内部使用 jQuery 方法，要先使用 jQuery 对象进行包装，再缓存到变量$this 中，以便重用。

第 2 条语句的等号“=”右侧是一个条件表达式，用于判断浏览器是否支持 opacity 与 transition 属性，等号“=”左侧是变量 support_features，用于保存右侧条件表达式的值。在这里我们使用 Modernizr 脚本库检测浏览器是否支持这两个属性，即 Modernizr.opacity 与 Modernizr.csstransitions。注意，在它们之前，我们使用了“！”（否）运算符，它的含义为否，用于执行取反操作，即将“真”变为“假”，将“假”变为“真”。等号“=”右侧的条件表达式表示只要浏览器不支持 opacity 与 transition 属性中的任意一个，变量 support_features 保存的值就是 true。也就是说，只要浏览器不支持这两个 CSS3 新技术中的任意一个，替换代码就会被执行，这行代码常常在编写针对 IE 浏览器的代码时被使用。

接着，我们要获取插件内部经常使用的对象，并将它们分别保存到相应的变量中。在插件内部经常使用的对象有.tab_menu、.tab_menu li、.tab_menu li a 和.tab_contents，具体代码如下。

```
// 对象引用
var $this = $(this),
    $menu = $this.find('.tab_menu'), //在$this 引用对象中找到.tab_menu 对象后保存到$menu 中
    $menu_li = $menu.find('li'),     //在$menu 引用对象中找到 li 元素后保存到$menu_li 中
    $menu_a = $menu_li.find('a'),    //在$menu_li 引用对象中找到 a 元素后保存到$menu_a 中
    $contents = $this.find('.tab_contents');//在$this 引用对象中找到.tab_contents 对象
后保存到$contents 中
    support_features = !Modernizr.opacity || !Modernizr.csstransitions;
```

当插件的 random 选项为 true 时，随机数字就会生成，但要想实现用户每次登录网站，默认显示的选项卡都会随机发生变化的效果，需要添加如下代码。

```
// 设置随机索引
```

```
if(options.random)
options.start_index = Math.floor(Math.random() * $menu_li.length + 1);
```

当 options.random 的值为 true 时，变量 options.start_index 会保存随机产生的数字。随机数字由 Math 对象的 random()方法和 floor()方法生成，random()方法返回 0 到 1 之间的实数。在产生随机数时，先使用 random()方法乘以项目的个数（$menu_li.length），再加 1。加 1 是因为 JavaScript 的数字是从 0 开始的。之后使用 floor()方法执行向下的整取运算，返回等于参数值或小于参数值且与之最接近的整数。最后将得到的整数保存到变量 options.start_index 中。

接下来，向使用插件的对象应用样式，首先使用$this 对象的 addClass()方法添加 tabs 类，具体代码如下。

```
// 向插件对象添加类
$this.addClass('tabs');
```

然后整理编写的代码，查看代码的顺序与位置是否正确，具体代码如下。

```
;(function($){
$.fn.tabs  = function(options){
//设置选项
options = $.extend({
start_index:1,
random:false,
transitions_time:400
},options);

//jQuery 链
return this.each(function(){
//对象引用
var $this =$(this),
$menu =$this.find('.tab_menu'),
$menu_li=$menu.find('li'),
$menu_a =smenu_li.find('a'),
$contents =$this.find('.tab_contents'),
          support_features =!Modernizr.opacity ll !Modernizr.csstransitions;

//设置随机索引
if(options.random)
 options.start_index =Math.floor(Math.random()*$menu_li.length +1);
//向插件对象添加类
$this.addClass('tabs');
});  //end:return
};  //end:plug-in
})(jquery);
```

下面我们开始向处于激活状态的选项卡与详细内容区域添加 active 类。当使用插件时，应使用变量 options.start_index 中保存的数值指定激活项目，这样才能实现随机激活效果。因此，首先要将$contents 引用的对象添加到$menu 引用的对象中，并将其包装成 jQuery 对象，然后查找与变量 options.start_index 中保存的数值相对应的 li 元素，最后添加 active 类，具体代码如下。

```
$menu.add($contents).find('li:nth-child(' + options.start_index + ')').addClass
('active');
```

在浏览器中打开网页，可以看到当前处于激活状态的选项卡。单击浏览器中的“刷新”按钮或按 F5 键，当前处于激活状态的选项卡会随机发生变化，如图 9-6 和图 9-7 所示。

图 9-6　刷新页面前

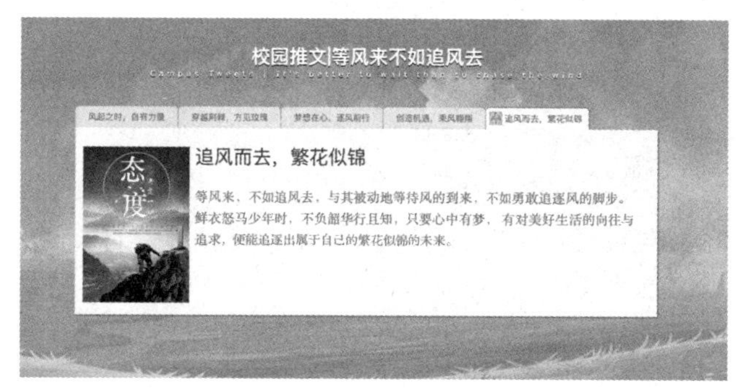

图 9-7　刷新页面后

随机改变当前处于激活状态的选项卡的功能已经实现了，但是在单击某个导航菜单时，仍然不能实现将其对应的选项卡从非激活状态转换为激活状态，因为我们还没有编写单击处理代码。下面我们开始编写单击处理代码，当单击某个导航菜单时，被单击的导航菜单会转换为激活状态，下方详细内容区域中的文本也会做出相应的改变，如图 9-8 和图 9-9 所示。

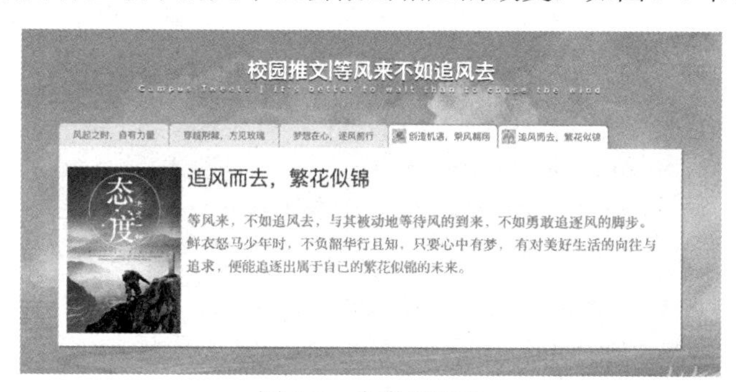

图 9-8　未激活状态

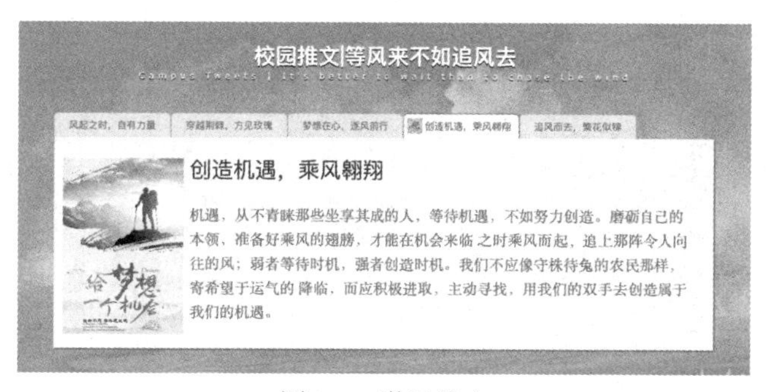

图 9-9　激活状态

首先，调用$menu_a 对象的 click()方法，编写单击事件处理器，以便在发生单击事件时对其进行处理。在 click()方法内部的处理函数中有一个参数，它是一个事件对象，这里我们缩写为 e。在函数的内部，调用事件对象 e 的 preventDefault()方法，该方法将通知浏览器不执行与事件关联的默认动作。

```
$menu_a.click(function(e) {
    // 阻止浏览器默认的链接动作
    e.preventDefault();
    });
```

然后，在处理函数中添加代码。将 this 上下文对象包装成 jQuery 对象，使用该对象引用用户单击的 a 元素，并将包装后的对象保存到变量$this 中。之后通过调用$this 的 attr()方法获取 href 属性值，并将其保存到变量 target 中，具体代码如下。

```
// 单击$menu 对象内部的 a 元素时调用处理函数
$menu_a.click(function(e) {
   // 引用对象
   var $this = $(this),
      target = $this.attr('href');
```

当用户单击某个导航菜单时，要先清除单击前处于激活状态的 active 类，再为用户单击的导航菜单添加 active 类，具体代码如下。

```
$menu_li.removeClass('active');          //从$menu_li 对象引用的 li 元素删除 active 类
$this.parent().addClass('active');       //查找 a 元素的父元素，添加 active 类
```

最后，从包含选项卡内容的 li 元素中删除 active 类，查找变量 target 中的对象，并向其添加 active 类，而后调用 fadeTo()方法对其进行淡出处理，具体代码如下。

```
$contents.find('li').fadeTo(options.transition_time, 0, function() { $(this).
removeClass('active').filter(target).addClass('active')
.fadeTo(options.transition_time, 1);
            });
```

上述代码首先在$contents 引用的对象.tab_contents 中查找 li 元素，然后调用 fadeTo()方法在 options.transition_time 指定的时间(单位为毫秒)内，采用淡出动画效果将其隐藏，最后调用回调函数 fuction()，执行以下动作。

执行回调函数时，首先从.tab_contents li 对象中删除 active 类，然后查找变量 target（用户单击的 a 元素的 href 属性值）中的对象，并为其添加 active 类，即通过 id 查找带有指定 href 属性值的对象，而后向找到的对象添加 active 类。最后调用 fadeTo()方法，在 options.transition_time 指定的时间内进行淡出处理。

在预览效果中可以发现淡入、淡出动画效果正常显示。至此，jQuery 代码编写完成。完整 jQuery 代码如下。

```
;(function($) {
   $.fn.tabs = function(options) {
      // 设置选项
      options = $.extend({
         start_index: 1,
         random: false,
         transitions_time: 400
      }, options);

      // jQuery 链
      return this.each(function() {
```

```
    // 对象引用
    var $this = $(this),
        $menu = $this.find('.tab_menu'),
        $menu_li = $menu.find('li'),
        $menu_a = $menu_li.find('a'),
        $contents = $this.find('.tab_contents'),
    support_features=!Modernizr.opacity|| !Modernizr.csstransitions;

    // 设置随机索引
if(options.random)
options.start_index = Math.floor(Math.random() * $menu_li.length + 1);

    // 向插件对象添加类
    $this.addClass('tabs');

    // 设置默认选项卡
    $menu.add($contents)
        .find('li:nth-child(' + options.start_index + ')').addClass('active');
    // 为不支持 opacity 属性的浏览器应用的代码
    if(support_features) {
    $menu_li.find('img').animate({'opacity': 0}, 10, function() {
        $menu_li.filter('.active').find('img').animate({'opacity': 1}, 10);
        });

        $menu_a
            .mouseover(function() {
                $(this)
.stop().animate({'padding-left':'2.2em', 'padding-right': '0.8em'}, 200)
                .find('img').stop().animate({'opacity': 1, 'left': 6}, 200);
            })
            .mouseout(function() {
                if($(this).parent().hasClass('active')) return false;
                $(this)
.stop().animate({'padding-left': '1.5em', 'padding-right': '1.5em'}, 200)
                .find('img').stop().animate({'opacity':0, 'left': 16}, 200);
            });
    };
    // 单击$menu 对象内部的 a 元素时调用处理函数
    $menu_a.click(function(e) {
        // 引用对象
        var $this = $(this),
            target = $this.attr('href');
        // 单击处于激活状态的 a 元素时直接返回
         if($this.parent().hasClass('active')) return;

         // 从$menu_link 对象中删除 active 类
        $menu_li.removeClass('active');

        // 向 a 元素的父元素添加 active 类
        $this.parent().addClass('active');
```

```
            // 为不支持 opacity 属性的浏览器应用的代码
            if(support_features) {
               $menu_li.not('.active').find('a').mouseout();
               $(this).mouseover();
            };
            // 平滑切换
            $contents.find('li')
               .fadeTo(options.transition_time, 0, function() {
                  $(this).removeClass('active')
         .filter(target).addClass('active').fadeTo(options.transition_time, 1);
            });
            // 阻止浏览器默认的链接动作
            e.preventDefault();
         });
      }); // end: return
   }; //end: plug-in
})(jQuery);
```

Web项目实战篇

项目 10

综合信息类网站首页的实现

能力目标

通过精心设计的页面布局和交互元素，展现浙江富饶的山水景观和悠久的人文历史。整合所有板块，其中包括地理特色、历史文化、当地人文等多个方面，促进学生对浙江的全面了解，体现人类对地方文化的尊重和传承。网站的整体设计注重用户体验，通过多种元素使用户深入了解浙江山水人文，整个网站既展现了浙江的独特魅力，又弘扬了传统文化。这种设计使网站不再是单纯的信息传递的工具，更是一个促进文化传承和传递社会责任的平台。这样的综合信息类网站切实展示了地方文化的魅力，又通过网页设计传达了人类对传统文化和现代社会的关切，与思政元素相得益彰。

知识目标

- 掌握网页布局和设计的原理与方法，包括响应式设计、流式布局等。
- 了解用户体验设计和交互设计的原理与方法，包括用户行为分析、交互设计原则等。

技能目标

- 能够设计并实现一个综合信息类网站的首页，包括页面布局、样式设计、交互元素等。
- 能够使用 HTML5、CSS3、JavaScript 等技术，实现复杂的页面布局和交互效果。
- 能够使用交互设计原则，设计并实现有效的用户交互流程和界面。

素养目标

- 使学生具备团队合作精神和沟通能力，与其他开发人员紧密合作完成项目。
- 使学生具备自主学习和解决问题的能力，不断学习新技术，掌握新工具的使用方法。
- 使学生具备精益求精的态度，提高代码质量，注重代码的规范性、可读性和可维护性。
- 使学生具备创新思维和解决问题的能力，针对不同的需求和挑战提出有效的解决方案。

综合信息类网站在我们的日常生活中比较常见，此类网站一般信息量较大，访问人数较多，因此需要合理布局。本项目以“走进浙江”为主题，制作一个综合信息类网站。该网站主要介绍关于浙江的历史、文化、旅游景点及美食等信息。网站首页包含顶部注册、登录、导航、滚动新闻图片及各分类信息等部分。网站首页的最终效果如图 10-1 所示，需要说明的是，在此我们仅实现首页的效果，页面中涉及的对应链接均采用空链接代替。

图 10-1　“走进浙江”网站首页

根据上图可以画出网站首页的布局结构，如图 10-2 所示。

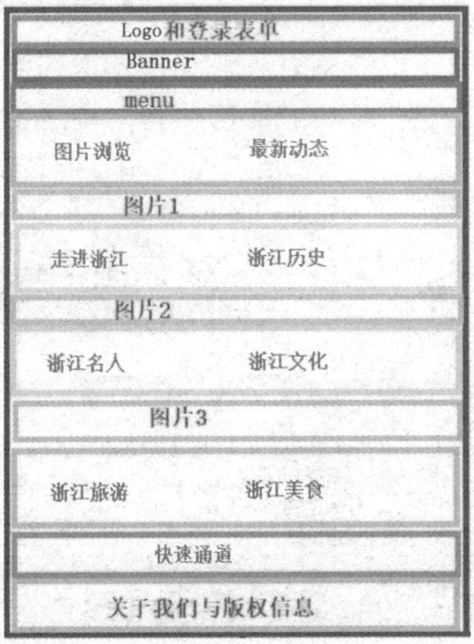

Logo和登录表单
Banner
menu
图片浏览　　最新动态
图片1
走进浙江　　浙江历史
图片2
浙江名人　　浙江文化
图片3
浙江旅游　　浙江美食
快速通道
关于我们与版权信息

图 10-2　布局结构

10.1　网站首页整体布局的实现

网站首页整体布局的实现

1. 任务目标

- 画出布局分析图。
- 实现页面结构图。
- 掌握 div 标记的使用方法。
- 掌握 CSS3 的基本语法。
- 掌握 JavaScript 的基本语法。
- 掌握 jQuery 的基本语法。

2. 任务实现

（1）HTML 整体基本框架的实现，具体代码如下。

```
<body>
<!------网站 Logo 和用户登录注册------>
<div class="box">注册登录

</div>
<!--------Banner-------->
<div class="top">
 网站 Banner
</div>
<!------导航------>
<div class="nav_bg">
  导航
</div>
<!-----图片轮播及最新动态----->
<div class="box">图片轮播及最新动态
  <div class="left"></div>
```

```
    <div class="right"></div>
    <div class="clear"></div>
  </div>
  <!------------图片 1--------->
  <div class="box mar_top"><img  /></div>
  <!------------走进浙江、浙江历史--------->
  <div class="box">

    <div class="left">

    </div>
    <div class="right">
           </div>
            <div class="clear"></div>
     </div>
  <!--------图片 2-------->
  <div class="box mar_top"><a href="#"><img/></a></div>
  <!--------浙江名人 浙江文化-------->
  <div class="box">
    <div class="left">
       </div>
    <div class="right">
      </div>
    <div class="clear"></div>
  </div>
  <!---------图片 3--------->
  <div class="box mar_top"><img /></div>
  <!--------浙江旅游、浙江美食--------->
  <div class="box">
    <div class="left">
       </div>
    <div class="right">

    </div>
    <div class="clear"></div>
  </div>
    <div class="clear"></div>
  <!--------快速通道-------->
  <div class="sp">
   <div class="sp_md">快速通道</div>
     </div>
    <div class="clear"></div>
  <!--------foot-------->
  <div class="foot mar_top">
    <div class="box">
    </div>
  </div>
    <div class="clear"></div>
  <div class="box copyright">Copyright 版权所有 </div>
  </body>
```

（2）添加 CSS 样式，为整体框架添加基本修饰。创建一个 CSS 文件，将其命名为 style.css 并保存，完成后通过<link href="style.css" rel="stylesheet" type="text/css" />语句将其链接到

HTML 文档中，具体代码如下。

```
body {margin:0 auto;background-color:#f7fbff; }
div,td {font-size: 14px;line-height: 20px;font-family: Arial, Helvetica,"宋体", sans-serif;}
div,form,img,ul,ol,li,dl,dt,dd {margin:0px; padding:0px; border:0px; list-style: none; }
p,h1,h2,h3,h4,h5,h6 {margin:0px; padding:0px; font-size:12px; font-weight: normal;}
input { font-size: 14px; font-family: Arial, Helvetica, sans-serif; padding:1px}
ul,li {list-stule-type: none;}
.box {width:1000px; margin:0px auto;clear:both; border:1px solid #ccc;}
.mar_top { margin-top:10px auto; border:1px solid #ccc; width:1000px; height: 50px;}
.top { width:1000px; height:150px; margin:0 auto; border-top:1px #24A9C6 solid;}
.nav_bg { background-color:#055f98;}
.left {width:425px;float:left; padding-top:10px;}
.right {width:560px; float:right; padding-top:10px;}
.sp{
   margin-top:10px;
   margin:0 auto;}
.sp_md{
   height:30px;
   display:inline-block;
   padding-top:10px;
   font-size:24px;
   font-family: "微软雅黑";
   border-bottom:2px solid #8c0001;
   color:#8c0001;}
.foot { padding:10px 0px 10px 0px; background-color: #505050; margin:0 auto;}
.copyright { padding:10px; text-align:center; color:#999; margin:0 auto;}
```

运行结果如图 10-3 所示。

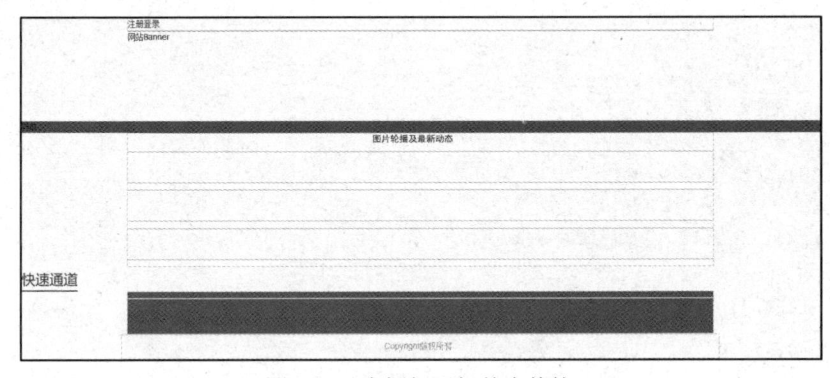

图 10-3　为框架添加基本修饰

10.2　页面头部、Banner 及导航的具体实现

页面头部、Banner 及导航的具体实现

1. 任务目标

- 完成用户登录和注册模块。

- 完成网站 Banner 模块。
- 实现网站导航模块。

本节主要是完成“走进浙江”网站首页 Logo 的添加、用户登录和注册、Banner 及导航模块的实现。在构建 HTML 框架后为其添加 CSS 样式，最终完成的效果如图 10-4 所示。

图 10-4 最终完成效果

根据上图可以看出，页面头部共由 3 部分组成：第 1 部分是网站 Logo 和用户注册登录的表单；第 2 部分是网站 Banner，在此处可以插入图片横幅；第 3 部分是网站导航模块，使用列表即可实现。

2. 任务实现

（1）下面在 10.1 节的基础上继续实现，并在本节中对需要实现的 HTML 框架进行相应代码的添加和修改。首先在第一个 class 属性值为 box 的 div 元素中添加两个 div 元素，并使其处于同一水平线，一个用于放置 Logo，另一个用于放置表单信息。然后在 class 属性值为 top 的 div 元素中添加图片。最后在 class 属性值为 nav_bg 的 div 元素中添加导航菜单，具体代码如下。

```
<body>
<!------网站 Logo 和用户登录注册------>
<div class="box">
  <div class="logo" style="float:left;"><img src="images/2.jpg" width="158" height="39" /></div>
  <div class="login">
    <ul>
      <li><span>会员登录</span></li>
      <li>账号:
        <input name="" type="text" />
      </li>
      <li>密码:
        <input name="" type="text" />
      </li>
      <li><a href="#">注册</a></li>
      <li><a href="#">登录</a></li>
    </ul>
    <div class="clear"></div>
  </div>
  <div class="clear"></div>
</div>
<!--------banner-------->
<div class="top">
  <div class="box"><img src="images/3.jpg" width="1000" height="150" /></div>
</div>
<!------导航菜单------>
<div class="nav_bg">
```

```
<div class="nav">
   <ul>
    <li><a href="#">网站首页</a></li>
    <li><a href="#">最新动态</a></li>
    <li><a href="#">走进浙江</a></li>
    <li><a href="#">浙江历史</a></li>
    <li><a href="#">浙江文化</a></li>
    <li><a href="#">浙江名人</a></li>
    <li><a href="#">浙江旅游</a></li>
    <li><a href="#">浙江美食</a></li>
</ul>
 <div class="clear"></div>
  </div>
  <div class="clear"></div>
</div>
```

运行结果如图 10-5 所示。

图 10-5　页面头部、Banner 及导航的基本框架

（2）在 10.1 节的基础上添加相关 CSS 样式，具体代码如下。

```
.box {width:1000px; margin:0px auto;clear:both;}
.mar_top { margin-top:10px;}
/* ----------网页顶部 Logo 和用户登录注册等------ */
.login { padding:10px; background-color:#fff; float:right; width:390px;}
.login ul li { font-size:12px; color:#6d6d6d;float:left; line-height:24px; padding-right:15px;}
.login ul li span { font-size:12px; color:#fda701; font-weight:bold; text-align:center;}
.login ul li a:link,a:hover,a:visited{ font-size:12px; color:#fda701; font-weight:bold; text-decoration:none; padding-top:3px;}
.login input{width:60px;}
/* -------------- 网页 Banner----------- */
.top {  height:150px; border-top:1px #24A9C6 solid;}
/* -------------- 网页导航-------------- */
.nav_bg { background-color:#055f98;}
.nav { padding:0px;width:1000px; margin:auto; }
.nav ul li { float:left; line-height:50px; padding-right:30px;}
.nav ul li a:link,
.nav ul li a:visited { font-size:16px; color:#fff;text-decoration:none;font-
```

```
family:"Arial Black", Gadget, sans-serif,"微软雅黑"; font-weight:bold;}
   .nav ul li a:hover { font-size:16px; color:#fda701;text-decoration: underline;
font-family:"Arial Black", Gadget, sans-serif,"微软雅黑"; font-weight:bold;}
```

10.3 图片轮播及最新动态列表的实现

图片轮播及最新动态列表的实现

1. 任务目标

- 图片轮播效果的实现。
- 最新动态栏的实现。

本节主要完成“走进浙江”网站首页的图片轮播效果及最新动态列表。首先在 HTML 文档中添加图片及最新动态，然后添加 CSS 样式对 HTML 框架进行修饰，完成图片轮播的基本样式，最后通过 jQuery 代码实现图片轮播的动态效果，效果如图 10-6 所示。根据效果图我们可以看出这一模块主要由左右两部分构成：左侧是图片轮播效果，可以使用前面项目中所学的图片轮播效果，也可以直接参照网络上的 jQuery 案例实现；右侧是最新动态列表，可以使用项目列表实现，也可以使用表格布局实现，在本节中主要是采用无序列表实现的。

图 10-6 图片轮播及最新动态列表

2. 任务实现

1）构建 HTML 结构

（1）在 10.2 节的基础上继续实现，在 body 元素中添加相应的代码，并插入图片。图片轮播及最新动态列表的整体框架如下。

```
<div class="box">图片轮播及最新动态列表
  <div class="left"></div>
   <div class="right"></div>
   <div class="clear"></div>
</div>
```

（2）分别在左侧和右侧的 div 元素中插入相应信息，实现 HTML 基本布局，具体代码如下。

```
<div class="box">
  <div class="left">
    <div id="photos" class="galleryview">
      <div class="panel"> <img src="images/wuzhen.jpg" />
        <div class="panel-overlay">
```

```
            <h2>乌镇</h2>
            <p><a href="#" target="_blank">乌镇是国家 5A 级旅游景区，是全国二十个黄金周预报景
点及江南六大古镇之一。</a></p>
          </div>
        </div>
        <div class="panel"> <img src="images/xihu.jpg"/>
          <div class="panel-overlay">
            <h2>西湖</h2>
            <p><a href="#" target="_blank">西湖无疑是杭州之美的代表,有名的“西湖十景”环绕湖
边,自然与人文相互映衬,构成了杭州旅行的核心地带。</a></p>
          </div>
        </div>
        <div class="panel"> <img src="images/putuoshan.jpg" />
          <div class="panel-overlay">
            <h2>普陀山</h2>
            <p><a href="#" target="_blank">普陀山位于浙江省舟山市普陀区，杭州湾南缘，舟山群岛
东部海域。</a></p>
          </div>
        </div>
        <div class="panel"> <img src="images/xikou.jpg" />
          <div class="panel-overlay">
            <h2>雪窦山</h2>
            <p><a href="#" target="_blank">雪窦山，国家级风景名胜区，国家森林公园，国家 5A 级
旅游景区，被誉为“四明第一山”。</a></p>
          </div>
        </div>
        <div class="panel"> <img src="images/qiandaohu.jpg"/>
          <div class="panel-overlay">
            <h2>千岛湖</h2>
            <p><a href="#" target="_blank">千岛湖，即新安江水库，位于浙江省杭州市淳安县境内。
</a></p>
          </div>
        </div>
        <div class="panel"> <img src="images/双溶洞.jpg" />
          <div class="panel-overlay">
            <h2>金华双龙洞</h2>
            <p><a  href="#"  target="_blank">金华双龙洞一般是指双龙洞。金华双龙洞距金华市区约
8 公里，坐落在海拔 350～450 米的北山南坡</a></p>
          </div>
        </div>
        <div class="panel"> <img  src="images/nanxun.jpg" />
          <div class="panel-overlay">
            <h2>南浔</h2>
            <p><a  href="#"  target="_blank">南浔位于浙江省湖州市的辖区，地处中国长江三角洲中
心。</a></p>
          </div>
        </div>
        <div class="panel"> <img src="images/dongqianhu.jpg" />
          <div class="panel-overlay">
            <h2>东钱湖</h2>
            <p><a  href="#"  target="_blank">东钱湖是浙江省宁波市境内的一个湖泊，也是浙江省最
大的天然湖泊</a></p>
```

```
            </div>
          </div>
          <ul class="filmstrip">
            <li><img src="images/wuzhen.jpg" alt="乌镇" title="" /></li>
            <li><img src="images/xihu.jpg" alt="西湖" title="" /></li>
            <li><img src="images/putuoshan.jpg" alt="普陀山" title="" /></li>
            <li><img src="images/xikou.jpg" alt="溪口" title="" /></li>
            <li><img src="images/qiandaohu.jpg" alt="千岛湖" title="" /></li>
            <li><img src="images/双溶洞.jpg" alt="双龙洞" title="" /></li>
            <li><img src="images/nanxun.jpg"  alt="南浔" title="" /></li>
            <li><img src="images/dongqianhu.jpg" alt="东钱湖" title="" /></li>
          </ul>
        </div>
      </div>
      <div class="right">
        <div class="sub_box">
          <div class="title">
            <ul>
              <li><span><a  target="_blank"  href="#">最新动态</a></span><a  target=
"_blank" href="#">more</a></li>
            </ul>
          </div>
          <div class="news_list" >
            <ul>
              <li><span><a href="#">"以传媒的力量推动文化和旅游业的高质量发展'复苏·引领·聚能'
</a></span>2019-10-19 08:28</li>
              <li><span><a  href="#">"中国文化和旅游总评榜颁奖典礼"在浙江嘉善西塘举行</a>
</span>2019-10-08 21:38</li>
              <li><span><a  href="#">杭州市商贸旅游集团、杭州运河集团被评为中国创新型文旅集团
</a></span>2019-10-16 10:22</li>
              <li><span><a  href="#">西塘古镇荣膺 2019 中国人气文旅小镇</a></span>2019-10-16
22:46</li>
              <li><span><a  href="#">玉环市上栈头村荣获 2019 中国好玩乡村奖项</a></span>2019-
10-13 10:28</li>
              <li><span><a href="#">德清地理信息小镇、金华江南第一家跻身 2019 中国文化和旅游网红
目的地</a></span>2019-10-29 00:00</li>
              <li><span><a href="#">绍兴古城、宁波市奉化区、良渚遗址公园成为中国特色研学旅游目的
地</a></span>2019-10-12 10:09</li>
              <li><span><a href="#">浙报集团旗下的周边定制旅游小程序"周柚"与"浙里好玩"平台荣
获新媒体奖项</a></span>2019-10-02 15:44</li>
            </ul>
            <div class="clear"></div>
          </div>
        </div>
      </div>
      <div class="clear"></div>
    </div>
```

运行结果如图 10-7 所示。

图 10-7　图片轮播及最新动态列表布局

2）添加 CSS 样式

（1）在 style.css 文件中定义图片轮播的样式，具体代码如下。

```
.left {width:425px;float:left; padding-top:10px;}
#photos {visibility: hidden;} /* --注意：在 jQuery 函数添加后，再添加此项-- */
.galleryview {background: rgb(221, 221, 221); padding: 0px; border: 0px solid rgb(170, 170, 170); border-image: none;box-shadow: 6px 6px 5px #ccc;}
.loader {background: url("loader.gif") no-repeat center rgb(221, 221, 221);}
.panel img{ width:600px; position:absolute; left:-90px;}
.panel .panel-overlay {padding: 0px 1em; height: 60px;}
.panel .overlay-background {padding: 0px 1em; height: 60px;}
.panel .overlay-background {background: rgb(34, 34, 34);}
.panel .panel-overlay {  color: white; font-size: 0.7em;}
.panel .panel-overlay a {color: white; text-decoration: underline;}
.filmstrip {margin: 5px;}
.frame .img_wrap {border: 0px solid rgb(170, 170, 170); border-image: none;}
.frame.current .img_wrap {border-color: rgb(0, 0, 0);}
.frame img {border: currentColor; border-image: none;}
.frame .caption {text-align: center; color: rgb(136, 136, 136); font-size: 11px;}
.frame.current .caption {color: rgb(0, 0, 0);}
.pointer {border-color: rgb(0, 0, 0);}
.filmstrip img{width:50px; height:50px;}
```

（2）在 style.css 文件中定义最新动态列表的样式，具体代码如下。

```
/*主题列表*/
.right {width:560px; float:right; padding-top:10px;}
.sub_box { margin-top:5px;clear:both;}
.title { height:30px; border-bottom:1px #197395 solid;}
.title ul li { line-height:30px; text-align:right;}
.title ul li  a:link,
.title ul li  a:visited {  font-size:14px;font-weight:bold; color:#8c0001; text-decoration:none;}
.title ul li   a:hover { font-size:14px;font-weight:bold; color:#fda701; text-decoration:none;}
.title ul li span { float:left;}
.title ul li span a:link,
.title ul li span a:visited {  font-size:16px;  color:#000;font-family:"Arial Black", Gadget, sans-serif,"微软雅黑";}
.title ul li span a:hover { font-size:16px; color:#fda701; font-family:"Arial Black", Gadget, sans-serif,"微软雅黑";}
.news_list { margin:0px;}
.news_list ul li { border-bottom:1px #ececec dashed; background:url(../images/index_img/list_dot.jpg); background-position:left; background-repeat:no-repeat; padding:5px 0px 5px 10px; text-align:right; font-size:12px; color:#7a7a7a; clear:both;}
.news_list ul li span { float:left;}
.news_list ul li span a:link,
.news_list ul li span a:visited {font-size:13px; color:#000;font-weight: normal; text-decoration:none; }
.news_list ul li span a:hover {font-size:13px; color:#fda701; font-weight:normal; text-decoration: none; }
```

运行结果如图 10-8 所示。

图 10-8　图片轮播及最新动态列表样式

根据上图，我们可以发现图片信息比较凌乱，所以接下来需要使用 jQuery 函数对其进行规范。

3）图片轮播效果的实现

由于本任务中有图片轮播的特效，所以需要在 head 元素中引入 JavaScript 脚本，并编写 jQuery 函数。在 jQuery 函数添加完成后，需要在 style.css 文件中添加“#photos {visibility: hidden;}”，将图片设置为不可见，具体代码如下。

```
<script type="text/javascript" src="js/jquery-1.4.min.js"></script>
<script type="text/javascript" src="js/jquery.easing.1.3.js"></script>
<script type="text/javascript" src="js/jquery.galleryview-1.1.js"></script>
<script type="text/javascript" src="js/jquery.timers-1.1.2.js"></script>
<script type="text/javascript">
$(document).ready(function(){
    $('#photos').galleryView({
        panel_width: 425,
        panel_height: 230,
        frame_width: 50,
        frame_height: 50
    });
});
</script>
```

10.4　走进浙江、浙江历史等信息列表的实现

走进浙江、浙江历史等信息列表的实现

1. 任务目标

- 各类信息栏的实现。
- 图文混排的实现。

- 列表标记的应用。

本节主要是填充“走进浙江”和“浙江历史”模块中的各类信息，预览效果如图 10-9 所示。本节需要实现三个目标：一是图片横幅，二是“走进浙江”模块的图片展示及信息列表，三是“浙江历史”模块的分类信息列表。

图 10-9 填充信息效果

2. 任务实现

1）HTML 基本框架

（1）在 HTML 文档中直接插入图片，以实现图片横幅的效果，具体代码如下。

```
<div class="box mar_top"><img src="images/bannercity.jpg" width="1000" height="100" /></div>
```

（2）“走进浙江”和“浙江历史”模块的框架的实现，具体代码如下。

```
<!–机构、看点信息列表的开始-->
<div class="box">
  <div class="left"></div>  <!---走进浙江信息列表-->
   <div class="right"></div> <!---浙江历史信息列表-->
   <div class="clear"></div>
</div>
```

（3）“走进浙江”模块的分类信息列表的实现，即左侧信息列表的实现，具体代码如下。

```
<div class="left">
    <div class="sub_box">
      <div class="title">
        <ul>
          <li><span><a href="#">走进浙江</a></span><a href="#">more</a></li>
        </ul>
      </div>
      <div class="pho_info">
        <div class="pho_info_left"><a href="#"><img src="images/pic_4.jpg" width="100" height="100" /></a></div>
        <div class="pho_info_right">
          <ul>
            <li><span><a href="#">浙江简介</a></span></li>
            <li>浙江，简称“浙”，浙江文化由吴越和江南文化两部分组成，是中国古文明发祥地之一。浙江是中国经济发展最为活跃的地方，由于经济的鲜明特色被称为“浙江经济”。</li>
          </ul>
        </div>
        <div class="clear"></div>
      </div>
```

```
        <div class="pho_info">
          <div class="pho_info_left"><a href="#"><img  src="images/map.png" width=
"100" height="100" /></a></div>
          <div class="pho_info_right">
            <ul>
              <li><span><a href="">鸟瞰浙江</a></span></li>
              <li>浙江环境优美、气候宜人，物产资源丰富，被称为“丝绸之府”和“鱼米之乡”，又因地势
地形复杂，故有“七山一水二分田”之说。在这里吴越文化和江南文化交织、传承、发展，形成了独特的浙江文化。
</li>
            </ul>
          </div>
          <div class="clear"></div>
        </div>
      </div>
    </div>
```

（4）右侧看点列表的实现，具体代码如下。

```
  <div class="right">
      <div class="sub_box">
        <div class="title">
          <ul>
            <li><span><a  target="_blank"  href="#"> 浙 江 历 史 </a></span><a  target=
"_blank" href="#">more</a></li>
          </ul>
        </div>
        <div class="infoshows">
          <ul>
            <li><img src="images/history1.jpg" width="150" height="82" /></li>
            <li><a href="#">先秦时期</a></li>
          </ul>
          <ul>
            <li><img src="images/history2.jpg" width="150" height="82" /></li>
            <li><a href="#">秦汉到隋唐时期</a></li>
          </ul>
          <ul>
            <li><img src="images/history3.jpg" width="150" height="82" /></li>
            <li><a href="#">宋元明清时期</a></li>
          </ul>

          <div class="clear"></div>
        </div>
        <div class="clear"></div>
        <div class="news_list" >
          <ul>
            <li><span><a  href="#">夏朝之前的史前时期，浙江各地出现原始氏族公社文化。</a>
</span></li>
            <li><span><a href="#">秦国统一天下，在浙江一带设置 15 个县，分属于会稽、鄣、闽中等
郡。</a></span></li>
            <li><span><a href="#">到南宋时期，迁都临安，此时的浙江呈现出空前的繁华，应该说达到
了一个小高峰。</a></span></li>
              <li><span><a href="#">元朝时期，设浙江等处行中书省，自扬州迁江淮行省治此，改名江
浙行省。</a></span></li>
          </ul>
```

```
          <div class="clear"></div>
        </div>
      </div>
    </div>
    <div class="clear"></div>
  </div>
```

预览效果如图 10-10 所示。

图 10-10 “走进浙江”和“浙江历史”模块的基本框架

2）添加 CSS 样式

（1）在 CSS 样式表中定义各个模块的分类信息列表，具体代码如下。

```
/*左侧各模块分类信息列表*/
.pho_info { clear:both; border-bottom:1px #CCC dashed; padding:5px 5px 5px 0px;}
.pho_info_left { float:left; border:1px solid #CCC; width:100px; height:100px;
padding:5px; }
.pho_info_right { width:285px; float:left; padding:0px 0px 5px 10px; }
.pho_info_right ul li  { font-size:12px; color:#7a7a7a; font-weight:normal; line-
height:22px; }
.pho_info_right ul li span a:link,
.pho_info_right ul li span a:visited { font-size:12px; color:#015ebe;font-weight:
normal; text-decoration:none; font-weight:bold; }
.pho_info_right ul li span a:hover { font-size:12px; color:#fda701; font-
weight:normal; text-decoration: underline;font-weight:bold; }
/*右侧各模块分类信息列表*/
.infoshows { margin:10px 0px 10px 0px;}
.infoshows ul { float:left; margin-left:22px;}
.infoshows ul li { text-align:center; line-height:25px;}
.infoshows ul li a:link,
.infoshows ul li a:visited { font-size:12px; color:#06C; text-decoration:none;
font-weight:normal;}
.infoshows ul li a:hover { font-size:12px; color:#F00; text-decoration:underline;
font-weight:normal;}
```

预览效果如图 10-11 所示。

（2）通过分析图 10-1，我们可以看出，这部分中剩余的几个模块与“走进浙江”和“浙江历史”模块相似，仅仅是文本图片等信息内容不同，结构与实现方法是一样的。因此，在下面的模块中，我们将使用与“走进浙江”和“浙江历史”模块框架相同的 id 名与 class 名，只需要对其添加文本信息和图片就可以直接实现与“走进浙江”和“浙江历史”模块相同的效果。

其他分类模块的具体 HTML 代码如下。

图 10-11 “走进浙江”和“浙江历史”模块的效果

```
    <!---浙江文化、 浙江名人--->
    <div class="box mar_top"><a href="#"><img src="images/bannercity1.jpg" width=
"1000" height="100"/></a></div>
    <div class="box">
      <div class="left">
        <div class="sub_box">
       <div class="title">
         <ul>
           <li><span><a href="#">浙江名人</a></span><a href="#">more</a></li>
         </ul>
       </div>
       <div class="pho_info">
         <div class="pho_info_left"><a href="#"><img src="images/王守仁.jpg" width=
"100" height="100" /></a></div>
         <div class="pho_info_right">
           <ul>
             <li><span><a href="#">王守仁（1472—1529）</a></span></li>
             <li>王守仁（1472—1529），中国明代哲学家，心学唯心主义集大成者。字伯安，号阳明，浙江余
姚人。王守仁的学说思想王学（阳明学），是明代影响最大的哲学思想。</li>
           </ul>
         </div>
         <div class="clear"></div>
       </div>
       <div class="pho_info">
         <div class="pho_info_left"><a href="#"><img src="images/于谦.jpg" width="100"
height="100" /></a></div>
         <div class="pho_info_right">
           <ul>
             <li><span><a href="#">于谦（1398—1457）</a></span></li>
             <li>于谦（1398—1457），字廷益，号节庵，明仁和（今杭州）人。从小聪颖过人，博览群书，尤
其喜读苏武、诸葛亮、岳飞、文天祥等人著述，崇拜他们的正直气节。</li>
           </ul>
         </div>
         <div class="clear"></div>
       </div>
       </div>
      </div>
      <div class="right">
```

```
    <div class="sub_box">
     <div class="title">
       <ul>
         <li><span><a target="_blank" href="#">浙江文化</a></span><a target="_blank" 
href="#">more</a></li>
       </ul>
     </div>
     <div class="clear"></div>
     <div class="news_list" >
          <ul>
            <li><span><a href="https://www.d1xz.net/rili/jieri/art185860.aspx">浙江
省级非物质文化遗产：王氏大花灯</a></span>2018-10-17 17:06:00</li>
            <li><span><a href="https://www.d1xz.net/rili/jieqi/art195355.aspx">浙江
江山节气美食：立夏羹</a></span>2017-04-18 15:26:00</li>
            <li><span><a href="https://www.d1xz.net/wenhua/chengshi/art108552.aspx">
浙江人的文化骄傲：浙江剪纸</a></span>2014-10-04 17:07:00</li>
            <li><span><a href="https://www.d1xz.net/wenhua/chengshi/art118026.aspx">
城市旅游文化解说，浙江四明山的特色</a></span>2016-01-07 13:51:00</li>
            <li><span><a href="https://www.d1xz.net/wenhua/chengshi/art118057.aspx">
浙江四大名湖，泛舟游湖的好选择</a></span>2016-01-07 14:19:00</li>
            <li><span><a href="https://www.d1xz.net/wenhua/chengshi/art118034.aspx">
浙江四大古镇，带你领略江南水乡美</a></span>2017-10-24 12:53:00</li>
            <li><span><a href="https://www.d1xz.net/rili/jieri/art174478.aspx">极目
远兆，乌镇戏剧节</a></span>2017-10-25 06:44:00</li>
            <li><span><a href="https://baike.so.com/doc/5344666-5580110.html">东方罗
密欧与朱丽叶：梁祝文化发源地</a></span>2018-10-25 06:44:00</li>

          </ul>
          <div class="clear"></div>
        </div>
     </div>
    </div>
    <div class="clear"></div>
  </div>

  <!---------旅游、美食--------->
  <div class="box mar_top"><img src="images/banner22.jpg" width="1000" height="100" 
/></div>
  <div class="box">
    <div class="left">
      <div class="sub_box">
     <div class="title">
       <ul>
         <li><span><a href="#">浙江旅游</a></span><a href="#">more</a></li>
       </ul>
     </div>
     <div class="pho_info">
       <div class="pho_info_left"><a href="#"><img src="images/meilihangzhou.jpg" 
width="100" height="100" /></a></div>
       <div class="pho_info_right">
         <ul>
           <li><span><a href="#">西湖十景</a></span></li>
```

```
            <li>西湖十景是指形成于南宋时期的旧西湖十景，指的是，苏堤春晓、曲苑风荷、平湖秋月、断桥
残雪、柳浪闻莺、花港观鱼、雷峰夕照、双峰插云、南屏晚钟、三潭印月。<br></li>
          </ul>
        </div>
        <div class="clear"></div>
      </div>
      <div class="pho_info">
        <div   class="pho_info_left"><a   href="#"><img   src="images/tianyige.jpg"
width="100" height="100" /></a></div>
        <div class="pho_info_right">
          <ul>
            <li><span><a href="#">宁波天一阁</a></span></li>
            <li>书藏古今，港通天下。前半部分指的就是天一阁，位于浙江省宁波市海曙区，建于明嘉靖四十
年至四十五年，由当时退隐的明朝兵部右侍郎范钦主持建造，占地面积 2.6 万平方米，已有 400 多年的历史。</li>
          </ul>
        </div>
        <div class="clear"></div>
      </div>
      </div>
     </div>
     <div class="right">
     <div class="sub_box">
      <div class="title">
        <ul>
          <li><span><a target="_blank" href="#">浙江美食</a></span><a target="_blank"
href="http://news.cctv.com/special/dlfj/index.shtml">more</a></li>
        </ul>
      </div>
      <div class="news_list" >
           <ul>
             <li><span><a href="#">【西湖醋鱼】别名为叔嫂传珍，宋嫂鱼，是浙江省杭州市的一道传统
地方风味名菜。</a></span>2017-08-25</li>
             <li><span><a href="#">【宁波汤圆】汤圆是浙江省宁波市著名的特色小吃之一。</a></span>
2017-08-24</li>
             <li><span><a href="#">【干炸响铃】干炸响铃是浙江省杭州市的一道特色名菜，属于浙菜系。
</a></span>2017-08-16</li>
             <li><span><a href="#">【锯缘青蟹】头胸甲卵圆形，背面隆起而光滑，因体色青绿而得名。
</a></span>2017-08-14</li>
             <li><span><a href="#">【嘉兴粽子】以糯而不糊，肥而不腻，香糯可口，咸甜适中而著称。
</a></span>2017-08-12</li>
             <li><span><a  href="#">【金华火腿】金华火腿形似竹叶，以色、香、味、形“四绝”蜚声中
外。</a></span>2017-04-27</li>
             <li><span><a  href="#">【猪肉麦饼】麦饼是浙江省特色传统名点之一，麦饼有甜有咸。
</a></span>2017-10-05</li>
             <li><span><a href="#">【水磨年糕】水磨年糕才是浙江小吃界的巨头！拥有无法超越的软糯
口感。</a></span>2017-10-11</li>
           </ul>
           <div class="clear"></div>
         </div>
      </div>
     </div>
     <div class="clear"></div>
   </div>
```

运行结果如图 10-12 和图 10-13 所示。

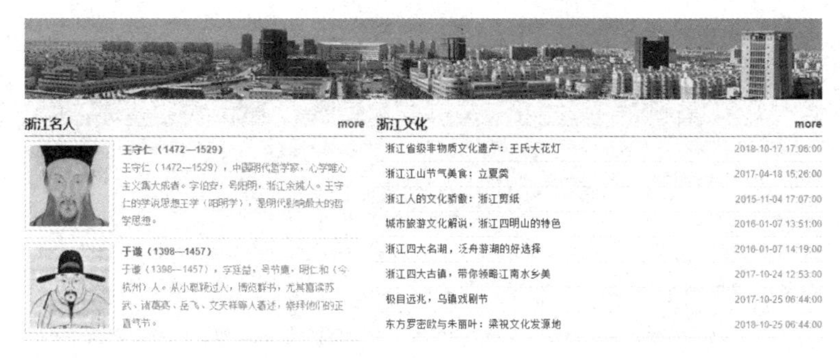

图 10-12　“浙江名人”和“浙江文化”模块的效果

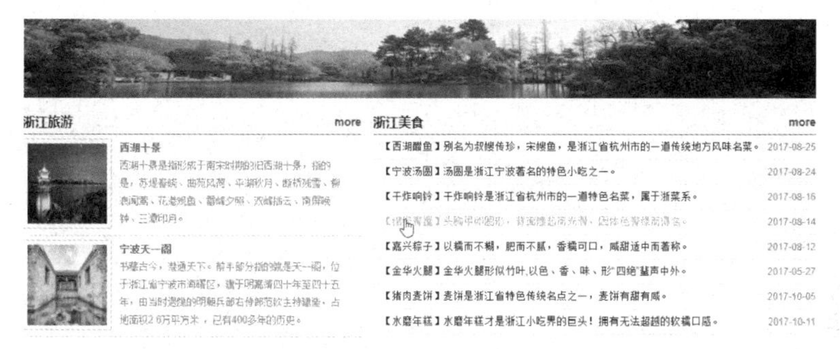

图 10-13　“浙江旅游”和“浙江美食”模块的效果

10.5　快速通道及页脚信息的实现

快速通道及页脚信息的实现

1. 任务目标

- 表格的使用。
- 列表的使用。
- 页脚列表的使用。

本节主要完成“走进浙江”网站中“快速通道”和页脚模块的实现，需要实现两个目标：一是“快速通道”模块，二是页脚列表及版权信息，预览效果如图 10-14 和图 10-15 所示。

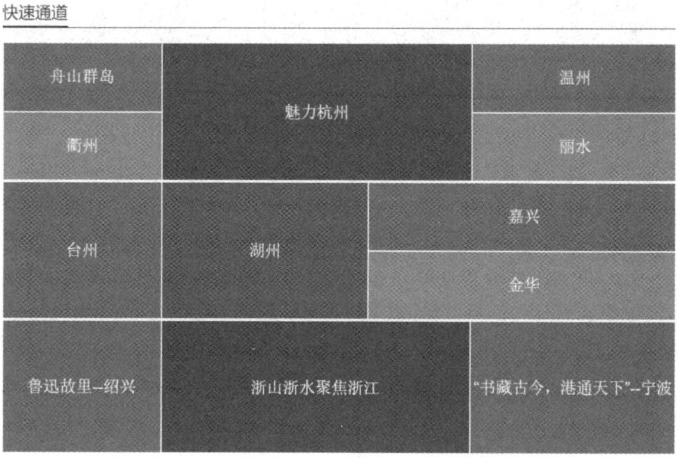

快速通道

舟山群岛

魅力杭州

温州

衢州

丽水

台州

湖州

嘉兴

金华

鲁迅故里--绍兴

浙山浙水聚焦浙江

"书藏古今，港通天下"--宁波

图 10-14　“快速通道”模块

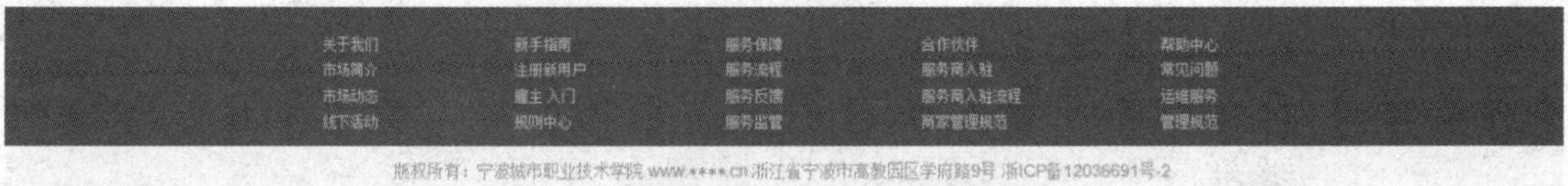

关于我们 新手指南 服务保障 合作伙伴 帮助中心
市场简介 注册新用户 服务流程 服务商入驻 常见问题
市场动态 雇主入门 服务反馈 服务商入驻流程 运维服务
线下活动 规则中心 服务监管 商家管理规范 管理规范

版权所有：宁波城市职业技术学院 www.****.cn 浙江省宁波市高教园区学府路9号 浙ICP备12036691号-2

图 10-15　页脚列表及版权信息

2. 任务实现

1）“快速通道”模块的实现

（1）这个模块用于快速链接到每个对应城市的官网，在此先用空链接代替。其实现方式主要是嵌套使用 div 元素及 table 表格，在布局的过程中需要用到表格的合并与拆分功能，以及鼠标指针经过的相关动画效果，具体代码如下。

```
<div class="sp">
    <div class="sp_md">快速通道</div>
    <div class="sp_wi"></div>
   <div class="jinianchangz15655_ind12">
        <table width="100%" class="tab1">
            <tr>
                <td class="a1" style="width:278px;"><a href="#" target="_blank">舟山群岛</a></td>
                <td class="a2" rowspan="2" style="width:556px;"><a href="#" target="_blank">魅力杭州</a></td>
                <td class="a1" style="width:366px;"><a  href="#" target="_blank">温州</a></td>
            </tr>
            <tr>
                    <td class="a3" style="width:278px;"><a  href="#" target="_blank">衢州</a></td>
                    <td class="a3" style="width:366px;"><a  href="#" target="_blank">丽水</a></td>
            </tr>
        </table>
        <table width="100%" class="tab2">
            <tr>
                <td class="a1" rowspan="2" style="width:278px;"><a  href="#" target="_blank">台州</a></td>
                <td class="a2" rowspan="2" style="width:367px;"><a  href="#" target="_blank">湖州</a> </td>
                <td class="a3" style="width:555px;"><a  href="#" target="_blank">嘉兴</a></td>
            </tr>
            <tr>
                <td class="a4"><a  href="#" target="_blank">金华</a></td>
            </tr>
        </table>
        <table width="100%" class="tab1">
            <tr>
                <td class="a1" style="width:278px;"><a  href="#" target="_blank">鲁迅故里--绍兴</a></td>
                <td  class="a2"  rowspan="2"  style="width:556px;"><a  href="#" target="_blank">浙山浙水聚焦浙江</a></td>
                <td class="a1" style="width:366px;"><a href="#" target="_blank">“书
```

```
藏古今，港通天下" --宁波</a></td>
                </tr>
                <tr>
                </tr>
            </table>

        </div>
    </div>

    </div>
```

（2）添加 CSS 样式，具体代码如下。

```
    .sp{
        height:700px;
        width:1000px;
        margin-top:10px;
        margin:0 auto;}
    .sp_md{
        height:30px;
        display:inline-block;
        padding-top:10px;
        font-size:24px;
        font-family: "微软雅黑";
        border-bottom:2px solid #8c0001;
        color:#8c0001;}
    .sp_wi{
        height:20px;
        border-top:1px solid #8c0001;}
    .sp_imp{
        height:330px;
        background-color:#00C;}
    .jinianchangz15655_ind12  table.tab1  tr  td.a3  {background-color:#ea5e58;height:
95px;}
    .jinianchangz15655_ind12  table.tab1  tr  td.a2  {background-color:#892823;height:
190px;}
    .jinianchangz15655_ind12  table.tab1  tr  td.a1  {background-color:#c9403a;height:
95px;}
    .jinianchangz15655_ind12 table.tab1 tr td{ text-align:center;}
    .jinianchangz15655_ind12 table.tab2 tr td{ text-align:center;}
    .jinianchangz15655_ind12  table  tr  td  a:hover  {text-decoration:none;  text-
align:center; font-size:26px; color:#FF6;}
    .jinianchangz15655_ind12 table tr td a{ text-decoration:none; color:#FFF; text-
align:center; font-size:24px;}
    .jinianchangz15655_ind12  table.tab2  tr  td.a4  {background-color:#ea5e58;height:
95px;}
    .jinianchangz15655_ind12  table.tab2  tr  td.a3  {background-color:#c9403a;height:
95px;}
    .jinianchangz15655_ind12  table.tab2  tr  td.a2  {background-color:#a8342f;height:
190px;}
    .jinianchangz15655_ind12  table.tab2  tr  td.a1  {background-color:#c9403a;height:
190px;}
```

2）“页脚”与“版权信息”模块的实现

（1）“页脚”模块主要是在 div 元素中使用无序列表实现的，之后对其添加 CSS 样式进行修饰，并添加超链接效果。“版权信息”模块直接使用一个 div 元素进行设置，具体代码如下。

```
<div class="foot mar_top">
  <div class="box">
    <div class="foot_info">
      <ul>
        <li><a href="#">关于我们</a></li>
        <li><a href="#">市场简介</a></li>
        <li><a href="#">市场动态</a></li>
        <li><a href="#">线下活动</a></li>
      </ul>
      <ul>
        <li><a href="#">新手指南</a></li>
        <li><a href="#">注册新用户</a></li>
        <li><a href="#">雇主 入门</a></li>
        <li><a href="#">规则中心</a></li>
      </ul>
      <ul>
        <li><a href="#">服务保障</a></li>
        <li><a href="#">服务流程</a></li>
        <li><a href="#">服务反馈</a></li>
        <li><a href="#">服务监管</a></li>
      </ul>
      <ul>
        <li><a href="#">合作伙伴</a></li>
        <li><a href="#">服务商入驻</a></li>
        <li><a href="#">服务商入驻流程</a></li>
        <li><a href="#">商家管理规范</a></li>
      </ul>
      <ul>
        <li><a href="#">帮助中心</a></li>
        <li><a href="#">常见问题</a></li>
        <li><a href="#">运维服务</a></li>
        <li><a href="#">管理规范</a></li>
      </ul>
    </div>
    <div class="clear"></div>
  </div>
</div>
<div class="box copyright">版权所有：宁波城市职业技术学院 www.****.cn 浙江省宁波市高教园
区学府路 9 号
浙 ICP 备 12036691 号-2    </div>
```

（2）添加 CSS 样式，具体代码如下。

```
/*页脚列表*/
.foot { padding:10px 0px 10px 0px; background-color: #505050; margin-top:-45px;}
.foot_info ul { float:left; margin-top:10px; margin-left:115px;}
.foot_info ul li a:link,
.foot_info ul li a:visited { font-size:12px; color:#CCC; font-weight:normal; text-
decoration:none;}
.foot_info ul li a:hover{ font-size:12px; color: #FFF; font-weight:normal; text-
```

```
decoration:underline;}
    .copyright { padding:10px; text-align:center; color:#999;}
```

运行，实现了如图 10-15 所示的效果。

至此，“走进浙江”网站首页的制作已经全部完成，其中一些网站的链接在此就不再赘述，可以自行添加。后续页面的制作也可以参考首页的制作模式。接下来对代码进行验证测试，Web 标准测试是对 HTML 结构和 CSS 样式进行验证，主要有两种方法：一种是使用浏览器直接验证，如火狐浏览器；另一种是将文件上传到 W3C 提供的测试网站，对 HTML 结构和 CSS 样式进行验证。验证完成后可以根据检验结果对代码中的错误之处进行修改。